Vorwort

Das vorliegende Buch ist aus einer Reihe von Vorlesungen entstanden, die ich in den letzten Semestern an der hiesigen Universität für Studierende der Chemie gehalten habe. Der kleine Band erhebt keinen Anspruch darauf, den heutigen Stand der Quantenchemie wiederzugeben, sondern will nur versuchen, deren Prinzipien in elementarer Weise dem Studenten der Chemie nahe zu bringen. Dabei konnte nicht auf die mathematische Bildersprache verzichtet werden. Zwischen dem quantitativen Ansatz jedoch, der nicht konsequent fortgeführt wurde, und der in vielen Fällen qualitativen Diskussion der Ergebnisse ist oft eine große Lücke. Das ist kein spezielles Kennzeichen dieses Buches allein, sondern charakterisiert vielleicht die gegenwärtige Situation in der theoretischen Behandlung von Bindungsfragen. Wo die vollständige Lösung der quantenmechanischen Gleichungen überhaupt durchgeführt worden ist (das ist in den allereinfachsten Fällen), geschah es mit einem unverhältnismäßig großen rechnerischen Aufwand, der hier kaum wiedergegeben werden kann.

Der praktische Wert der quantenmechanischen Überlegungen für die Chemie liegt jedoch in der ordnenden Übersicht, welche die Anwendung ihrer Prinzipien auf alle Fragen der chemischen Bindung ermöglicht hat. Sollte es sich erweisen, daß diese Schrift etwas von dieser Übersicht dem Studenten vermitteln kann, so wäre sie nicht umsonst geschrieben.

Herrn Kollegen H. HÖNL, Professor für theoretische Physik an der Universität Freiburg i. Br., habe ich für zahlreiche Diskussionen sehr herzlich zu danken. Am Schlusse des Buches sind einige Monographien angeführt, welche ich bei Abfassung des Manuskriptes zu Rate gezogen habe, und die für weiteres Studium empfohlen seien.

Freiburg i. Br., im Jahre 1958

GEORG KARAGOUNIS

Inhaltsverzeichnis

§ 1 Geschichtliche Einleitung. Das elementare Wirkungsquantum . . 1

§ 2 Einige Anwendungen des elementaren Wirkungsquantums. Die spezifischen Wärmen 4

§ 3 Der lichtelektrische Effekt und die duale Natur des Lichtes . . 6

§ 4 Das Bohrsche Atommodell. Seine Erfolge und seine Unzulänglichkeit 7

§ 5 Die duale Natur des Elektrons. Die de Broglieschen Materiewellen 11

§ 6 Die wellenmäßige Darstellung mechanischer Vorgänge. Die Schrödinger-Gleichung. Die Quantenzahlen 13

§ 7 Die Unschärferelation von Heisenberg 21

§ 8 Die Raumverteilung der Elektronenladung bei den verschiedenen Atomzuständen 25

§ 9 Die kovalente Bindung. Das H_2-Molekül 30

§ 10 Das Paulische Ausschließungsprinzip 34

§ 11 Die Anschauungen über die chemische Bindung bis zu den Anfängen der Quantenmechanik 40

§ 12 Mesomerie. „Resonanz" 51

§ 13 Die Methoden der Valenzstrukturen (v.b.) und der molecular orbitals (MO) 55

§ 14 Resonanz, Konplanarität und sterische Hinderung 62

§ 15 Hybridisierung 71

§ 16 Bindungsgrad und Atomabstände 79

§ 17 Dipolmoment und Konstitution 89

§ 18 Molekularrefraktion, magnetische Suszeptibilität und chemische Bindung 103

§ 19 Einfluß von Elektronenverschiebungen auf die Lage von chemischen Gleichgewichten 123

§ 20 Farbe, chemische Konstitution und Mesomerie 136

§ 21 Die chemische Reaktivität vom Standpunkt der Elektronentheorie 159

§ 22 Magnetische Kernresonanz und chemische Konstitution 181

Namen- und Sachverzeichnis 190

§ 1 Geschichtliche Einleitung.
Das elementare Wirkungsquantum

Die Art, wie die geistigen Errungenschaften entstehen und sich verbreiten, gleicht in vielem dem Aufkeimen von Samen. Lange Zeit finden latent, gewissermaßen im Schutze der Dunkelheit, kaum wahrnehmbare Veränderungen statt. Wenn dann ein gewisses energetisches Maß erfüllt ist, kommen in Zeitspannen, welche in keinem Verhältnis zu den langen Vorbereitungszeiten stehen, neue Tatsachen oder Verknüpfungen von scheinbar nicht zusammenhängenden Erscheinungen zum Vorschein, welche einen Wendepunkt in der geschichtlichen Entwicklung der Menschheit darstellen. Es folgen Zeiten des Ausbaues und der Ruhe, bis durch das Aufkeimen neuer Gedanken die Entwicklung wieder neue Impulse erfährt. Diese sprunghafte Entfaltung beobachtet man nicht nur zu Beginn großer Epochen, sondern auch in kleinem Ausmaß innerhalb der einzelnen wissenschaftlichen Disziplinen, mit dem besonderen Merkmal, daß der Rhythmus im Wechsel von Ruhe und Fortschritt in neuerer Zeit immer rascher wird. Im gegenwärtigen Zeitpunkt erleben wir das Eindringen von physikalischen Vorstellungen, die in der Quantenmechanik ihren Ursprung haben, in das von einzelnen Beobachtungen und Erscheinungen übervolle Gebäude der organischen Chemie. Sie versuchen einen ordnenden und deutenden Überblick zu verschaffen. Bevor wir uns damit befassen, müssen wir einleitend einige physikalische Begriffe und Theorien besprechen.

Einen Markstein in der Geschichte der Naturwissenschaften stellt auch die Entdeckung des universellen Wirkungsquantums durch MAX PLANCK im Jahre 1900 dar. Sie ist der Erkenntnis der diskontinuierlichen Struktur der Materie, der intuitiven Entdeckung der Atome durch DEMOKRIT und LEUKIPPOS (480 und 450 a. C.) an die Seite zu stellen, obwohl die Deutung seiner Existenz nur bedingt die Unteilbarkeit der Energie besagt. Was nämlich universell unteilbar ist, ist die *Wirkung*, d. h. das Produkt aus Energie und Zeit, etwas, was kaum anschaulich vorgestellt werden kann. Das elementare Wirkungsquantum $h = 6{,}625 \cdot 10^{-27}$ erg $\cdot$ sec. ergab sich als notwendige und zugleich einzig mögliche Annahme, welche gemacht werden mußte, um die Strahlungsgesetze so darzustellen, daß Theorie und Erfahrung übereinstimmen.

Während man bis dahin als etwas Selbstverständliches die stillschweigende Annahme machte, daß bei den Strahlungsvorgängen Aufnahme bzw. Abgabe von Energie in beliebig kleinen Mengen geschieht, eine Annahme, welche aus der makroskopischen Erfahrung stammt, mußte man jetzt mit MAX PLANCK diese Kontinuität aufgeben und eine kleinste Wirkung $h = 6{,}625 \cdot 10^{-27}$ erg $\cdot$ sec postulieren, die bei allen noch so verschiedenartigen Vorgängen nicht unterschritten werden kann. Das Wirkungsquantum kann nicht geteilt werden, so daß die Wirkung eines jeden beliebigen Vorganges aus einem ganzzahligen Vielfachen dieser elementaren Wirkungsgröße zusammengesetzt sein muß. Ist aber die Frequenz v eines Schwingungsvorganges festgelegt, so *resultieren* daraus ganze Energiequanten hv, welche dann für diesen Vorgang nicht geteilt werden können. Die Energie eines linearen harmonischen Oscillators beispielsweise wird durch den Ausdruck $E = nhv$ dargestellt, wobei n die Werte 0, 1, 2, 3..., also ganze Zahlen annehmen darf. Sofern die Frequenz v festgelegt ist, werden diskrete Energiequanta hv aufgenommen bzw. abgegeben, und niemals Energiewerte, die zwischen diesen Quanten liegen. Die Größe der Energiequanten aber ist nicht *universell* konstant, sondern genau proportional der Schwingungsfrequenz v. Denn es läßt sich ein anderer Oscillator finden, welcher mit einer anderen Frequenz v' schwingt, so daß er Energiequanten hv' von etwas verschiedener Größe ausstrahlt bzw. absorbiert. Für den Gesamtbereich aller Schwingungsvorgänge existiert folglich eine kontinuierliche Reihe von Energiewerten. Was diskontinuierlich sich ändert, und für alle Vorgänge universell gleich ist, ist, wie erwähnt, die Wirkung. Sie wird zahlenmäßig durch das Wirkungsquantum h ausgedrückt.

Diese grundlegende Annahme bedingt bei der Ausstrahlung des schwarzen Körpers einen ganz anderen funktionellen Zusammenhang zwischen ausgestrahlter Energie $E_{\lambda T}$ und Wellenlänge λ bzw. Temperatur T, verglichen mit der früheren kontinuierlichen Auffassung. Während im klassischen Bild dieser Zusammenhang quantitativ durch die Formel

$$E_{\lambda T} = \frac{c}{\lambda^4} \cdot kT \qquad (1)$$

zum Ausdruck kam (c = Lichtgeschwindigkeit, k = Bolzmannsche Konstante), wonach die für eine bestimmte Wellenlänge λ und Temperatur T ausgestrahlte Energie $E_{\lambda T}$ proportional der Temperatur und umgekehrt proportional der vierten Potenz der Wellenlänge auftritt (1), ist der Zusammenhang, nach Einführung des elementaren Wirkungsquantums, ein viel komplizierterer, wie die Plancksche Strahlungsformel (2)

$$E_{\lambda T} = \frac{c}{\lambda^4} \cdot \frac{h\nu}{e^{\frac{h\nu}{kT}} - 1} \qquad (2)$$

zeigt. Formel (1) läßt die Energie für immer kleiner werdende Wellenlänge ins Unendliche wachsen (gestrichelte Kurve Abb. 1), was der Erfahrung widerspricht. Dagegen durchlaufen die Kurven nach der Planckschen Formel (2) ein Maximum, das für jede Temperatur eine bestimmte Lage hat, die umso mehr bei kurzen Wellenlängen liegt, je höher die Temperatur ist. Das ist das tatsächliche Verhalten des schwarzen Körpers bei der Wärmestrahlung.

Der Vergleich und die Diskussion der Formeln (1) und (2) läßt den Unterschied zwischen der klassischen und der quantentheoretischen Auffassung des Mechanismus des Strahlungsvorganges deutlich hervortreten. In Formel (1) steckt das sogenannte Äquipartitionsprinzip, wonach eine dem System von Oscillatoren zugeführte Energiemenge unter diesen und deren Freiheitsgraden zu gleichen

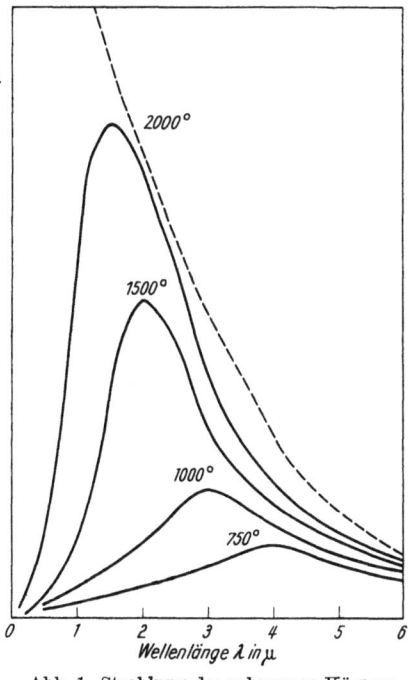

Abb. 1. Strahlung des schwarzen Körpers

Anteilen verteilt wird, und zwar 1 cal pro Freiheitsgrad. Dagegen ist nach dem quantentheoretischen Bild (Formel (2)) die Energieverteilung unter die Oscillatoren durch die Werte der Frequenz ν und somit durch die Werte der eigenen Energie $h\nu$ des Oscillators bestimmt. Ein Oscillator mit einer höheren Frequenz ν absorbiert mehr Energie als ein Oscillator mit kleiner Frequenz, da er nur solche Energiequanten absorbieren kann, die dem eigenen $h\nu$ entsprechen.

Läßt man die Frequenz sehr klein werden bzw. die Temperatur sehr hoch, so wird der Ausdruck $\dfrac{h\nu}{e^{\frac{h\nu}{kT}}-1}$ gleich kT, d. h. Formel (2) geht in Formel (1) über. Dies zeigt, daß wir das klassische Bild als einen Grenzfall des quantenmechanischen auffassen können, eine Tatsache, der wir wiederholt begegnen werden. Von dem quantenhaften Austausch der Energie merken wir in makroskopischen Vorgängen darum nichts, weil die einzelnen Stufen der Energieaufnahme bzw. -abgabe wegen der Kleinheit des Wirkungsquantums h sehr klein sind und bei dem großen Vorrat an Quanten, den die Stoffe schon bei gewöhnlicher Temperatur besitzen, nicht ins Gewicht fallen. Dies wird aber anders, sobald die Temperatur auf sehr niedrige Werte fällt, wie wir gleich bei der Besprechung der spezifischen Wärmen sehen werden. Derselbe Übergang zu der klassischen Formel (1) geschieht, wenn man sich vorstellen würde, daß das elementare Wirkungsquantum h gegen 0 konvergiert, d. h. wenn es unendlich kleine Werte annimmt. Der Energieaustausch erfolgt dann nicht in diskreten Quanten, sondern kontinuierlich.

§ 2 Einige Anwendungen des elementaren Wirkungsquantums. Die spezifischen Wärmen

Da jeder Elementarvorgang durch das Wirkungsquantum bestimmt und gesteuert ist, gibt es kein physikalisches Geschehen, bei welchem dieses nicht vorkommt. Eine Erscheinung, die nach der klassischen, kontinuierlichen Auffassung des Energieaustausches nicht gedeutet werden kann und die Notwendigkeit der Einführung der Quanten besonders deutlich demonstriert, ist insbesondere der Abfall der spezifischen Wärmen mit abnehmender Temperatur.

Nach der bis vor 1907 geltenden Auffassung wurde die atomare pezifische Wärme bei konstantem Volumen C_v für jeden Freiheitsgrad gleich ½ R gesetzt, was einer Calorie entspricht. Für einen einatomigen festen Körper mit seinen 6 Freiheitsgraden (3 der potentiellen und 3 der kinetischen Energie) müßte die atomare spezifische Wärme $6 \cdot R/2$, d. h. 6 cal/Mol betragen, und zwar bei allen Temperaturen. Dies wird zwar bei einer großen Zahl von Metallen bei gewöhnlicher Temperatur beobachtet (Dulong-Petit-Gesetz), die Forderung aber, daß der Wert 6,0 für alle Temperaturen konstant bleiben soll, ist nicht erfüllt. Vielmehr stellt man eine Abnahme der Atomwärme mit fallender Temperatur fest, die für die einzelnen Stoffe bei individuell verschiedenen Temperaturen einsetzt (Abb. 2). Die Atomwärme des Silbers beispielsweise beträgt bei Zimmertemperatur 5,8 cal und ein merklicher Abfall beginnt erst unterhalb 150° abs., während die Atomwärme des Diamanten bei derselben tiefen Temperatur 0,3 cal beträgt und bei Zimmertemperatur kaum auf den Wert von 1,5 cal angestiegen ist.

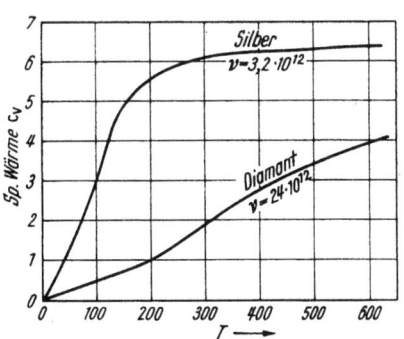

Abb. 2. Abfall der spezifischen Wärmen mit sinkender Temperatur

Die Deutung dieses Verhaltens wurde von EINSTEIN im Jahre 1907 durch Anwendung der Planckschen Formel auf die spezifischen Wärmen gegeben. Man muß, um zu den Atomwärmen zu gelangen, den mittleren Energieinhalt eines Oscillators mit 3 Freiheitsgraden, welcher nach der Quantentheorie gleich

$$\bar{E} = \frac{3hv}{e^{\frac{hv}{kT}} - 1} \tag{3}$$

ist, nach der Temperatur differenzieren, wodurch man den Ausdruck (4) gewinnt.

$$C_v \equiv \frac{\partial \bar{E}}{\partial T} = 3R \left(\frac{hv}{kT}\right)^2 \cdot \frac{e^{\frac{hv}{kT}}}{\left(e^{\frac{hv}{kT}} - 1\right)^2} \cdot \tag{4}$$

Daraus ersieht man, daß die spezifische Wärme eine Funktion der Temperatur sein muß, derart, daß sie mit fallender Temperatur sinkt. Der Grad des Absinkens hängt von der Größe des Energiequantums $\varepsilon = h\nu$ ab, welches der Frequenz ν des schwingenden Atomes direkt proportional ist.

Die C-Atome im Diamantgitter schwingen mit der Frequenz $\nu = 24 \cdot 10^{12}$, während das Silber die Atomfrequenz $3{,}2 \cdot 10^{12}$ besitzt. Folglich zeigt die spezifische Wärme des Diamanten durch den einsetzenden Abfall die Quantelung der Schwingungszustände bei einer höheren Temperatur an als das Silber. Auch hier sieht man, daß für $T \to \infty$ die spezifische Wärme C_v dem klassischen Werte $3R$ zustrebt, indem zugleich die beiden Mechanismen des Energieaustausches, der klassische und der quantenmäßige, sich einander nähern und schließlich identisch werden.

§ 3 Der lichtelektrische Effekt und die duale Natur des Lichtes

Wir besprechen in diesem Abschnitt die Erklärung des lichtelektrischen Effektes durch die Einführung des elementaren Wirkungsquantums, weil sie einen Übergang zu der notwendigen Annahme einer dualen Natur des Lichtes und damit auch einen Übergang zu der Wellenauffassung von Korpuskeln bildet.

Wenn Licht auf eine Metallplatte fällt, so werden Elektronen emittiert (HERTZ, HALLWACHS u. LENARD 1887), deren Geschwindigkeit nicht von der *Intensität*, sondern von der *Farbe*, also von der Frequenz des einfallenden Lichtes abhängt. Durch Erhöhung der Intensität des Lichtes erreicht man nur eine Vermehrung der Zahl der austretenden Elektronen. Der Zusammenhang zwischen Energie und Frequenz kann nicht durch eine wellenartige Ausbreitung des Lichtes erklärt werden, da sie als Energiemaß des Wellenzuges das Quadrat der Amplitude setzt und keine verknüpfende Beziehung zwischen Energie und Wellenlänge erkennen läßt. Wenn aber angenommen wird, daß das Licht aus Korpuskeln, einem Strom feiner Teilchen, den Photonen, besteht, welchen ein Impuls von $h\nu/c$ zukommt, was voraussetzt, daß man den Energieinhalt des Photons gemäß der Quantenauffassung nach dem Produkt $h\nu$ bewertet, gelangt man zu der Einsteinschen Beziehung (1905)

$$\tfrac{1}{2} m v^2 + P = h\nu \tag{5}$$

Die kinetische Energie des austretenden Elektrons $\tfrac{1}{2} m v^2$ vermehrt um die Arbeit P, die es aufbringen muß, um die Metalloberfläche zu verlassen, ist gleich dem Energieinhalt des Photons $h\nu$.

Denn die Photonen geben beim Zusammenstoß ihren gesamten Energieinhalt an die Elektronen des Metalles ab, wobei sie selbst vollkommen annulliert werden. Dadurch wird der erwähnte Zusammenhang zwischen Geschwindigkeit der austretenden Elektronen und der Farbe des einfallenden Lichtes hergestellt.

Für jedes einfallende corpusculare Photon wird *sofort* ein Elektron frei. Wollte man den lichtelektrischen Elektronenaustritt durch den Einfall eines Wellenzuges darstellen, so müßte man für schwache Lichtintensitäten eine Akkumulation der Energie des Wellenzuges annehmen bis soviel Energie angekommen ist, daß ein Quantum aufgespeichert ist. Für den Fall von beispielsweise Röntgenstrahlen müßte man ein ganzes Jahrhundert warten, bis das Elektron die Metalloberfläche verläßt. Die Erfahrung aber zeigt, daß der Elektronenaustritt für alle Wellenlängen augenblicklich erfolgt.

Der durch die Annahme einer corpuscularen Natur des Lichtes für den lichtelektrischen Effekt verzeichnete Erfolg hat aber das Problem nicht generell in diesem Sinne gelöst. Denn es gibt andererseits eine Gruppe von Erscheinungen, wie die der Beugung und Interferenz, welche nur auf Grund der Wellennatur des Lichtes erklärt werden können. Man hat sich somit zu der Annahme einer dualen Natur des Lichtes entschließen müssen und ihm sowohl corpusculare als auch ondulatorische Eigenschaften zugeschrieben, je nach der experimentellen Methode, mit welcher man an dasselbe herangeht. Oder, wie man sich heute gern ausdrückt, indem man die äußersten Konsequenzen zieht, das Licht habe keine Natur an sich, sondern erst im Verein mit der apparativen Anordnung, die man ihm in den Weg stellt, verhält es sich entweder wie eine Korpuskel oder eine Welle.

§ 4 Das Bohrsche Atommodell.
Seine Erfolge und seine Unzulänglichkeit

Im Atommodell von RUTHERFORD (1911) ist die Masse des H-Atoms in einem kleinen, positiv geladenen Raum von 10^{-13} cm Durchmesser konzentriert, während ein negatives Elektron diesen Kern umkreist. Die dadurch entwickelte Zentrifugalkraft kompensiert die Coulombsche Anziehung der beiden Teilchen. Aber ein solches Atom ist instabil. Denn eine bewegte Ladung strahlt Energie aus, und das Elektron würde dauernd seinen Abstand vom Kern verringern, bis es schließlich in einer sehr kurzen Zeitspanne, unter Ausstrahlung in den Kern fallen würde. Auch bestanden sonstige Schwierigkeiten in der Anwendung dieses Modelles, z. B. ließ sich keine Beziehung zwischen der Umlaufsfrequenz des strahlenden Elektrons und den Spektrallinien der Atome finden.

N. BOHR führte in das Atommodell von RUTHERFORD das elementare Wirkungsquantum h ein (1913), indem er *forderte*, daß die Wirkung $q \cdot d\varphi$ ($m\,[r \cdot v] = q =$ Drehimpuls) eines kreisenden Elektrons über eine geschlossene Kreisbahn ein ganzzahliges Vielfaches von h sein soll, was durch die Gleichung

$$\int_0^{2\pi} q\, d\varphi = n\,h \qquad (6)$$

ausgedrückt wird. Wenn das Elektron sich auf solchen Bahnen bewegt, daß n die ganzzahligen Werte 1, 2, 3, ... besitzt, sollte es nicht ausstrahlen. Dadurch bleiben Bahnradius und Geschwindigkeit zeitlich konstant. Man nannte diese stationären Zustände kurzerhand „erlaubt", im Gegensatz zu den zwischen ihnen liegenden „verbotenen", bei denen die Bahn wegen des erwähnten Energieverlustes durch Ausstrahlung instabil wird.

Verbindet man die Gleichung, welche die Zentrifugalkraft gleich der Coulombschen Anziehung zwischen Kern und Elektron setzt,

$$\frac{e^2}{r^2} = \frac{m\,v^2}{r} \qquad (7)$$

mit Gl. (6), so gelangt man als Folge der Quantelung der Wirkung zu einer Quantelung der Bahnradien.

$$r_n = \frac{1}{m}\left(\frac{n\,h}{2\,\pi\,e}\right)^2. \qquad (8)$$

Hierin bedeuten m die Masse und e die Ladung des Elektrons. Die einzelnen diskreten Bahnradien stellen die Abstände des Elektrons vom Kerne für die verschiedenen Quantenzahlen n dar. Sie wachsen mit dem Quadrat dieser ganzen Zahlen.

Die oben erwähnte Beziehung zwischen mechanischer Umlauffrequenz des Elektrons und der Frequenz des emittierten Lichtes existiert auch hier nicht, da ja das Elektron auf den stationären Bahnen nicht ausstrahlen darf. BOHR forderte aber, daß die Differenzen der Energien zweier stationärer Zustände ausgestrahlt bzw. absorbiert werden, d. h.

$$E_{n=2} - E_{n=1} = h\nu = 2m\left(\frac{\pi \cdot e^2}{h}\right)^2 \cdot \left(\frac{1}{n_1{}^2} - \frac{1}{n_2{}^2}\right). \tag{9}$$

Diese Gleichung war der größte Erfolg des Bohrschen Atommodells, denn sie stimmt ausgezeichnet mit der Erfahrung überein. Es konnte nämlich auf diese Weise die empirisch aufgestellte Beziehung der Balmerserie des Wasserstoffspektrums, nach welcher die emittierte Frequenz ν durch die Gleichung

$$\nu = R\left(\frac{1}{2^2} - \frac{1}{n^2}\right) \tag{9a}$$

dargestellt wird, als ein Elektronensprung von der Bahn mit $n = 2$ auf die Bahnen mit $n = 3, 4, 5 \ldots$ gedeutet werden. Analog sind die anderen Serienspektren von LYMAN durch den Übergang von $n = 1$ auf $n = 2, 3, 4 \ldots$ und PASCHEN von $n = 3$ auf $n = 4, 5, 6, 7, \ldots$ usw. abzuleiten. Die Konstante R, genannt Rydbergsche Konstante, die seit langem empirisch ermittelt war, konnte auf Masse, Ladung des Elektrons und das elementare Wirkungsquantum zurückgeführt werden. Die numerische Übereinstimmung ließ nichts zu wünschen übrig, vor allem als später durch SOMMERFELD (1916) die relativistischen Masseveränderungen des Elektrons bei nicht kreisförmigen, d. h. elliptischen Bahnen und die Mitbewegung des Kernes berücksichtigt wurden.

Man beachte den Unterschied zwischen der quantentheoretischen und der klassischen Vorstellung über den Mechanismus der Lichtemission. Nach letzterer sind im Atom Oszillatoren vorhanden, welche beliebige Energiezustände annehmen können und deren *mechanische* Frequenz als Lichtfrequenz zugleich ausgesandt wird. Nach der Quantenvorstellung von BOHR, die ein spezielles Atommodell benutzt, sind nur bestimmte, diskret aufeinanderfolgende Zustände erlaubt, und die Energie des emittierten Lichtes ist gleich der Energiedifferenz von zwei erlaubten Zuständen. Dieser sehr starke Gegensatz wird in gewissem Sinne durch das Bohrsche Korrespondenzprinzip gemildert, auf welches wir hier nur hinweisen können[1].

Für die grundlegende Annahme von BOHR, daß nämlich auf gewissen geschlossenen Bahnen das Elektron trotz seiner Beschleunigung keine Energie ausstrahlt, fehlt jede physikalische Begründung. Sie war eine ad hoc-Hypothese, die nur durch ihren

---

[1] Siehe A. SOMMERFELD, Atombau und Spektrallinien. 5. Auflage, S. 699.

Erfolg, das Wasserstoffspektrum gedeutet zu haben, akzeptiert wurde. Aber schon beim Heliumspektrum begannen die Schwierigkeiten. Es gelingt nicht, nach einem Modell, das dem Bohrschen H-Atommodell nachgebildet ist, die Ionisierungsspannung des *He* zu berechnen. Auch stellte es sich bald heraus, daß für gewisse Erscheinungen, wie z. B. das reine Rotationsspektrum der Halogenwasserstoffe, nicht ganzzahlige, sondern halbganzzahlige Quantenzahlen (1/2, 3/2, 5/2, ...) eingeführt werden müssen, wenn Übereinstimmung mit der Erfahrung existieren soll. War die Bohrsche Theorie erfolgreich in der Berechnung der Frequenzlage der Spektrallinien, so stieß sie in der Berechnung der Intensitäten dieser Linien auf große Schwierigkeiten.

Die Gründe für dieses Versagen liegen tiefer, als man zuerst glaubte, indem man meinte, es handle sich hier nur um die bekannten mathematischen Schwierigkeiten eines Mehrkörperproblems. Es war W. HEISENBERG (1925), welcher zeigte, daß ganz allgemein Atommodelle, unabhängig von ihrer speziellen Bauart, viel zu detaillierte Darstellungen einer Wirklichkeit sind, zu welcher wir keinen unmittelbaren oder vielleicht überhaupt keinen Zugang haben. Sie sind eigentlich makroskopische Bilder, die unberechtigterweise auf atomare Bereiche ausgedehnt wurden, über die wir nur bedingt etwas aussagen können. Und die Art dieser Aussagen präzisierte HEISENBERG in einer *Unschärferelation*, einem fundamentalen Prinzip im modernen Gebäude der Quantenmechanik.[1])

HEISENBERG, indem er sich auf die direkt beobachtbaren Größen, wie Frequenzen und Intensitäten der Spektrallinien beschränkte, konnte ein neues System der Quantenmechanik aufstellen (1925), das wegen der Einführung von Matrizen als Matrizenmechanik bekannt geworden ist.

Fast gleichzeitig entwickelte SCHRÖDINGER seine Wellenmechanik (1926) in dem anfänglichen Bestreben, eine Quantisierung des Atoms einzuführen, die natürlicher und physikalisch einleuchtender war als die oben geschilderte Quantisierung von N. BOHR, die durch eine Forderung dem Atom von außen aufgezwungen wurde. Den Anstoß dazu gab ihm die Entdeckung DE BROGLIES (1924) von der dualen Natur des Elektrons, mit welcher wir uns gleich befassen wollen.

---

[1]) W. HEISENBERG, Z. Phys. **43**, 172 (1927).

§ 5 Die duale Natur des Elektrons. Die de Broglieschen Materiewellen

Die Anschauungen über die Natur des Lichtes haben ein wechselvolles Geschick gehabt. DÉCARTES (1596—1650), NEWTON (1643 — 1727) stellten sich das Licht als einen Strom feiner Korpuskeln vor, womit sie die Reflexionsgesetze ableiten konnten. Später wurde diese Ansicht von HOOKE (1635—1703) und HUYGENS (1629—1695) durch die Wellenvorstellung abgelöst, welche FRESNEL (1728 — 1827) übernahm und weiterentwickelte. Die Beugungs- und Interferenzerscheinungen fanden durch die ondulatorische Theorie eine plausible Darstellung. Der Gegensatz zwischen geometrischer und physikalischer Optik konnte als ein nur scheinbarer erklärt werden

Durch die corpusculare Erklärung des lichtelektrischen Effektes durch EINSTEIN wurde die alte Frage nach dem Wesen des Lichtes wieder heraufbeschworen. Sie fand ihre Beantwortung in der Verschmelzung beider Anschauungen, nämlich in der Annahme einer dualen Natur des Lichtes. Stellt man in den Weg des Lichtstrahles Spalte oder Gitter, so erscheinen Beugungen und Interferenzen, der Stahl verhält sich wie ein Wellenvorgang von einer bestimmten Frequenz ν. Kommt hingegen der Lichtstrahl in Wechselwirkung mit Materie und Elektronen, so ist sein Verhalten am besten corpuscular zu beschreiben. Beim Zusammentreffen von Licht mit Elektronen benimmt es sich wie ein Strom von Teilchen von bestimmter Energie $W = h\nu$ und von bestimmtem Impuls $p = h\nu/c$. Die Annahme einer dualen Natur des Lichtes entspringt einer Auseinandersetzung mit den experimentellen Tatsachen und stellt eine zweckmäßige Anpassung unserer Vorstellungen an sein zwiefaches Verhalten dar.

DE BROGLIE erkannte im Jahre 1924, daß man auch dem bewegten Elektron eine Wellennatur zuschreiben muß, wollte man gewissen formalen Ähnlichkeiten zwischen den Gleichungen für Lichtstrahlen in Medien mit veränderlicher Brechung und den Gleichungen für bewegte Masseteilchen einen physikalischen Inhalt geben. Es sind dies Ähnlichkeiten, die schon HAMILTON (1805 — 1865) aufgefallen waren, denen man jedoch damals keine tiefere Bedeutung beigemessen hat.

Das mechanische Prinzip der kleinsten Wirkung von MAUPERTIUS (1698—1759) besagt, daß, wenn ein Projektil von gegebener totaler Energie E sich in einem Kraftfeld bewegt, es den Weg der kleinsten Wirkung befolgt, d. h. es wählt die Strecke aus, bei der das Produkt aus kinetischer Energie E_k und Zeit t den minimalsten Wert annimmt, d. h.

$$\int_A^B E_k\, dt = \text{minimal} \tag{10}$$

Ein ähnliches Verhalten zeigt ein Lichtstrahl, wenn er sich durch ein Medium veränderlichen Brechungsindexes, d. h. mit veränderlicher Geschwindigkeit fortpflanzt. Von allen ihm offen stehenden Wegen sucht er den Weg der kürzesten Zeit aus. Dieses Prinzip, in der geometrischen Optik als das Fermatsche Prinzip (1720) der kürzesten Zeit bekannt, kann wie folgt formuliert werden:

$$\int_A^B \frac{ds}{w} = \text{minimal} \tag{11}$$

worin w die *Phasen*geschwindigkeit bedeutet. DE BROGLIE[1] stellte nun eine Entsprechung zwischen Materie und einem Wellenvorgang dadurch her, daß er die Zuordnung machte: wo es eine Energie W gibt, da existiert auch eine Frequenz ν, und wo es einen Impuls mv gibt, ist auch eine Wellenzahl K vorhanden. K bedeutet die Zahl von Wellen pro cm. Daraus leitete er die Verhältnisse ab:

$$\frac{Energie}{Frequenz} = \frac{Impuls}{Wellenzahl} = \text{konstant}. \tag{12}$$

Indem er diese Konstante gleich dem universellen Wirkungsquantum h setzte, konnte er für bewegte Teilchen, deren Geschwindigkeit v identisch wird mit der *Gruppen*geschwindigkeit des Wellenvorganges, schreiben:

$$\frac{m \cdot v}{k} = h \quad \text{und daraus} \quad \lambda = \frac{h}{m \cdot v}. \tag{13}$$

Dies ist die berühmt gewordene de Brogliesche Gleichung, die einen Zusammenhang zwischen der Geschwindigkeit v eines materiellen Teilchens und der Wellenlänge λ eines dieser Bewegung zugeordneten Schwingungsvorganges postuliert. Diese Wellen wurden Materiewellen oder Phasenwellen genannt.

---

[1] L. DE BROGLIE, Einführung in die Wellenmechanik. Akad. Verlagsgesellschaft. Leipzig 1929.

Etwa 3 Jahre nachdem DE BROGLIE seine Gleichung aufstellte, konnten DAVISSON u. GERMER[1] die Wellennatur des Elektrons experimentell beweisen. Sie ließen einen Strahl langsamer Elektronen auf einen Nickeleinkristall fallen und stellten fest, daß die Intensität des reflektierten Strahls bei bestimmten Winkeln, die jedoch von der Geschwindigkeit der einfallenden Elektronen abhängig waren, am größten war. Letztere Tatsache ist unverständlich auf Grund des makroskopischen Reflexionsgesetzes für materielle Körper. Später konnten THOMSON in England und RUPP in Deutschland Interferenzbilder mit Elektronenstrahlen erhalten, die auf dünne Metallfolien fielen in Anordnungen, welche der von Laueschen Anordnung für Röntgeninterferenzen gleich waren. Abb. 3 stellt eine Aufnahme von Elektroneninterferenzen an dünnen Glimmerplättchen, deren Dicke kleiner als 10^{-5} ist, dar

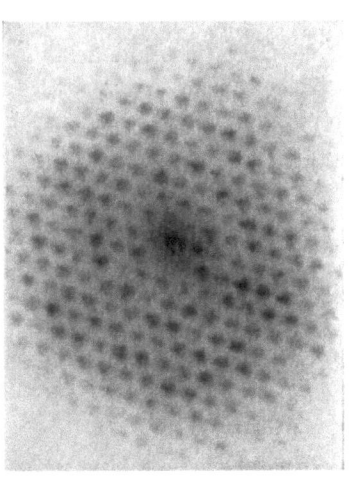

Abb. 3. Elektroneninterferenzen an einem sehr dünnen Glimmerplättchen

(KIKUCHI). Auch mit Protonen- und Heliumatomstrahlen konnten an LiF-Oberflächengittern Interferenzen erhalten werden. Heute sind Elektroneninterferenzen ein unentbehrliches und vielfach angewandtes Mittel zur Erforschung der Struktur der Oberflächen fester Körper geworden, da sie ungleich den Röntgenstrahlen, die in die Tiefe des Kristalles eindringen, nur die obersten Schichten eines festen Gitters erfassen.

§ 6 Die wellenmäßige Darstellung mechanischer Vorgänge. Die Schrödinger-Gleichung. Die Quantenzahlen.

SCHRÖDINGERS Anliegen war[2], zunächst eine Quantelung der Atomzustände zu finden, die nicht durch Einführung von Postulaten dem Atom von außen aufgezwungen wird, sondern eine

---

[1] DAVISSON C. J., and H. C. GERMER: Phys. Rev. **30**, 705 (1927).
[2] SCHRÖDINGER, E.: Ann. der Phys. **79**, 361 (1926).

Quantelung, die dem Atom innewohnt, etwa wie im Falle einer gespannten schwingenden Saite, die, wenn sie an 2 Enden festgehalten wird, nicht beliebig, sondern in ganz bestimmten Frequenzen (Grundton und Obertöne) schwingt. Ihre Schwingungszustände sind nicht kontinuierlich, sondern diskontinuierlich diskret aufeinanderfolgende, sie sind „gequantelt."

Ein Elektronenstrahl konstanter Geschwindigkeit entspricht nach der Auffassung de Broglies einem monochromatischen Wellenzug. In ihm schwingt „ein gewisses Etwas", das wir mit ψ bezeichnen wollen. Dieses ψ hängt sowohl vom Raum, als auch von der Zeit ab, d. h. es ist eine Funktion der Ortskoordinaten und der Zeit, was geschrieben wird:

$$\Psi(x, y, z, t). \tag{14}$$

Wir beschränken uns zunächst der Einfachheit halber auf ein eindimensionales Beispiel, etwa auf eine gespannte, schwingungsfähige Saite. Die Differentialgleichung für ein solches System lautet:

$$\frac{d^2\psi}{dx^2} = -\frac{4\pi^2}{\lambda^2}\psi \tag{15}$$

d. h. die Krümmung des ψ (in diesem Falle die „Krümmung" der Amplitude der schwingenden Saite) ist proportional dem ψ selbst, wobei der Proportionalitätsfaktor gleich $-\frac{4\pi^2}{\lambda^2}$ ist. Wenn wir jetzt den gedanklichen Übergang von den Wellen der schwingenden Saite zu den Phasenwellen der bewegten Elektronen vornehmen, so hat man für λ das durch die de Brogliesche Gleichung

$$\lambda^2 = \frac{h^2}{(mv)^2} \quad \text{oder} \quad \lambda^2 = \frac{h^2}{2m(E-V)} \tag{16}$$

gegebene einzusetzen, indem die kinetische Energie $1/2\, mv^2$ durch die Differenz von totaler Energie E und potentieller Energie V ersetzt wird. Damit erhält Gl. (15) das Aussehen

$$\frac{d^2\psi}{dx^2} + \frac{8\pi^2 m}{h^2}(E-V)\psi = 0. \tag{17}$$

Das ist die wellenmechanische Gleichung für den eindimensionalen Fall, etwa den linearen Oscillator. Will man nun diese Gleichung lösen, d. h. die Energiewerte E des Systems ermitteln, die mit diesem wellenmechanischen Ansatz verträglich sind, so muß man vor allem die potentielle Energie V als Funktion des Ortes für das System kennen und in die Gleichung einsetzen. Es stellt sich heraus, daß die Schrödingersche Differentialgleichung nur dann *endliche, stetige* und *eindeutige* Lösungen liefert, wenn die Energie E bestimmte diskrete, sprunghaft aufeinanderfolgende Werte annimmt. Diese Werte werden *Eigenwerte* und die zugehörigen Wellenfunktionen *Eigenfunktionen* genannt. Sie stellen die gesuchte automatische Quantelung des Systems dar.

Man kann sich eine anschauliche Vorstellung vom Auftreten dieser Eigenwerte durch die der Differentialgleichung auferlegte Bedingung, Lösungen zu liefern, die endlich, stetig und eindeutig sind, dadurch machen, daß man an die gespannte Saite denkt. Ist die Saite nach beiden Seiten unendlich ausgedehnt, d. h. wird sie nirgends festgehalten, so kann sie mit allen sich kontinuierlich ändernden Frequenzen schwingen. Sobald jedoch ihre Länge durch Festhalten an 2 Stellen festgelegt ist, kann die Saite nur in bestimmten Wellenlängen λ, die in ganzzahliger Beziehung zu der Saitenlänge L stehen,

$$L = n\frac{\lambda}{2} \quad \text{worin} \quad n = 1, 2, 3, \cdots \tag{18}$$

schwingen. In analoger Weise liefert die Schrödingersche Differentialgleichung eine unendliche Reihe von Lösungen mit den zugehörigen Energiewerten bzw. Schwingungszahlen ν, wenn ihr keine „Randbedingungen" auferlegt werden. Aus dieser unendlichen Zahl von Lösungen werden jedoch, durch die genannten 3 Bedingungen, gewisse Lösungen und Energiewerte als die möglichen, d. h. erlaubten Eigenwerte herausgewählt[1].

Wir wollen das Gesagte an Hand eines konkreten Beispiels erläutern. Das mathematisch einfachste schwingungsfähige System ist der lineare Oscillator, der in einem zweiatomigen Molekül wie H_2, O_2, N_2 usw., bei dem die beiden Kerne gegeneinander schwingen, annäherungsweise realisiert ist. Im harmonischen Oscillator ist die zur Gleichgewichtslage rücktreibende Kraft proportional der Entfernung x der schwingenden Masse von der Gleichgewichtslage, d. h. $-kx$ (Hookesches Gesetz). Die potentielle Energie V des

---

[1] Auf die Zulassung von kontinuierlichen Energietermen je nach der Form der Potentialkurve kann hier nicht eingegangen werden. Vgl. PAULING L., and E. B. WILSON: Introduction to Quantum Mechanics. S. 64 (1935).

§ 6 Die wellenmäßige Darstellung mechanischer Vorgänge

Systems ist folglich gleich $1/2\ kx^2$ und die Schrödingersche Differentialgleichung nimmt die Form

$$\frac{d^2\psi}{dx^2} + \frac{8\pi^2 m}{h^2}\left(E - \frac{1}{2}kx^2\right)\psi = 0 \tag{19}$$

an. Die Lösung dieser Differentialgleichung führt zu einer ψ-Funktion für den Grundzustand von der Form

$$\psi = e^{-ax^2} \quad \text{worin} \quad a = \frac{\pi}{h}\sqrt{(mk)} \quad \text{ist.} \tag{19a}$$
$$\tag{20}$$

Man findet nun in einer hier nicht weiter abzuleitenden Weise, daß nur solche Energiewerte Eigenwerte, d. h. annehmbare Lösungen des Differentialansatzes (19) sind, welche der Gleichung

$$E_n = \left(n + \frac{1}{2}\right)h\nu \tag{21}$$

gehorchen, worin ν die Schwingungsfrequenz des Oscillators ist und n die Quantenzahl darstellt, die ganzzahlige Werte 0, 1, 2, 3, ... annehmen kann. Man entnimmt aus Gl. (21), daß der lineare Oscillator auch für $n = 0$ eine minimale Energie gleich $1/2\ h\nu$ beibehält. Man hat diesen Restbetrag mit der Nullpunktsenergie, das ist die Energie, die dem Körper auch beim absoluten Nullpunkt nicht entzogen werden kann, wenn er erreichbar wäre, identifiziert. Hierin liegt ein wesentlicher Unterschied und ein Fortschritt der neuen Quantenmechanik gegenüber der älteren Quantentheorie, welche die Quantelung der Energiezustände des linearen Oscillators durch die Forderung herbeiführte, daß die Wirkung des schwingenden Oscillators ein ganzes Vielfaches des Wirkungsquantums h sein soll, d. h.

$$\oint p_x\,dx = nh \tag{22}$$

woraus man für die erlaubten Energien die Wertereihe

$$E_n = nh\nu \tag{23}$$

erhält. Die Quantisierung wurde durch die Forderung der Gl. (22) eingeführt. Die daraus abgeleitete Gl. (23) läßt keine Nullpunktsenergie zu, da für $n = 0$ der Oscillator die Energie Null besitzen würde. Dies widerspricht durchaus den experimentellen Erfahrungen[1].

---

[1] BENNEWITZ, K., u. F. SIMON: Z. Phys. **16**, 183 (1923). — NERNST, W.: Die theoretischen und experimentellen Grundlagen des neuen Wärmesatzes. 2. Aufl. 1924. Handbuch d. Physik, Bd. IX u. X. Berlin 1926.

Dagegen führt der wellenmechanische Ansatz (19) durch seine Randbedingungen automatisch zu einer Quantelung der Energie, die für $T = 0$ den Restbetrag $E_0 = 1/2\, h\nu$ zuläßt.

Die Anwendung der Schrödinger-Gleichung auf das Problem des H-Atoms geschieht in analoger Weise, wobei jedoch der mathematische Formalismus erheblich komplizierter ist. Man hat jetzt, da das Problem kein lineares, sondern ein räumliches ist, die Krümmung von ψ in den 3 Raumrichtungen $\dfrac{\partial^2 \psi}{\partial x^2}$, $\dfrac{\partial^2 \psi}{\partial y^2}$, $\dfrac{\partial^2 \psi}{\partial z^2}$ zu betrachten und für die potentielle Energie V den aus dem Coulombschen Anziehungsgesetz e^2/r^2 sich ergebenden Wert e^2/r einzusetzen. Die Differentialgleichung für das H-Atom erhält folglich die Form

$$\frac{\partial^2 \psi}{\partial x^2} + \frac{\partial^2 \psi}{\partial y^2} + \frac{\partial^2 \psi}{\partial z^2} + \frac{8\pi^2 m}{h^2}\left(E + \frac{e^2}{r}\right)\psi = 0. \tag{24}$$

Sie wird in abgekürzter Form geschrieben

$$\nabla^2 \psi + \frac{8\pi^2 m}{h^2}\left(E + \frac{e^2}{r}\right)\psi = 0 \tag{25}$$

worin ∇^2 für den Ausdruck $\dfrac{\partial^2 \psi}{\partial x^2} + \dfrac{\partial^2 \psi}{\partial y^2} + \dfrac{\partial^2 \psi}{\partial z^2}$ steht und Laplacescher Operator genannt wird.

Wir werden nicht die einzelnen Stufen der Lösung der Differentialgleichung (25) anführen, sondern nur in großen Zügen die Arbeitsweise für die Ableitung der zulässigen Eigenfunktionen und der zugehörigen Energiewerte skizzieren. Wir werden dabei mit der Raumverteilung der Elektronenwolke in den sog. $s, p, d, \ldots$ Zuständen, von welchen in der theoretischen organischen Chemie ausgedehnter Gebrauch gemacht wird, bekannt werden.

Der erste Schritt zur Lösung obiger Gleichung ist ihre Transformierung in Polarkoordinaten. Die mathematische Behandlung vieler Aufgaben wird wesentlich vereinfacht, wenn man ein Koordinatensystem wählt, das dem Problem angepaßt ist. Wegen der sphärisch-symmetrischen Verteilung des Potentiales V bietet sich für das H-Atom-Problem das Polarkoordinatensystem.

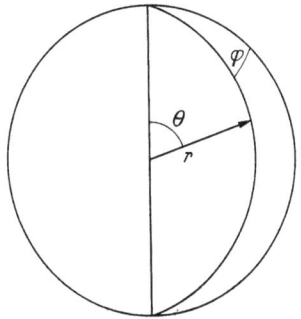

Abb. 4. Polarkoordinaten

§ 6 Die wellenmäßige Darstellung mechanischer Vorgänge

Das ψ wird als Funktion des radialen Abstandes r vom Zentrum, das man mit dem H-Kern zusammenfallen läßt, des azimutalen Winkels Θ und des Winkels φ (Abb. 4) dargestellt. Gl. (25) nimmt dann die Form

$$\frac{\partial^2 \psi}{\partial r^2} + \frac{2}{r}\frac{\partial \psi}{\partial r} + \frac{1}{r^2 \sin \Theta} \cdot \frac{\partial}{\partial \Theta}\left(\sin \Theta \frac{\partial \psi}{\partial \Theta}\right) +$$
$$+ \frac{1}{r^2 \sin^2 \Theta} \cdot \frac{\partial^2 \psi}{\partial \varphi^2} + \frac{8\pi^2 m}{h^2}(E-V)\psi = 0 \qquad (26)$$

an. Als zweiter Schritt wird eine Lösung gesucht, in der ψ als Produkt dreier Funktionen $R_{(r)}$, $\Theta_{(\vartheta)}$, $\Phi_{(\varphi)}$

$$\psi = R_{(2)} \cdot \Theta_{(\vartheta)} \cdot \Phi_{(\varphi)} \qquad (27)$$

dargestellt wird, bei denen R nur von r, Θ nur von Θ und Φ nur von φ abhängen. Dies ist möglich, weil die Gl. (26) in die 3 Variablen r, Θ und φ trennbar ist.

Die Lösungen dieser Funktionen lauten:

$$R_{(r)} = e^{-ar} \cdot (2ar)^l \cdot L(2ar), \qquad (28)$$

$$\Theta_{(\vartheta)} = \sqrt{\frac{2l+1}{2}\frac{(l-m)!}{(l+m)!}} \; P_l^m(\cos \vartheta), \qquad (29)$$

$$p_{(\varphi)} = \frac{1}{\sqrt{2\pi}} e^{im\varphi}. \qquad (30)$$

Hierin bedeutet L eine Potenzreihe von $(a \cdot r)$, P eine Polynomreihe von $\cos \vartheta$, während $i = \sqrt{-1}$ und $a = \frac{2\pi}{h}\sqrt{2\mu E}$ worin μ die reduzierte Masse von Elektron und Proton und E die Gesamtenergie des Atoms bedeuten. Die auftretenden Parameter n, l und m müssen entweder Null oder die ganzen Zahlen 1, 2, 3, ... sein, wenn die Eigenfunktionen annehmbare Werte haben, d. h. endlich, stetig und eindeutig sein sollen. Sie werden mit den Quantenzahlen des Bohrschen Atommodelles identifiziert mit dem grundlegenden Unterschied, daß sie nicht künstlich eingeführt wurden, sondern sich als eine notwendige Folge der Gl. (28), (29), (30) ergeben.

Die Hauptquantenzahl n kann nur die Werte 1, 2, 3 ... annehmen und bestimmt im wesentlichen den Energieinhalt des zugehörigen Terms, wie aus Gleichung

$$E = -\frac{2\pi^2 \mu e^4}{n^2 h^2} \qquad (31)$$

die für das H-Atom abgeleitet ist, ersichtlich ist.

Während n nach der Quantenmechanik ein Maß für den mittleren Abstand des Elektrons vom Kerne ist, bestimmt die azimutale Quantenzahl l den Drehimpuls der Elektronenbahn um den Kern. Auch nach der neuen Quantenmechanik kann man von der Bahn eines Elektrons sprechen, wenn man nur auf Kenntnis und Angabe der präzisen Position des Elektrons in einem bestimmten Zeitpunkt verzichtet. Der Bahndrehimpuls durchläuft die Werte $\sqrt{l(l+1)}\sqrt{\dfrac{h}{2\pi}}$, worin die azimutale Quantenzahl l, bei gegebener Hauptquantenzahl n, nur die Werte n-1, n-2, n-3 ... 1, 0 annehmen kann.

Der Parameter m heißt magnetische Quantenzahl, weil er bei gegebenem l die Projektion des Bahndrehimpulses, welcher durch einen Vektorpfeil dargestellt werden kann, auf eine ausgezeichnete Richtung, etwa die Richtung eines angelegten äußeren Magnetfeldes, bedeutet. Da diese Projektion wiederum nur ganze vielfache Werte von $\dfrac{h}{2\pi}$ aufweisen darf, stellt sich der genannte Drehimpulsvektor nur in bestimmte, diskrete Winkel zu der Richtung des magnetischen Feldes ein. Genauer gesehen führt dieser Vektor eine Präzessionsbewegung, um die Richtung des Magnetfeldes bei Winkeln, die diskret aufeinander folgen, aus. Es hat den Anschein, als ob der Raum gequantelt wäre. Wie aus Abb. 5 zu entnehmen ist, kann demnach die magnetische Quantenzahl m alle Werte zwischen $+l$, 0 und $-l$ durchlaufen, wobei die negativen Zahlen einer Einstellung des Drehimpulsvektors in eine zum äußeren Felde entgegengesetzten Richtung entsprechen. Die magnetische Quantenzahl m_1 bei gegebenem l behält ihre begriffliche Bedeutung auch nach Aufhebung des magnetischen Feldes, d. h., wenn die ausgezeichnete Richtung im Atom nicht mehr vorhanden ist. Allerdings bedeutet sie bindungsmäßig nichts mehr für das Elektron, weil dann die durch sie beschriebenen Zustände energetisch identisch werden. In einem solchen Falle spricht man von einer Entartung dieser Zustände, welche durch ein äußeres Feld aufgehoben werden kann.

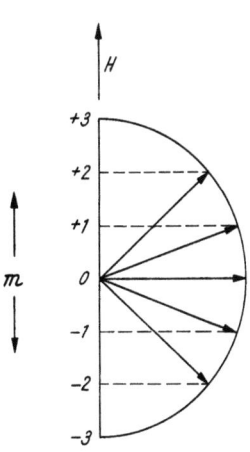

Abb. 5. Die magnetische Richtungsquantelung

§ 6 Die wellenmäßige Darstellung mechanischer Vorgänge

Durch die 3 Quantenzahlen n, l, und m_l ist der Zustand eines Elektrons im Atomverband noch nicht eindeutig festgelegt. Denn es kann sich um ein Elektron handeln, das sich links- oder rechtssinnig um die eigene Achse dreht. Diese Eigendrehung des Elektrons hat man einführen müssen, um die Feinstruktur der Atomspektra zu erklären (UHLENBECK u. GOUTSMIT[1]. Der durch den Elektronenspin verursachte Drehimpuls ist durch $\sqrt{s(s+1)}\,\dfrac{h}{2\pi}$ gegeben, worin s nur die Werte $+\frac{1}{2}$ und $-\frac{1}{2}$ annehmen kann. Die Koppelung dieses Spindrehimpulses mit dem Bahndrehimpuls führt zu einer erneuten Aufspaltung der Energiezustände und damit zu der genannten Feinstruktur der Spektren. Der Zustand des Elektrons ist durch diese 4 Quantenzahlen nunmehr eindeutig definiert.

Um über die Art der Raumverteilung der ψ-Funktion klar zu werden, muß man sich vorher mit der physikalischen Interpretation von ψ befassen. Man kann dem ψ selbst keine anschauliche Bedeutung abgewinnen. Aber man interpretiert das $\psi^2 dv$ als die Wahrscheinlichkeit, das Teilchen-Elektron im Volumenelement dv anzutreffen[2]. Indem man sich aber dieser Deutung anschließt, gibt man die gegenseitige streng kausale Abhängigkeit der Variabeln eines Systems im atomaren Bereich auf. An Stelle von definitiven Feststellungen über die Größe dieser Variabeln in atomaren Mikrobereichen treten nunmehr Wahrscheinlichkeitsaussagen. Wie es dazu kommen mußte, zeigt die Betrachtung der Heisenbergschen Ungenauigkeitsrelation.

Obwohl diese Deutung der Quantentheorie, die auch Kopenhagener Interpretation genannt wird (BOHR, KRAMERS, HEISENBERG, SLATER), von den Physikern weitgehend angewandt wird, ist sie bei weitem nicht von allen anerkannt. Eine Gruppe von Forschern (EINSTEIN, VON LAUE, SCHRÖDINGER) kann sich mit den äußersten Konsequenzen dieser Anschauung, die einen Bruch mit der klassischen Vorstellung des Objektiv-Realen bedeuten würde, nicht befreunden. Denn im atomaren Bereiche lösen sich nach dieser Deutung die Konturen einer objektiv-realen Welt auf, und an Stelle des Faktischen tritt das Potentielle, das Mögliche ein. Der Wunsch der letztgenannten Forscher, die Prinzipien des

---

[1] Physica **5**, 266 (1925). — Nature **117**, 264 (1926).
[2] M. BORN, Z. Phys. **37**, 863; **38**, 803 (1926).

makroskopisch Beobachtbaren auch auf atomare Bereiche zu extrapolieren, scheint bis heute wenigstens nicht in physikalisch einwandfreier Weise durchführbar zu sein[1].

§ 7 Die Unschärferelation von Heisenberg

Die in der ursprünglichen Quantentheorie unternommenen Versuche, die Gesetze der makroskopischen Mechanik, wie sie uns aus der täglichen Erfahrung bekannt sind, auf das atomare Geschehen zu übertragen, beruhen auf der stillschweigenden Voraussetzung, daß die Vorgänge im Makrokosmos mit absoluter Genauigkeit *bestimmbar* sind, d. h. daß wir uns einem Zustande der Körper, der an sich absolut definiert ist, beliebig annähern können, wenn nur die Feinheit unserer apparativen Hilfsmittel dies gestattet. Man war sich zwar darüber im klaren, daß apparative Unvollkommenheit diesem Bestreben ein Ende setzten, man glaubte aber, daß die Vorgänge *„an sich"* beliebig genau bestimmbar sind, weil ihr Zustand scharf definiert wäre, unabhängig davon, ob wir ihn zu bestimmen versuchen oder nicht.

Eine genaue Überlegung zeigt jedoch, daß diese Annahme außerhalb der Möglichkeit einer experimentellen Nachprüfung liegt. Die gedankliche Verfolgung eines Versuches, den Zustand eines Systemes bis in atomare Bereiche hinunter exakt zu bestimmen, hat W. HEISENBERG (1927) durchgeführt und ist hierbei zu dem überraschenden Ergebnis gekommen, daß es nicht möglich ist, zwei zueinander gehörende sog. konjugierte Variabeln, die einen Zustand charakterisieren, mit beliebiger Genauigkeit zu bestimmen. Wenn es gelingt, die eine Variabel exakt zu bestimmen, so geschieht dies nur auf Kosten der Schärfe in der Bestimmung der zweiten konjugierten Variabel. Die funktionelle, unvermeidliche Verknüpfung beider ist derart, daß das Produkt aus dem Fehler, den man bei der Bestimmung der einen Variabel begeht, Δq, und dem Fehler der zweiten Δp, größer oder höchstens gleich dem Wirkungsquantum h ist, d. h.

$$\Delta q \cdot \Delta p \geq h. \tag{32}$$

Der Grund für diese auf den ersten Blick befremdende Feststellung liegt darin, daß wir keine Messung ausführen können, ohne den zu vermessenden Gegenstand selbst durch die Anlegung des Maßstabes

---

[1] Vergl. die Darstellung von W. HEISENBERG, Phys. Blätter **7**, 289 (1956).

in seinem ursprünglichen Zustand zu stören. Wollte man beispielsweise den Abstand zweier Körper voneinander bestimmen, so müßte man einen Maßstab anlegen und sie berühren, d. h. sie anstoßen, was ihre Lage verändern wird. Für makroskopische Gegenstände ist die dadurch verursachte Verrückung ohne Belang. Für Atome jedoch sind die Veränderungen von der Größe atomarer Dimensionen, d. h. sehr erheblich und beeinflussen und verschleiern alle Auskünfte, die wir über den Zustand des Systems erhalten.

Man muß gleich zu Beginn im Klaren darüber sein, daß dies nichts zu tun hat mit der technischen Unvollkommenheit unserer Apparate. Selbst mit den äußerst idealisiert gedachten Hilfsmitteln bleiben die erwähnten Veränderungen des zu messenden Systems bestehen. Dies in einer Reihe scharfsinniger Gedankenexperimente gezeigt zu haben, ist das Verdienst von W. HEISENBERG.

Es sei versucht, im Bohrschen Atommodell gleichzeitig Lage und Geschwindigkeit des Elektrons zu bestimmen, mit der Absicht, eine scharf gezeichnete Elektronenbahn zu konstruieren. Um den Ort des Elektrons zu einer bestimmten Zeit festzustellen, gibt es kein anderes Mittel als ein Photon zu schicken, das am Elektron reflektiert wird und zurückkommend dessen Standort anzeigt. Wiederholt man dieses Gedankenexperiment zu verschiedenen aufeinander folgenden Zeiten, so könnte man aus der Gesamtheit aller so erhaltenen Lagen die Elektronenbahn zusammensetzen. Um jedoch das Elektron zu sehen, muß man ein Mikroskop benutzen, dessen Auflösungsvermögen, d. h. seine Fähigkeit zwischen 2 benachbarten Punkten zu unterscheiden, sehr groß ist. Bekanntlich ist das Auflösungsvermögen des Mikroskops gegeben und eingeschränkt durch die Beziehung

$$\Delta x = \frac{\lambda}{n \sin a}, \qquad (33)$$

worin λ die Wellenlänge des benutzten Photons, n der Berechnungsindex des Mediums und a der Aperturwinkel des Mikroskops sind. Will man Δx möglichst klein machen, d. h. die jeweilige Lage des Elektrons möglichst scharf bestimmen, so muß man ein sehr kurzwelliges Licht, etwa einen γ-Strahl, verwenden. Die Wahl eines kurzwelligen Lichtes kann jedoch nicht weit getrieben werden, ohne die Geschwindigkeit des beobachteten Elektrons zu beeinträchtigen. Denn das Licht ist nicht nur Welle, sondern auch

§ 7 Die Unschärferelation von Heisenberg

Korpuskel, der ein Impuls $h\nu/c$ zukommt. Dieser Impuls wird bei der Streuung des Photons am Elektron auf letzteres teilweise übertragen (*Compton*-Effekt). Die Impulsänderung beträgt

$$\Delta p = \frac{h\nu}{c}(1-\cos\vartheta), \qquad (34)$$

worin ϑ den Streuwinkel bedeutet. Δp ist aber zugleich der unvermeidliche Fehler in der Impulsbestimmung des Elektrons. Das Produkt der Fehler in der gleichzeitigen Bestimmung der beiden konjugierten Variabeln, d. h. der Lage und der Geschwindigkeit (nach BOHR heißen sie komplementäre Größen) wäre somit

$$\Delta x \cdot \Delta p = \frac{h\nu}{c}(1-\cos\vartheta)\cdot\frac{\lambda}{\sin\alpha} = h. \qquad (35)$$

Folglich können wir die eine Größe nicht exakt bestimmen, ohne gleichzeitig die komplementäre Größe unscharf zu sehen. Mögen wir die Versuche anstellen wie wir wollen, immer bildet das Wirkungsquantum h durch seine Verknüpfung mit den zu bestimmenden Koordinaten eine natürliche untere Grenze, unterhalb welcher jede Aussage ihren bestimmten Charakter verliert. Die Frage nach Wirkungen, die kleiner sind als h, wird für uns sinnlos, da solche Zustände ununterscheidbar wären. Es zeigt sich, daß es unmöglich ist, die Unschärferelation zu umgehen, da wir mit Maßstäben materieller Art — und wir kennen keine anderen im physikalischen Experiment — an die zu messenden Objekte herangehen.

Je empfindlicher die apparativen Hilfsmittel werden, um so mehr rücken die durch den Eingriff der Meßinstrumente hervorgerufenen Veränderungen in den Bereich der Nachweisbarkeit. Ein sehr instruktives Beispiel dafür bilden die Sättigungserscheinungen bei der magnetischen Kernresonanz. Wie in § 22 dargelegt wird, ist die Absorption elektromagnetischer Strahlung durch Kernresonanz durch die Unterschiede in den Belegungszahlen der einzelnen Energieniveaus mit verursacht. Durch den Absorptionsvorgang jedoch werden diese Unterschiede, zumal sie sehr gering sind, ausgeglichen, so daß die Absorptionsintensität bei starker Einstrahlung bis auf Null herabgedrückt werden kann. Diese Selbstauslöschung durch Sättigung war lange Jahre hindurch die Ursache für die Mißerfolge, die Existenz der Kernresonanz in festen Stoffen nachzuweisen.

Dies ist aber eine völlig neue Situation, die weittragende Folgerungen für unsere Haltung zu den Naturwissenschaften und zur Naturerkenntnis überhaupt haben muß. Denn man hat die äußersten Konsequenzen aus dem Heisenbergschen Prinzip gezogen und die Indeterminiertheit aller Vorgänge in Mikrobereichen proklamiert. Demnach herrscht dort keine strenge Gesetzlichkeit, sondern nur bedingte, in weiten Bereichen variierende, aber im Übrigen genau anzugebende Wahrscheinlichkeit. Das kausale Verhalten der Körper im Makrokosmos wird nur durch die statistische Vielheit bzw. Wiederholung der einzelnen indeterminierten Mikrovorgänge vorgetäuscht. Die physikalische, scheinbar absolute Gesetzlichkeit im makroskopischen Bereich der täglichen Erfahrung, ist folglich, durch das statistische Zusammenwirken einer großen Zahl von Einzelfällen, gewissermaßen durch einen statistischen Vorhang getrennt und geschützt vom indeterminierten Geschehen in Mikrobereichen.

Unter gewissen Umständen bei biologischen Vorgängen, die einen Steuerungsmechanismus besitzen, können einzelne indeterminierte Mikrovorgänge bis ins makroskopische Gebiet hineinreichen und ihnen damit einen „zufälligen" Charakter verleihen. Auf diese äußerst interessanten Zusammenhänge kann jedoch hier nicht eingegangen werden. Es sei diesbezüglich auf die Schriften von P. JORDAN[1] verwiesen.

Man wird vielleicht einwenden, daß der angeführte Beweis, durch die Gedankenexperimente von HEISENBERG, die von uns an den Systemen ausgeführten Messungen und nicht den Zustand der Systeme an sich betrifft. Dieser Zustand könnte *an sich* scharf definiert sein. Ein solcher Einwand wirft eine Frage auf, die eher eine philosophische als eine physikalische ist, nämlich ob eine Welt unabhängig vom erkennenden Menschen existiert und wie sie beschaffen sei. Der Physiker nimmt hierzu definitiv den Standpunkt ein, daß eine Welt außerhalb seiner unmittelbaren Messungen auch außerhalb der Erfahrung liegt und stellt damit eine unzertrennliche Verknüpfung von Objekt und Subjekt her.

Die durch das Heisenberg-Prinzip gewonnene Erkenntnis läßt sich am besten durch einen in Kreisen von Biologen bekannten Ausspruch charakterisieren, welcher das ständige Bemühen

---

[1] Siehe z. B. P. JORDAN, Das Bild der modernen Physik. S. 61 (1947).

derselben zum Ausdruck bringt, möglichst milde Methoden zur Erforschung der hochempfindlichen biologischen Systeme anzuwenden: „Wenn man die Zelle nicht verändern will, so muß man sie in Ruhe lassen. Dann aber erfährt man nichts von ihr."

Der Chemiker braucht zu diesen letzten Fragen keine Stellung zu nehmen. Für ihn ist es wichtig, daß hier eine neue Anschauungsart gefunden wurde, die, auf die ihn interessierenden Probleme angewandt, zu praktischen Erfolgen führt. Die Unschärferelation von Heisenberg hat den Charakter eines einschränkenden Prinzips, das die Grenzen unseres Erkenntnisvermögens genau absteckt. Es hat nach ihr keinen physikalischen Sinn, eine größere Genauigkeit für das Produkt zweier komplementärer Größen anzustreben, als es dem elementaren Wirkungsquantum entspricht. Insofern ist dieses neue Prinzip mit den Hauptsätzen der Thermodynamik zu vergleichen, die in ihrer ursprünglichen Fassung durchaus als Einschränkungsprinzipien — es ist nicht möglich, ein perpetuum mobile I. und II. Art zu konstruieren, es ist nicht möglich, einen Körper bis $T = 0$ abzukühlen — postuliert wurden. Aber genau wie in der Thermodynamik die Akzeptierung dieser Sätze sich in den Anwendungen außerordentlich fruchtbar erwiesen haben, verhält es sich auch mit der Unschärferelation. Sie vermag eine Reihe von Erscheinungen zu deuten, die bis dahin unerklärlich geblieben waren. Unter diesen nehmen die Deutung der Prädissoziationsspektren[1], die Begründung für die Existenz einer Nullpunktsenergie u. a. m. eine hervorragende Stellung ein.

§ 8 Die Raumverteilung der Elektronenladung bei den verschiedenen Atomzuständen

Die Wellenfunktion ψ ist im allgemeinen eine Funktion von Raum und Zeit und kann an bestimmten Stellen oder zu bestimmten Zeiten auch negative Werte annehmen. Man setzt darum nicht das ψ selbst, sondern das ψ^2 gleich der Intensität des Materiewellenzuges, zumal auch die Intensität eines Wellenvorganges proportional dem Quadrat der Amplitude ist. Da andererseits, vom korpuscularen Standpunkt, die Materiedichte gleich der Zahl der Teilchen pro Kubikzentimeter ist, muß das ψ^2 gleich der Zahl der

---

[1] HENRI, V.: Compt. rend. **179**, 1156 (1924); Trans. Farad. Soc. **25**, 765 (1929). — HERZBERG, G.: Z. Phys. **61**, 604 (1930).

§ 8 Die Raumverteilung der Elektronenladung bei Atomzuständen

Teilchen pro Kubikzentimeter gesetzt werden[1]. Daß jedoch das ψ^2 die Bedeutung einer Wahrscheinlichkeit, der wahrscheinlichen Dichteverteilung der Masseteilchen hat, ersieht man am besten, wenn man den Übergang von vielen zu einem einzigen Teilchen macht. Seine „Intensität" an einer bestimmten Stelle ist offenbar die *Wahrscheinlichkeit* das Teilchen am betreffenden Ort anzutreffen, da wir nicht exakt voraussagen können, wo das Teilchen sich befinden wird. Dies folgt zwangsläufig aus dem, was im vorigen Paragraphen über die Unbestimmtheit des einzelnen Elementarvorganges und über die Unmöglichkeit einer exakten Voraussage der Ortskoordinaten gesagt wurde.

Dies vorausgeschickt, müssen wir nun zur Besprechung der Raumverteilung der Elektronenladung bei den verschiedenen Atomzuständen übergehen. Sie besitzt die größte Bedeutung für die Bindung der Atome im einzelnen Molekül.

Die Differentialgleichung des H-Atomzustandes, welche nur eine Funktion des Abstandes r ist, erhält man aus Gl. (26) durch Streichung aller Glieder, die von Θ und φ abhängen. Indem man den Wert der potentiellen Energie $-\dfrac{e^2}{r}$ einsetzt, erhält die Gleichung die Form:

$$\frac{\partial^2 \psi}{\partial r^2} + \frac{2}{r}\frac{\partial \psi}{\partial r} + \frac{8\pi^2 m}{h}\left(E + \frac{e^2}{r}\right)\psi = 0. \tag{35a}$$

Die einfachste Lösung dieser Differentialgleichung ist

$$\psi_{(r)} = e^{-ar}. \tag{35b}$$

Die hierin vorkommende Konstante a läßt sich durch Bildung des ersten und zweiten Differentialquotienten der Gl. (35b) und Einsetzen in die Gl. (35a) ermitteln. Sie ergibt sich zu

$$a = \frac{4\pi^2 m l^2}{h^2}. \tag{35c}$$

Zugleich findet man für die Energie den Ausdruck:

$$E = -\frac{2\pi^2 m l^4}{h^2} \cdot \frac{1}{n^2}, \tag{35d}$$

---

[1] Im allgemeinen Fall von komplexen Funktionen ist die Wahrscheinlichkeit, das Teilchen in einem bestimmten Volumenelement dv anzutreffen, gegeben durch $\psi^*\psi\,dv$, worin ψ^* die konjugiert komplexe Funktion bedeutet.

§ 8 Die Raumverteilung der Elektronenladung bei Atomzuständen 27

wobei ein Parameter n erscheint, welcher nur die Werte 1, 2, 3, 4.... annehmen darf, wenn dem ψ annehmbare Lösungen zukommen sollen. Dieses Resultat ist identisch mit dem Ergebnis der älteren Bohrschen Atomtheorie mit dem Unterschied, daß die Hauptquantenzahl n sich von selbst rechnerisch ergeben hat. Sie bestimmt hauptsächlich den Energieinhalt des Zustandes. Je größer n, um so größer ist die Energie des betreffenden Atomzustandes, und um so geringer die Bindung des Elektrons an den Kern, da sein Abstand von ihm zunimmt.

Um die Raumverteilung der Elektronenladung als Funktion des Kernabstandes zu bestimmen, muß man den Wert des Ausdruckes $\psi^2 dv$ für jedes Raumvolumen ermitteln. Alle Lösungen von ψ, die nur vom Kernabstand r und nicht von den Winkeln Θ und φ abhängen, sind notwendigerweise kugelsymmetrisch. Die Wahrscheinlichkeit, das Elektron in einem Volumenelement, das im Abstand r vom Kern entfernt liegt, anzutreffen, ist in Polarkoordinaten durch $\psi^2 4\pi r^2 dr$ gegeben. Abb. 6 gibt das Resultat einer solchen Berechnung in graphischer Darstellung. Man entnimmt aus den Kurven ohne weiteres, daß für den Grundzustand $n = 1$ die Wahrscheinlichkeit, das Elektron anzutreffen, maximal ist bei einem Abstand $r = 0.529$ Å, der fast identisch ist mit dem Atomradius des Bohrschen Modells. Gegenüber diesem Modell, hat jedoch die quantenmechanische Darstellung den Vorteil, daß sie das H-Atom im Grundzustand, wegen der kugelsymmetrischen Ladungsverteilung der Elektronenwolke, als eine Kugel erscheinen läßt, während die Elektronenbahn im ursprünglichen Bohrschen Modell das H-Atom zu einem flachen Scheibchen machte. Dies aber müßte paramagnetisch sein, was der Erfahrung widerspricht.

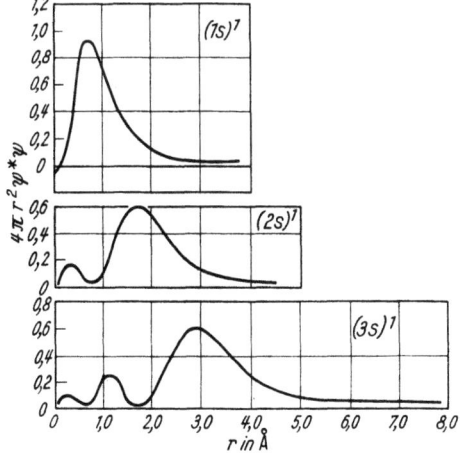

Abb. 6. Elektronendichteverteilung bei den 1s-, 2s- und 3s-Zuständen

28 § 8 Die Raumverteilung der Elektronenladung bei Atomzuständen

Für $n = 2$ hat die Wahrscheinlichkeitskurve zwei Maxima, die durch eine Nullstelle getrennt werden. Sie entspricht einer Knotenfläche in der ψ-Funktion. Die Ladungsverteilung hat hier die Form zweier konzentrischer Kugeln. Analog findet man für $n = 3$ drei Maxima und zwei Nullstellen. Ganz allgemein ist die Zahl der Knotenfläche der ψ-Funktionen, die von den Variabeln Θ und φ

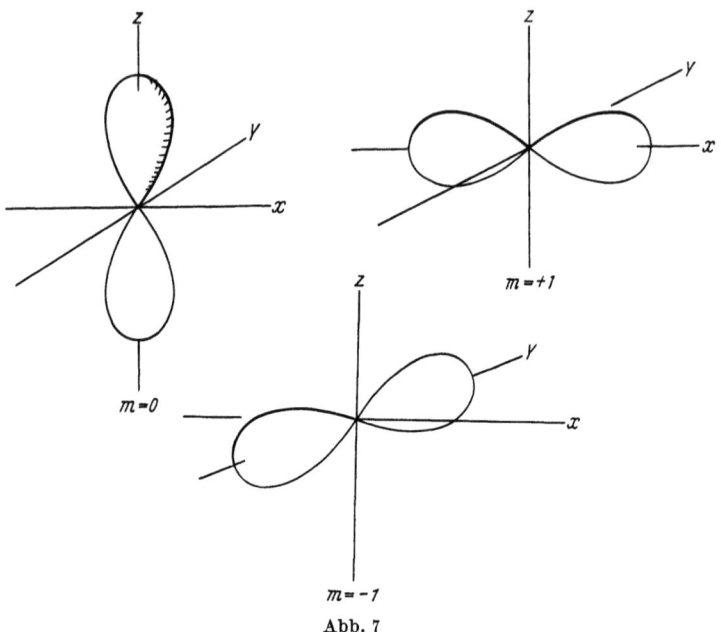

Abb. 7

nicht abhängen $(n-1)$. Alle diese Zustände sind durch die Azimutalquantenzahl $l = 0$ gekennzeichnet und werden s-Zustände genannt, eine Bezeichnung, die aus der Klassifikation der Spektren nach Serien stammt. Sie bilden eine Termserie, deren Linien scharf sind (s = sharp), was der Anlaß zu ihrer Benennung gewesen ist.

Wenn die azimutale Quantenzahl l, welche den Bahndrehimpuls des Elektrons bestimmt, von Null verschieden ist, resultieren Atomzustände, deren Ladungsverteilung ausgezeichnete Raumrichtungen aufweisen. Bei der Berechnung der Verteilung der Ladungswolke muß man für $l = 1$ außer der radialen Funktion $R(r)$ auch die azimutale $\Theta(\theta)$ in Betracht ziehen, indem man das Produkt $R^* \cdot R_{(r)} \cdot \Theta^* \cdot \Theta(\theta)$ als Funktion der Raumkoordinaten

§ 8 Die Raumverteilung der Elektronenladung bei Atomzuständen   29

bildet. Dagegen ist auch hier die Gesamtfunktion unabhängig vom Winkel φ, da der Faktor $\varphi^*\varphi$ konstant ist, was zur Folge hat, daß die Elektronenverteilung aller mit $l = 1$ verträglichen Zustände um eine, z. B. die Z-Achse, symmetrisch sind. Entsprechend den zu $l = 1$ möglichen magnetischen Quantenzahlen $m = 0$, $m = +1$, $m = -1$, existieren drei Zustände mit der Hauptquanten-

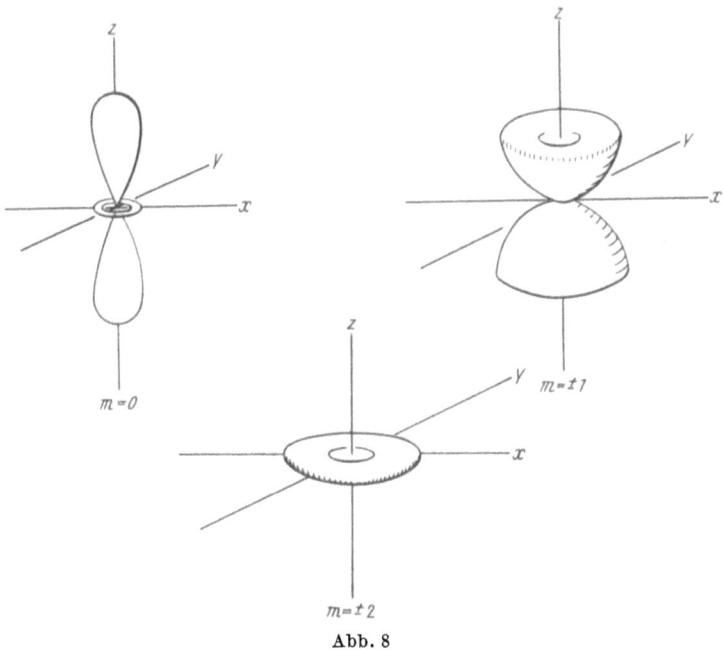

Abb. 8

zahl 2 und der azimutalen Quantenzahl 1, die gleichen Energieinhalt besitzen. Dieser Zustand ist demnach dreifach entartet, was erst bei Anwendung eines äußeren elektrischen oder magnetischen Feldes, wegen der dadurch verursachten geringfügigen Unterschiede in den Energiezuständen (Aufhebung der Entartung, Zemann-Effekt), zum Vorschein kommt. Alle Zustände mit $l = 1$ heißen p-Zustände, da sie in den Atomspektren die sogenannte Hauptserie (p = principal) bilden. Abb. 7 zeigt die Ladungsverteilung für den $2p$-Zustand bei $m = 0$ und $m = \pm 1$. Sie hat die Form von drei aufeinander senkrecht stehenden Hanteln, mit einer Knotenstelle am Schnittpunkt der Koordinatenachsen.

Mit steigender Hauptquantenzahl n und azimutaler Quantenzahl l werden die Verteilungsformen der Ladungswolke recht kompliziert. Für $l = 2$ existieren $(2l + 1) = 5$ Zustände, in welche der Energieterm aufspaltet, entsprechend den magnetischen Quantenzahlen $m = \pm 1$, $m = \pm 2$ und $m = 0$. Abb. 8 zeigt die Art der Raumverteilung der Ladung dieser d-Zustände, so genannt, da sie eine eigene Spektrenserie bilden mit mehr oder minder diffusen Linien.

Alle hier reproduzierten Bilder beziehen sich auf die Verteilung der Ladung eines einzigen Elektrons[1].

§ 9 Die kovalente Bindung. Das H_2-Molekül

Das größte Problem in der Theorie der chemischen Bindung war das Zustandekommen eines so stabilen Moleküls, wie das des Wasserstoffs (Dissoziationsenergie $4,5\,e.\,v.$), weil auf Grund der klassischen Anschauungen nicht zu verstehen war, wieso zwei gleichartige neutrale Atome, die keinerlei Polarität zueinander aufweisen, sich überhaupt vereinigen können. Auch war die Erscheinung der Sättigung unerklärlich, d. h. der Tatsache, daß nachdem eine gewisse durch die Wertigkeit bestimmte Zahl von Liganden an ein Atom gebunden ist, keine weiteren Atome mehr festgehalten werden. Die Theorie von LEWIS hat zwar durch den Nachweis, daß mit der Bildung einer kovalenten Bindung 2 Elektronen sich zu einem Elektronenpaar vereinigen, das beiden Liganden angehört, ein formales Prinzip aufgedeckt, durch das eine gewisse Ordnung in die Systematik organischer Verbindungen gebracht wurde. Vom rein physikalischen Standpunkt aus aber war nach wie vor rätselhaft, wie durch dieses Elektronenpaar eine Anziehung gleicher Atome zustandekommt. Überdies konnte diese formelle Schreibweise keine Auskunft über die Stärke der Bindung geben. Nach dieser summarischen Schreibweise kommen keine Abstufungen in der Bindungsstärke zum Ausdruck, so daß alle kovalent gebundenen Atome wie H_2, Cl_2, Br_2, J_2 usw. die gleiche Dissoziationsenergie besitzen müßten.

Die Deutung der homöopolaren oder kovalenten Bindung ist erst durch die Quantenmechanik gegeben worden[2], durch Aufdeckung

---
[1] Die wiedergegebenen Bilder sind der Darstellung von W. HUME-ROTHERY, Atomic Theory for Students of Metallurgy, nachgezeichnet.
[2] HEITLER und LONDON, Zeit. f. Phys. **44,** 455 (1927).

§ 9 Die kovalente Bindung. Das H_2-Molekül

eines neuen Stabilisierungsprinzips, der sog. Austausch- oder Resonanzentartung, wofür in der klassischen Physik kein Analogon existiert.

Zu seiner Beschreibung läßt man 2 H-Atome a und b, die durch die Wellenfunktionen $\psi_a(1)$ und $\psi_b(2)$ dargestellt werden, wobei mit (1) das zu a gehörende und mit (2) das zu b gehörende Elektron bezeichnet wird, aus dem Unendlichen bis zu einem Abstand R sich nähern. Wenn die Ladungswolken der beiden Elektronen sich noch nicht berühren und somit keine Kräfte aufeinander ausüben, wird das System beider Atome durch die Wellenfunktion

$$\Psi = \psi_a(1) \cdot \psi_b(2)$$

dargestellt. Sie ist das Produkt der einzelnen H-Atom ψ-Funktionen. Ist jedoch der Abstand R so klein geworden, daß die Bereiche der Elektronenwolken von (1) und (2) sich überlagern, so kann Elektron (2) auch als dem Atomkern a und Elektron (1) als dem Atomkern b angehörend betrachtet werden. Im gewöhnlichen Sprachgebrauch würde man sagen, daß beide Elektronen ihre Plätze vertauscht haben, was jedoch eine Behauptung ist, die wegen der Ununterscheidbarkeit der beiden Elektronen jenseits jeglicher Nachweisbarkeit liegt. Die mathematische Folge davon ist, daß eine zweite Wellenfunktion existieren muß, $\psi_a(2) \cdot \psi_b(1)$, die das System ebenso beschreibt und zu denselben Energiewerten führt wie die Funktion $\psi_a(1) \cdot \psi_{(b)}(2)$. Das System ist folglich doppelt entartet, und man nennt den beschriebenen Vorgang Austauschentartung.

Das Gesamtsystem wird im Zustande angenäherter H-Atome durch Lösungen beschrieben, welche symmetrische und antisymmetrische lineare Kombinationen der beiden oben beschriebenen Funktionen sind, wie die Gleichungen

$$\psi_+ = \psi_a(1)\,\psi_b(2) + \psi_a(2)\,\psi_b(1) \tag{36}$$

$$\psi_- = \psi_a(1)\,\psi_b(2) - \psi_a(2)\,\psi_b(1) \tag{37}$$

angeben. Wenn die Bezeichnungen der Elektronen (1) und (2) miteinander vertauscht werden, ändert sich nichts an den Funktionen, außer einem Vorzeichenwechsel bei (37). Diese linearen Kombinationen beschreiben folglich u. a. auch den Umstand, daß die beiden Elektronen nicht von einander zu unterscheiden sind.

Es zeigt sich (siehe Pauliprinzip), daß ψ_+ symmetrisch[1] in Bezug auf die Koordinaten ist, wenn die Spins beider Elektronen antiparallel zueinander gerichtet sind. ψ_- ist antisymmetrisch in Bezug auf die Koordinaten, wenn die Elektronen gleichgerichtete Spins besitzen. Die Lösung der Gl. (36) und (37) führt zu den Energiewerten des durch die Elektronenwechselwirkung gestörten Systems:

$$E_{+(R)} = \frac{C+A}{1+S} \qquad \downarrow\uparrow \tag{38}$$

$$E_{-(R)} = \frac{C-A}{1-S} \qquad \uparrow\uparrow \tag{39}$$

Hierin bezeichnen C das Coulomb-, A das Austausch- und S das Überlappungsintegral, über deren Bedeutung weiter unten gesprochen wird. Sobald die beiden Atome in Wechselwirkung zueinander treten, liefern die beiden ψ_+- und ψ_--Funktionen verschiedene Energiewerte. Gleichung (38) liefert, wenn man die Energie E als Funktion des Abstandes R auswertet, ein Minimum bei einem bestimmten negativen Energiewert, während Gl. (39) bei immer positiv bleibenden Energiewerten monoton verläuft. Das bedeutet, daß die erste Lösung (38) mit den antiparallelen Spins zu einer stabilen Gleichgewichtslage der beiden H-Atome, d. h. zu einem H_2-Molekül führt, während nach Gl. (39) die H-Atome bei allen Abständen R sich abstoßen und so keine Molekülbindung zustandekommt.

Die Frage, wodurch diese Unterschiede hervorgerufen werden, wird durch die Diskussion der Integrale C, A und S, die in obige Formeln eingehen, beantwortet. Diese zeigt, daß die genannte Differenz nicht etwa von der Anziehung zweier entgegengesetzt gerichteter bzw. von der Abstoßung zweier gleichgerichteter Elektronenspins als direkte energetische Ursache herrühren kann. Vielmehr ist die Wirkung der Elektronenspins auf eine indirekte Weise entscheidend, nämlich indem sie die Symmetrieeigenschaften der gesamten Funktion bestimmen und dadurch zu den beiden Lösungen für die Energiewerte führen. Die energetischen Unterschiede rühren von der verschiedenen Verknüpfung der drei Integrale C, A und S in (38) und (39) her. Von diesen besitzen C und S eine einfache anschauliche Bedeutung. C ist das Coulombsche Integral, da es nach der Gleichung

---

[1] Symmetrisch heißt die Funktion dann, wenn beim Vorzeichenwechsel der Koordinaten das Vorzeichen der Funktion erhalten bleibt, hingegen antisymmetrisch, wenn die Funktion bei der genannten Operation ihr Vorzeichen wechselt.

§ 9 Die kovalente Bindung. Das H_2-Molekül

$$C = \int V \psi_a^2(1) \cdot \psi_b^2(2) \, d\tau_1 \cdot d\tau_2 \qquad (40)$$

die abstoßende und anziehende Wirkung der Ladungsdichte der beiden Elektronen $\psi_a^2(1)$ und $\psi_b^2(2)$ aufeinander und auf die Kerne nach Maßgabe des Potentialansatzes V angibt[1]. Das Integral S heißt Überlappungsintegral, weil es nach der Formel

$$S = \int \psi_a^2(1) \cdot \psi_b^2(2) \, d\tau_1 \cdot d\tau_2 \qquad (41)$$

die räumliche Überlappung der beiden Elektronenwolken angibt. Es hängt vom Abstand R der beiden H-Atome ab und kann Werte zwischen 0 für $R = \infty$ und 1 für $R = 0$ annehmen. Etwas schwieriger ist es, dem Integral A eine anschauliche Bedeutung abzugewinnen. Es wird durch Gleichung

$$A = \int V \psi_a(1) \psi_b(2) \cdot \psi_a(2) \psi_b(1) \, d\tau_1 \cdot d\tau_2 \qquad (42)$$

dargestellt und kommt dadurch zustande, daß man, wegen der Nichtunterscheidbarkeit der beiden Elektronen, sowohl die Funktion $\psi_a(1) \psi_b(2)$, als auch die mit vertauschten Elektronen $\psi_a(2) \psi_b(1)$ in Rechnung setzen muß. Gerade dieses Austauschintegral A trägt entscheidend zur Bildung des stabilen Moleküls bei.

Die graphische Darstellung in Abb. 9 ist eine Auswertung der Gl. (38) und (39) und veranschaulicht die Energie des Systemes der zwei H-Atome als Funktion des Abstandes beider Kerne. Wir stellen fest, daß die E-Kurve mit den parallelen Spins (Triplett-Zustand) für alle r-Werte positiv bleibt, d. h. die H-Atome stoßen sich ab, während die E_+-Lösungen mit antiparallelen Spins (Singulett-Zustand) bei einem gewissen Abstand, der ungefähr dem

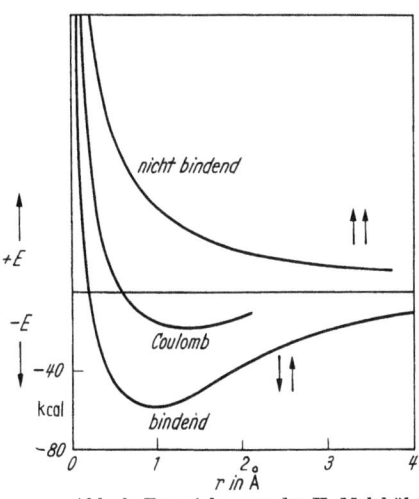

Abb. 9. Energiekurven des H_2-Moleküls

---
[1] Die Grenzen dieser Raumintegrale sind $+\infty$ und $-\infty$, was gewöhnlich nicht verzeichnet wird.

Bohrschen Atomradius entspricht, durch ein Minimum geht. Der erste Zustand ist ein Triplett, weil er, entsprechend den drei möglichen Einstellungen zweier paralleler Spins im Raum, dreifach entartet ist. Diesen drei Einstellungen kommt der gleiche Energieinhalt zu. Wenn durch ein Magnetfeld die Gleichheit gestört wird, so wird die Entartung aufgehoben, und der Zustand spaltet in drei Terme auf. Der Triplett-Zustand ist, durch das permanente magnetische Moment der zwei gleichgerichteten Spins, paramagnetisch. Die untere Kurve entspricht einem stabilen Singulett-Zustand, der wegen der Kompensation der Spins kein magnetisches Moment besitzt und im Magnetfeld nicht aufspaltet. Der Grund für die Stabilisierung des Singulett-Zustandes ist hauptsächlich, wie oben auseinandergesetzt wurde, im quantenmechanischen Phänomen der Austauschentartung zu erblicken, die eine Erhöhung der Elektronendichte im Bereich zwischen beiden Kernen bewirkt.

§ 10 Das Paulische Ausschließungsprinzip

Betrachten wir die im vorigen Paragraphen beschriebene H_2-Molekülbildung vom Standpunkt der den Elektronen zukommenden Quantenzahlen, so fällt es auf, daß im instabilen Triplett-Zustand die zwei Elektronen in allen vier Quantenzahlen übereinstimmen würden, wenn der Verband existenzfähig wäre. Denn beide Elektronen befinden sich im $1s$-Zustand, d. h. ihre Hauptquantenzahl n ist 1, folglich sind die Nebenquantenzahl l und die magnetische Quantenzahl m gleich Null und ihre Spins, durch die Forderung gleichgerichtet zu sein, besitzen beide den Wert entweder $+\frac{1}{2}$ oder $-\frac{1}{2}$. Dieser Zustand ist aber, wie wir gesehen haben, in einem Molekülverband nicht realisierbar. Ein System mit zwei Elektronen, die in allen vier Quantenzahlen übereinstimmen, ist nicht stabil. Im unteren stabilen Singulett-Zustand dagegen haben die zwei Elektronen drei gleiche Quantenzahlen n, l und m, ihr Zustand differiert aber in den Spins, da sie antiparallel gerichtet sind, und die Quantenzahlen $+\frac{1}{2}$ und $-\frac{1}{2}$ haben.

Es hat sich durch die Untersuchungen von PAULI herausgestellt, daß das, was hier am speziellen Beispiel des H_2-Moleküls demonstriert wurde, ganz allgemein gilt. Zustände, bei welchen zwei oder mehrere Elektronen in allen vier Quantenzahlen übereinstimmen, kommen nicht vor und müssen somit instabile, oder wie man auch sagt, unerlaubte Zustände sein.

Das Pauliverbot ist aus der Beobachtung der Spektren und den zugehörigen Energietermen hervorgegangen. Es ist ein kausal nicht zu begründendes Aufbauprinzip, das den Schlüssel zum Verständnis einer großen Reihe bis dahin unerklärt gebliebener Tatsachen geliefert hat. Wenn wir das Pauliprinzip anwenden, können wir einsehen, warum das Edelgas He zur Bildung eines zweiatomigen Moleküls He_2 nicht befähigt ist. Nähern sich zwei He-Atome soweit an, daß ihre Wellenfunktionen interferieren, so kommt es wie im Falle der zwei H-Atome zu einer Aufspaltung der Zustände in

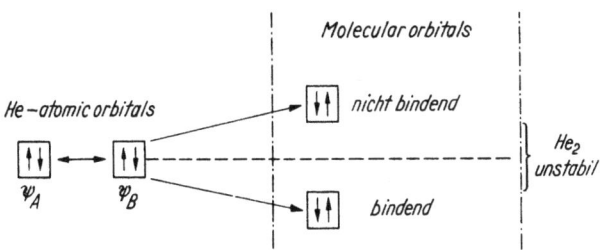

Abb. 10. Demonstration der Instabilität eines He_2-Moleküls

einen bindenden und einen nichtbindenden Zustand (Abb. 10). Jeder kann nach dem Paulischen Prinzip durch nur zwei Elektronen mit antiparallelem Spin besetzt werden, so daß die vier Elektronen der zwei He-Atome so verteilt werden müssen, daß zwei im unteren bindenden Zustand, die anderen zwei im oberen nichtbindenden Zustand untergebracht werden. Ungleich dem H_2-Molekül wären hier die Anziehungs- gleich den Abstoßungsbeträgen, so daß sich kein He_2-Molekül bilden kann. Ohne das Pauliverbot hätte man alle vier Elektronen im unteren bindenden Zustand unterbringen dürfen und so ein stabiles He_2-Molekül konstruiert, das aber nicht existiert.

Seinen größten Triumph feierte das Paulische Prinzip durch die Erklärung der Gesetzmäßigkeiten im Periodischen System. Bekanntlich enthalten die einzelnen Perioden sukzessive 2, 8, 18 und 32 Elemente. Man drückte diese variierende Länge in der Zahlenmystik der doppelten Quadrate der Laufzahlen 1, 2, 3, ... aus, denn es ergibt sich, daß die Zahl der Elemente der einzelnen Perioden durch die Serien

$$2 \cdot 1^2 = 2$$
$$2 \cdot 2^2 = 8$$
$$2 \cdot 3^2 = 18$$
$$2 \cdot 4^2 = 32$$

darstellbar ist. Man hatte für diese Regelmäßigkeit keine Erklärung. Geht man aber vom Paulischen Prinzip aus, wonach jeder Energiezustand nur von zwei Elektronen mit antiparallelem Spin zu besetzen ist, so leitet man ab, daß die erste Periode nur zwei Elemente, H und He, enthalten kann. Denn nach der Bildung des He, dessen zwei Elektronen die Quantenzahlen

	n	l	m	s
1. Elektron...	1	0	0	$+1/2$
2. Elektron...	1	0	0	$-1/2$

besitzen, muß bei der Bildung des Li-Atoms das dritte hinzukommende Elektron, um ein Zusammenfallen seiner Quantenzahlen mit den Quantenzahlen des einen der beiden Elektronen zu umgehen, eine Hauptquantenzahl n mit dem Wert 2 annehmen. Dies bedeutet aber, daß das neue Elektron auf eine neue Schale gesetzt wird, wodurch eine neue Periode mit einem stark elektropositiven Element, einem Alkalimetall beginnt. Die zweite Periode enthält die folgenden vier Energiezustände:

	n	l	m
1. Zustand...	2	0	0
2. Zustand...	2	1	0
3. Zustand...	2	1	-1
4. Zustand...	2	1	$+1$

Da jeder dieser Zustände doppelt besetzt wird, schließt diese Periode mit 8 Elektronen, d. h. mit 8 Elementen ab. Denn das nächste 9. Elektron muß auf eine neue Hauptquantenzahl $n = 3$ gesetzt werden, wenn es nicht in allen seinen vier Quantenzahlen mit einem der vorangegangenen 8 Elektronen zusammenfallen soll. Das ist jedoch gleichbedeutend mit dem Beginn einer neuen Periode, die mit einem Alkalimetall anfängt. In analoger Weise kann die Länge der höheren Perioden abgeleitet werden. Der Grund, weshalb mit steigender Ordnungszahl die Periodenlänge zunimmt, ist demnach in der Zunahme der möglichen Energiezustände mit steigender Hauptquantenzahl n zu erblicken.

Das Periodische System der Elemente ist eine Demonstration für das Vorhandensein eines Antagonismus zwischen dem energetischen Prinzip, demzufolge beim Einbau eines neuen Elektrons in der Elementenreihe ein möglichst tiefes Energieniveau angestrebt

§ 10 Das Paulische Ausschließungsprinzip

Tabelle 1a

Ord.-Zahl	Element	Schalen-bezeich.	K	L		M			N		Spekt.-Bez. d. Norm.-Zust.	Ionisier.-Energie in eV^1
		Quanten-zahlen	$n\,l$ 1 0	$n\,l$ 2 0	$n\,l$ 2 1	$n\,l$ 3 0	$n\,l$ 3 1	$n\,l$ 3 2	$n\,l$ 4 0	$n\,l$ 4 1		
		Bez. d. Zust.	$1s$	$2s$	$2p$	$3s$	$3p$	$3d$	$4s$	$4p$		
1	H		1	..	..	..	..	..	..	..	$^2S_{1/2}$	13,54
2	He		2	..	..	..	..	..	..	..	$^1S_0$	24,48
3	Li		2	1	..	..	..	..	..	..	$^2S_{1/2}$	5,37
4	Be		2	2	..	..	..	..	..	..	$^1S_0$	9,48
5	B		2	2	1	..	..	..	..	..	$^2P_{1/2}$	8,4
6	C		2	2	2	..	..	..	..	..	$^3P_0$	11,24
7	N		2	2	3	..	..	..	..	..	$^4S_{3/2}$	14,48
8	O		2	2	4	..	..	..	..	..	$^3P_2$	13,56
9	F		2	2	5	..	..	..	..	..	$^2P_{3/2}$	16,9
10	Ne		2	2	6	..	..	..	..	..	$^1S_0$	21,5
11	Na		\multicolumn{3}{l}{Neon-Konfi-guration}	1	..	..	..	..	$^2S_{1/2}$	5,12
12	Mg					2	..	..	..	..	$^1S_0$	7,61
13	Al					2	1	..	..	..	$^2P_{1/2}$	5,96
14	Si					2	2	..	..	..	$^3P_0$	8,19
15	P					2	3	..	..	..	$^4S_{3/2}$	
16	S					2	4	..	..	..	$^3P_2$	10,31
17	Cl					2	5	..	..	..	$^2P_{3/2}$	12,96
18	Ar					2	6	..	..	..	$^1S_0$	15,69
19	K							..	1	..	$^2S_{1/2}$	4,32
20	Ca							..	2	..	$^1S_0$	6,09
21	Sc							1	2	..	$^2D_{3/2}$	6,57
22	Ti							2	2	..	$^3F_2$	6,80
23	V		Argon-Konfiguration					3	2	..	$^4F_{3/2}$	6,76
24	Cr							5	1	..	$^7S_3$	6,74
25	Mn							5	2	..	$^6S_{5/2}$	7,40
26	Fe							6	2	..	$^5D_4$	7,83
27	Co							7	2	..	$^4F_{9/2}$	7,81
28	Ni							8	2	..	$^3F_4$	7,64
29	Cu							10	1	..	$^2S_{1/2}$	7,69
30	Zn							10	2	..	$^1S_0$	9,35
31	Ga		Argon-Konfiguration					10	2	1	$^2P_{1/2}$	5,97
32	Ge							10	2	2	$^3P_0$	7,85
33	As							10	2	3	$^4S_{3/2}$	9,4
34	Se							10	2	4	$^3P_2$	
35	Br							10	2	5	$^2P_{3/2}$	12,2
36	Kr							10	2	6	$^1S_0$	13,940

[1] Diese Werte sind der Monographie „Atoms, Molecules, and Quanta" von A. E. RUARK u. H. C. UREY, McGraw-Hill Book Company, London, entnommen.

§ 10 Das Paulische Ausschließungsprinzip

Ord.-Zahl	Element	Schalenbezeich. Quantenzahlen Bez. d. Zust.	N $n\,l$ 4 2 $4d$	$n\,l$ 5 3 $4f$	$n\,l$ 5 0 $5s$	O $n\,l$ 5 1 $5p$	$n\,l$ 5 2 $5d$	P $n\,l$ 6 0 $6s$	Spekt.-Bez. d. Norm-Zust.	Ionisier.-Energie in eV[1]
37	Rb		..	..	1	..	..	..	$^2S_{1/2}$	4,16
38	Sr		..	..	2	..	..	..	$^1S_0$	5,67
39	Y		1	..	2	..	..	..	$^2D_{3/2}$	6,5
40	Zr	Krypton-Konfiguration	2	..	2	..	..	..	$^3F_2$	
41	Nb		4	..	1	..	..	..	$^6D_{1/2}$	
42	Mo		5	..	1	..	..	..	$^7S_3$	7,35
43			(6)	..	1	..	..	..	$(^6D_{9/2})$	
44	Ru		7	..	1	..	..	..	$^5F_5$	7,7
45	Rh		8	..	1	..	..	..	$^4F_{9/2}$	7,7
46	Pd		10	..	..	..	..	..	$^1S_0$	8,5
47	Ag		..	..	1	..	..	..	$^2S_{1/2}$	7,54
48	Cd		..	..	2	..	..	..	$^1S_0$	8,95
49	In		..	..	2	1	..	..	$^2P_{1/2}$	5,76
50	Sn	Palladium-Konfiguration	..	..	2	2	..	..	$^3P_0$	7,37
51	Sb		..	..	2	3	..	..	$^4S_{3/2}$	8,5
52	Te		..	..	2	4	..	..	$^3P_2$	
53	J		..	..	2	5	..	..	$^2P_{3/2}$	10
54	X		..	..	2	6	..	..	$^1S_0$	12,078
55	Cs		..				..	1	$^2S_{1/2}$	3,88
56	Ba		..				..	2	$^1S_0$	5,19
57	La		..				1	2	$^2D_{3/2}$	
58	Ce		1				1	2	$^3H_4$	
59	Pr	Xenon-Konfiguration. Die Schalen $1s$ bis $4d$ enthalten 46 Elektronen	2	Die Schalen $5s$ bis $5p$ enthalten 8 Elektronen			1	2	$^4K_{11/2}$	
60	Nd		3				1	2	$^5L_6$	
61	Il		4				1	2	$^6L_{9/2}$	
62	Sa		5				1	2	$^7K_4$	
63	Eu		6				1	2	$^8H_{3/2}$	
64	Gd		7				1	2	$^9D_2$	
65	Tb		8				1	2	$^8H_{17/2}$	
66	Dy		9				1	2	$^7K_{10}$	
67	Ho		10				1	2	$^6L_{19/2}$	
68	Er		11				1	2	$^5L_{10}$	
69	Tm		12				1	2	$^4K_{17/2}$	
70	Yb		13				1	2	$^3H_6$	
71	Cp		14				1	2	$^2D_{3/2}$	

wird und des Pauliprinzips, nach dem das Elektron ein höheres Energieniveau suchen muß, um nicht mit einem bereits eingebauten Elektron in allen vier Quantenzahlen übereinzustimmen. Ohne

§ 10 Das Paulische Ausschließungsprinzip

Ord.-Zahl	Element	Schalenbezeich. / Quantenzahlen / Bez. d. Zust.	O / nl 5 2 / $5d$	O / nl 5 3 / $5f$	P / nl 6 0 / $6s$	P / nl 6 1 / $6p$	P / nl 6 2 / $6d$	Q / nl 7 0 / $7s$	Spekt.-Bez. d. Norm.-Zust.	Ionisier.-Energie in eV^1
72	Hf	Die Schalen 1s bis 5p enthalten 68 Elektronen	2	..	2	..	..	..	$^3F_2$	
73	Ta		3	..	2	..	..	..	$^4F_{3/2}$	
74	W		4	..	2	..	..	..	$^5D_0$	
75	Re		5	..	2	..	..	..	$^6S_{5/2}$	
			6	..	1	..	..	..	$^6D_{9/2}$	
76	Os		6	..	2	..	..	..	$^5D_4$	
			7	..	1	..	..	..	$^5F_5$	
77	Ir		7	..	2	..	..	..	$^4F_{9/2}$	
			8	..	1	..	..	..	$^4F_{9/2}$	
78	Pt		9	..	1	..	..	..	$^3D_3$	
79	Au	Die Schalen 1s bis 5d enthalten 78 Elektronen	..	..	1	..	..	..	$^2S_{1/2}$	8,0
80	Hg		..	..	2	..	..	..	$^1S_0$	9,20
81	Tl		..	..	2	1	..	..	$^2P_{1/2}$	10,39
82	Pb		..	..	2	2	..	..	$^3P_0$	6,08
83	Bi		..	..	2	3	..	..	$^4S_{3/2}$	7,39
84	Po		..	..	2	4	..	..	$^3P_2$	
85			..	..	2	5	..	..	$^2P_{3/2}$	
86	Rn		..	..	2	6	..	..	$^1S_0$	
87		Radon-Konfiguration / Die Schalen 1s bis 5d enthalten 78 Elektronen	..	..	Die Schalen 6s bis 6p enthalten 8 Elektronen	..	..	1	$^2S_{1/2}$	
88	Ra		..	..		..	..	2	$^1S_0$	
89	Ac		..	..		..	1	2	$^2D_{3/2}$	
90	Th		1	..		..	1	2	$^3H_4$	
			..	..		..	2	2	$^3F_2$	
91	Pa		2	..		..	1	2	$^4K_{11/2}$	
			..	..		..	3	2	$^4F_{3/2}$	
92	U		3	..		..	1	2	$^5L_6$	
			..	..		..	4	2	$^5D_0$	

das Paulische Ausschließungsprinzip würde das System der Elemente keine Periodizität der Eigenschaften aufweisen, vielmehr würden letztere sich mit steigender Ordnungszahl monoton verändern. Denkt man sich aus dem Periodischen System der Elemente das Paulische Aufbauprinzip plötzlich entfernt, so würden sämtliche Elektronen, dem Grundsatz des Energieminimums folgend, unter Energieausstrahlung auf den tiefsten Quantenzustand $n = 1$ zurückfallen.

In der Sprache der Wellenmechanik bedeutet das Pauliverbot eine neue Einschränkung der mathematisch möglichen Lösungen der Wellengleichungen auf solche, die physikalisch durch das geschilderte Übereinstimmungsverbot der vier Quantenzahlen als realisierbar zugelassen werden. In den folgenden Kapiteln werden wir sehen, wie dieser Grundsatz uns überall begleitet, so z. B. bei der Molekülbildung, in der Elektronentheorie der Metalle, die auf das Elektronengasmodell bei organischen Molekülen angewandt, zur Berechnung der Energieterme der normalen und angeregten Zustände führt. Aus diesen werden dann die Absorptionsspektren, d. h. die Farbe organischer Moleküle vorausgesagt.

§ 11 Die Anschauungen über die chemische Bindung bis zu den Anfängen der Quantenmechanik

Die Frage nach der Natur der chemischen Bindung ist ebenso alt wie die chemische Forschung selbst. Im Altertum und Mittelalter suchte man auf Grund philosophischer Maximen zum Wesen der chemischen Kräfte vorzudringen. HERAKLITS (535—475 v. C.) Ausspruch „Alles geschieht aus einer Gegensätzlichkeit heraus" bestimmte die Anschauungen über die Ursachen der chemischen Affinität, nämlich der Erscheinung, daß gewisse Stoffe zu einander getrieben werden, wogegen andere sich völlig indifferent verhalten. In der modernen Forschung erhielt dieser Gedanke eine konkrete physikalische Fassung erst durch BERZELIUS (1812), welcher die erste Theorie der chemischen Bindung aufstellte, wenige Jahre nachdem DALTON (1808) der antiken Atomtheorie durch das Gesetz der einfachen und multiplen Proportionen eine experimentelle Stütze gegeben hatte.

Die Berzeliussche Theorie der chemischen Bindung ließe sich in dem Satz zusammenfassen, daß zwei Elemente sich dann verbinden, wenn sie eine entgegengesetzte elektrische Ladung tragen. Die These von BERZELIUS hat einige Jahrzehnte das Feld der chemischen Forschung beherrscht. Sie konnte die damals bekannten Tatsachen gut beschreiben, weil die bis dahin untersuchten Stoffe meist anorganische Verbindungen waren. Diese kommen, wie wir heute wissen, durch elektrostatische Anziehung von Ionen zustande. Mit der Entwicklung und dem weiteren Ausbau der organischen

Chemie erwies sich aber die Berzeliussche Theorie als unhaltbar. Man hat beispielsweise im CH_4 die H-Atome, die gegenüber dem Kohlenstoff für positiv geladen erklärt wurden, sukzessive durch die negativen Cl-Atome ersetzen können, wobei man ebenfalls stabile Verbindungen erhielt. Noch größer war die Verlegenheit, als man erkannte, daß Moleküle wie H_2, O_2, N_2 usw. aus zwei gleichartigen Atomen, die keinerlei Polarität aufweisen, aufgebaut sind. Man brachte diese Tatsache durch den Namen „homöopolare Bindung" zum Ausdruck, jedoch die Erklärungsschwierigkeiten für diese Körperklasse begleiteten den Chemiker bis in das Jahr 1927. HEITLER und LONDON haben diese Frage durch Anwendung wellenmechanischer Vorstellungen prinzipiell lösen können (vgl. § 9).

In der Zeit des Beginnes der Strukturlehre hat man die chemische Bindung durch zwei ineinander greifende Haken, welche die Atome vereinigen, dargestellt und diese Haken später durch einen einfachen bis heute noch gebräuchlichen Strich ersetzt. In der Zeitspanne von 1830 bis 1850 wurde die Reaktionsweise organischer Verbindungen durch die Radikaltheorie von LIEBIG und WÖHLER und durch die Substitutionstheorie von KOLBE beschrieben. Bald lernte man nach physikalisch-chemischen Methoden Atom- und Molekulargewichte bestimmen, was wesentlich zur Festigung des Wertigkeitsbegriffes beitrug. Nachdem VAN'T HOFF und LE BEL (1879) für das C-Atom den die chemische Bindung darstellenden Strichen eine feste Richtung im Raume, nämlich nach den Ecken eines regulären Tetraeders, gegeben haben, war es möglich, die Zahl der Isomeren und Stereoisomeren vorauszusagen. Damit war eine Hypothese von großer Fruchtbarkeit aufgestellt, die eine stürmische Entwicklung in der organischen Chemie auslöste. Die Konstitution einer großen Zahl von Verbindungen wurde aufgeklärt, und eine ebenso große Zahl neuer organischer Moleküle wurde synthetisiert. Man hatte wenig Zeit, über das Wesen der chemischen Bindung nachzudenken, da man mit den praktischen Valenzstrichen gut auskam und erfolgreich war.

Vom physikalischen Standpunkt aus aber war die Darstellung der Valenz durch Striche höchst unbefriedigend, und sehr bald sollte sich die Unzulänglichkeit dieser Bildersprache zeigen. Einige Beispiele sollen die Schwierigkeiten zeigen, die der exakten

Beschreibung der Valenzverhältnisse durch einfache Striche entgegenstehen.

Wenn die Festigkeit der einfachen C—C-Bindung durch einen einfachen Strich wiedergegeben wird, so müßte die Doppelbindung C=C zweimal und die dreifache Bindung C≡C dreimal so stark sein wie die einfache. Wählt man als vergleichendes Kriterium der Festigkeit die Bindungsenergie der Atome, wie sie aus den Verbrennungswärmen errechnet wird, so stellt man fest, daß die doppelte Bindung etwa nur 1½mal und die dreifache nur etwa 2,3mal so stark wie die einfache ist. Die zwei Bindungsstriche der Doppelbindung sind folglich nicht untereinander gleichwertig, ebenso wenig wie die drei Striche der dreifachen Bindung.

Will man andererseits die Festigkeit der Bindung auf Grund ihres reaktiven Verhaltens beurteilen, wie z. B. aus der Leichtigkeit, mit welcher sie gesprengt wird, dann beobachtet man ein viel komplizierteres Verhalten. So addiert die dreifache Bindung mit Leichtigkeit Brom bzw. Wasserstoff (in Gegenwart eines Katalysators) unter Bildung einer Doppelbindung, und diese wieder addiert erneut die genannten Stoffe unter Bildung einer einfachen C—C-Bindung. Die zwei ersten Bindungen verleihen somit der Verbindung einen ungesättigten, reaktionsfähigen Charakter, welcher der einfachen Bindung nicht zukommt. Dies zeigt deutlich die Ungleichartigkeit der einzelnen Bindungen in der Doppel- und Dreifachbindung, was durch die einzelnen Valenzstriche nicht zum Ausdruck gebracht wird.

Noch größer wurden die Schwierigkeiten beim Studium der Eigenschaften von Verbindungen mit konjugierten Doppelbindungen. Beim Butadien, dem einfachsten Vertreter eines konjugierten Doppelbindungssystems, findet bekanntlich die Bromaddition in 1,4-Stellung unter Wanderung der Doppelbindung in 2,3-Stellung nach dem Schema

$$CH_2=CH-CH=CH_2 + Br_2 = BrCH_2-CH=CH-CH_2Br$$

statt. THIELE versuchte dieses Verhalten durch Absättigung der an jedem C-Atom noch vorhandenen Partialvalenzen zu erklären,

$$CH_2=CH-CH=CH_2$$

was bereits anzeigte, daß man mit ganzen Valenzstrichen für die Beschreibung des reaktiven Verhaltens von konjugierten Doppelbindungen nicht mehr auskam. Sind überdies diese Bindungen zu einem Ring von bestimmter C-Zahl zusammengetreten, wie im Falle des Benzols, so erfolgt eine Verminderung des ungesättigten reaktionsfähigen Zustandes. Es stellt sich das ein, was man den aromatischen Charakter nennt. Diese bunte Mannigfaltigkeit von Erscheinungen wurde scheinbar noch verwickelter durch die Entdeckung der *Mesomerie*. Man faßt unter diesem Namen einen ziemlich komplexen Tatsachenbestand (vgl. § 12) zusammen, nach dem u. a. eine Verbindung mit konjugierten Doppelbindungen reaktiv sich derart verhält, daß man ihr eine Strukturformel zuerkennen muß, welche eine nicht ganz scharf definierte Stellung zwischen genau formulierbaren Grenzstrukturen einnimmt. Je nach dem Reagenz, mit dem man an sie herangeht, scheint sie nach verschiedenen Formeln zu reagieren. Man begann zu begreifen, daß diese Schwierigkeiten davon herrühren, daß man zu Beginn auf eine physikalisch fundierte Valenztheorie verzichtet und sich mit der formalen Schreibweise der Valenzstriche begnügt hatte.

Als einen ersten Schritt zu einer physikalischen Begründung des Valenzbegriffes müssen wir die im Jahre 1916 von W. KOSSEL[1] und unabhängig von ihm etwas später die von G. N. LEWIS[2] aufgestellte Theorie der Elektronenschalen betrachten. Die beiden Autoren gingen von verschiedenen Voraussetzungen für den Aufbau der Atome aus Kern und Elektronen aus und kamen zu demselben Resultat, wonach im Atomverband die Elektronen in konzentrischen Schalen um den Kern angeordnet sind. Diese Schalen werden bei den Elektronenzahlen 2, 8, 18 und 32 als abgeschlossen betrachtet. Die Zahlen entsprechen einer besonders stabilen und darum bevorzugten Konfiguration, die den Edelgasen zukommt, mit welchen jeweils eine Periode im System der Elemente abschließt. Ist in einem Element die Zahl der Elektronen größer oder kleiner als die Zahl, die diesen Edelgaskonfigurationen entspricht, so sind die Atome bestrebt und befähigt, durch Aufnahme bzw. Abgabe von Elektronen in Anionen bzw. Kationen mit stabiler Edelgaskonfiguration überzugehen. Diese Ionen treten dann durch einfache elektrostatische Anziehung zu stabilen Verbindungen

---
[1] W. KOSSEL, Valenzkräfte und Röntgenstrahlen. 2. Auflage. 1924.
[2] G. N. LEWIS, Die Valenz und der Bau der Atome und Moleküle 1927.

zusammen, die in allen Aggregatzuständen existenzfähig sind. Die Zahl der auf diese Weise abgegebenen bzw. aufgenommenen Elektronen, die Valenzelektronen genannt werden, bestimmt die Ladung der entstehenden Ionen und damit auch die Wertigkeit, mit der die betreffenden Atome in die Verbindungen eingehen.

Nach diesem Aufbauprinzip konnten alle heteropolaren, meist der anorganischen Chemie zugehörigen Verbindungen, einem rationellen Schema eingeordnet werden. BORN[1], MADELUNG[2] und andere haben auf solche Ionen mit starr gedachten Elektronenhüllen das Coulombsche Anziehungsgesetz angewandt und konnten die Gitterenergien von heteropolaren festen Körpern in guter Übereinstimmung mit der Erfahrung berechnen (Tabelle 1b). Aber das Zustandekommen der homöopolaren bzw. kovalenten Bindung blieb ungeklärt.

Tabelle 1b. *Gitterenergien der Alkalihalogenide in kcal/Mol*[3]

	$U_{\text{ber.}}$	$U_{\text{exp.}}$
LiCl	193,3	198,1
NaCl	180,4	182,8
KCl	164,4	164,4
RbCl	158,9	160,5
CsCl	148,9	155,1
LiBr	183,1	189,3
NaBr	171,7	173,3
KBr	157,8	156,2
RbBr	152,5	153,3
CsBr	143,5	148,6

Einen Schritt, die homöopolare Bindung in dieses Schema einzubeziehen, machte G. N. LEWIS[4] (1916), indem er erkannte, daß die Edelgaskonfiguration eines Oktettes nicht durch die vollständige Abgabe bzw. Aufnahme von Elektronen zustandezukommen braucht, sondern daß sie auch durch Teilung von zwei Elektronen unter den zwei Liganden, welche die Bindung konstituieren, entsteht. Auf diese Art würden sich zwei Edelgaskonfigurationen berühren, wobei ein Elektronenpaar beiden Oktetten angehört. Im Gegensatz zu der durch elektrostatische Anziehung verursachten elektrovalenten Bindung, die den vollständigen Übergang des einen Elektrons von einem Atom zum anderen zur Voraussetzung hat, beruht die kovalente Bindung auf der Gemeinsamkeit

---

[1] M. BORN, Handbuch der Physik XXIV/2.
[2] E. MADELUNG, Gött. Nach. **100** (1909), 43 (1910). Physik. **2 II**, 898 (1910).
[3] J. SHERMAN, Chem. Rev. **11**, 93 (1932).
[4] G. N. LEWIS, J. Amer. chem. Soc. **38**, 762 (1916). W. KOSSEL, Ann. Physik **49**, 229 (1916).

§ 11 Die Anschauungen über die chemische Bindung

eines Elektronenpaares. So treten zwei Fluor-Atome mit je 7 Elektronen nach dem Schema

$$:\!\ddot{\underset{..}{F}}\!\cdot\; +\; \cdot\!\ddot{\underset{..}{F}}\!: \;=\; :\!\ddot{\underset{..}{F}}\!:\!\ddot{\underset{..}{F}}\!:$$

zusammen, wodurch unter Bildung zweier sich überschneidender Oktette das Fluor-Molekül entsteht. In analoger Weise liefern 4 H-Atome dem 4 Elektronen enthaltenden C-Atom je ein Elektron, um das Methan zu bilden,

$$\cdot\!\dot{\underset{.}{C}}\!\cdot\; +\; 4\; \cdot H \;=\; \begin{matrix} & H & \\ H\!:\!\ddot{C}\!:\!H \\ & H & \end{matrix}$$

das mit seinen 8 Elektronen eine edelgasähnliche Konfiguration in den äußeren Elektronen darstellt.

Die Bedeutung der neuen Schreibweise liegt nicht im Ersetzen des Valenzstriches durch zwei Punkte[1], sondern darin, daß man diese Punkte, die Bindung, unabhängig von den Liganden behandeln kann. Am Ammoniak-Molekül erkennen wir beispielsweise, daß die Bindung des Oktettes auf den Zusammenschluß dreier Elektronen,

$$\cdot\!\ddot{\underset{.}{N}}\!\cdot\; +\; 3\; \cdot H \;=\; \begin{matrix} & H & \\ :\!\ddot{N}\!:\!H \\ & H & \end{matrix}$$

die den drei H-Atomen angehören, mit drei Elektronen des N-Atoms beruht. Hierbei verbleibt ein dem N-Atom angehörendes Elektronenpaar ohne Bindungspartner. Solche einsamen Elektronenpaare sind imstande, elektronenlose oder eine Elektronenlücke aufweisende Atome (unvollständiges Oktett) an sich zu binden, wobei eine neue kovalente Bindung entsteht. Die Bildung des Ammoniumions aus NH_3 und H^+ wird demnach formuliert

$$\begin{matrix} & H & \\ H\!:\!\ddot{N}\!: \\ & H & \end{matrix} \;+\; H^+ \;=\; \left[\begin{matrix} & H & \\ H\!:\!\ddot{N}\!:\!H \\ & H & \end{matrix}\right]^+$$

als die Bildung einer kovalenten Bindung, deren beide Elektronen von dem einen Partner, dem N des NH_3-Moleküls, geliefert werden.

---

[1] Später, als das Paulische Prinzip auf die homöopolare Bindung angewandt wurde, führte man die Forderung ein, daß die beiden Elektronen antiparallele Spins haben müssen.

Man bezeichnet die auf diese Art zustande gekommene Vereinigung als Koordination (SIDGWICK).

Man erkennt als einen weiteren Vorteil für das Ersetzen des Valenzstriches durch ein Elektronenpaar die Vereinheitlichung der Schreibweise bei der Bildung von Komplexsalzen. Bekanntlich hat A. WERNER (1905) den Begriff der Nebenvalenzen einführen müssen, um die Existenz von Komplexsalzen zu erklären. Die Bildung des Kaliumtetrafluorborates wurde nach der Gleichung

$$KF + BF_3 \rightarrow KF \cdots BF_3$$

formuliert, wobei angenommen wurde, daß nach der Absättigung des dreiwertigen Bors durch die drei Fluor-Atome noch Restvalenzen übrigbleiben, die den Zusammenschluß des BF_3 mit KF bewirken. Formuliert man jedoch den Vorgang der Komplexbildung in der Elektronenschreibweise,

$$\begin{array}{c} :\ddot{F}: \\ :\ddot{F}:B \\ :\ddot{F}: \end{array} + :\ddot{F}:^- + K^+ \rightarrow \left[\begin{array}{c} :\ddot{F}: \\ :\ddot{F}:B:\ddot{F}: \\ :\ddot{F}: \end{array} \right]^{--} K^+$$

so erreicht man, daß das unvollständige Oktett beim Bor (Elektronenlücke) durch ein einsames Elektronenpaar des Fluor-Ions ausgefüllt wird. Unter Bildung zweier sich berührender vollständiger Oktette entsteht das Komplexanion BF_4^-. Der Unterschied zwischen Haupt- und Nebenvalenz erscheint demnach nicht notwendig, um so mehr als durch den Zusammenschluß zum Komplex alle F-Atome, sowohl die drei ursprünglich durch „Hauptvalenzen" gebundenen als auch das vierte auf Grund der „Nebenvalenzen" hinzugetretene, im fertigen Komplexion gleich stark gebunden und damit gleichwertig geworden sind.

Die doppelte Bindung wurde durch Anteiligkeit von zwei Atomen an zwei Elektronenpaare und die dreifache Bindung an drei Elektronenpaare wiedergegeben. Aber auch diese Schreibweise ist nicht imstande, die feinen Unterschiede zwischen den einzelnen Elektronen in der doppelten und dreifachen Bindung wiederzugeben, so daß hier die Elektronenformeln keinen Fortschritt gegenüber den Valenzstrichen bedeuten. Dagegen konnte die neue Schreibweise in gewissen Körperklassen, wie den Sulfonen und Sulfoxyden, nicht nur in formaler, sondern auch in physikalischer Hinsicht besseres leisten. Man formulierte die Sulfoxyde und Sulfone nach der Methode der Valenzstriche

$$\begin{array}{c} R \\ \diagdown \\ \diagup \\ R \end{array} S = O \quad \text{bzw.} \quad \begin{array}{c} R \\ \diagdown \\ \diagup \\ R \end{array} S \begin{array}{c} \diagup O \\ \diagdown O \end{array}$$

mit vier- bzw. sechswertigem Schwefel, wobei im Molekül eine bzw. zwei Doppelbindungen vorkommen. Nach der Lewisschen Formulierung jedoch erfolgt die Verteilung der Elektronen derart, daß sich Oktette mit je einem gemeinsamen Elektronenpaar bilden, so daß der Schwefel in den Sulfoxyden (I) als einfach positiv geladen und der Sauerstoff als einfach negativ geladen auftreten müssen.

$$\text{I} \qquad R : \overset{+}{\underset{R}{\overset{..}{S}}} : \overset{-}{\overset{..}{O}} : \qquad \text{bzw.} \qquad R : \overset{++}{\underset{R}{\overset{..}{S}}} : O_- \qquad \text{II}$$

Denn im neutralen Zustand enthalten sie je sechs Außenelektronen und bei der Abzählung in den vereinten Oktetten, muß ein gemeinsames Elektronenpaar, als zur Hälfte dem jeweiligen Atom gehörig, gerechnet werden. Im Sulfoxyd ist demnach zwischen S und O eine kovalente und eine ionogene Bindung verwirklicht. Eine solche zusammengesetzte Bindungsart wird semipolare Bindung genannt. Sie gibt sich durch den hohen Wert des Dipolmomentes (z. B. 4,44 D für Diäthylsulfon) zu erkennen. Die Ladungsverschiebungen betreffen hier ganze Einheiten der Elementarladung und sind nicht mit der Polarität zu vergleichen, die etwa bei den Alkylhalogeniden dadurch auftritt, daß das gemeinsame Elektronenpaar wegen der größeren Elektronegativität des Halogens mehr nach seiner Seite hin verschoben ist.

Analog trägt der Schwefel in den Sulfonen (II) eine doppelte positive Ladung, da ihm 4 Elektronen zugehören, während er im neutralen Zustand 6 besitzt. Entsprechend trägt je ein Sauerstoffatom eine negative Ladung und die Bindung am Schwefel ist kovalent und bipolar zugleich. Der wesentliche Unterschied zwischen der alten und der neuen Schreibweise liegt demnach in der Abwesenheit von doppelten Bindungen in den Elektronenformeln der Sulfone und Sulfoxyde. Eine Entscheidung zwischen diesen beiden Schreibweisen ist durch Messung des Parachors zu Gunsten der Elektronenformel möglich gewesen.

Das Parachor P ist eine den flüssigen Zustand charakterisierende Konstante und wird gegeben durch den Ausdruck

$$P = \gamma^{1/4} \cdot \frac{M}{D-d} \qquad (43)$$

worin γ die Oberflächenspannung, M das Molekulargewicht, D die Dichte der Flüssigkeit, d die Dichte des Dampfes bedeuten. Das Parachor eines Moleküls ist additiv berechenbar aus den Parachorwerten der Atome, wobei für die Doppel- und Dreifachbindung zusätzliche Werte, d. h. Inkremente angerechnet werden[1] (vgl. Tabelle 2). Die Messung des Parachors ergab, daß den Sulfoxyden keine Doppelbindungsinkremente zukommen (Methylsulfat beob. 238,9, ber. 240,4 — SO_2Cl_2 beob. 193,3, ber. 196,8), so daß man sich zu Gunsten der Elektronenformeln entscheiden muß. Ähnliches gilt für die Aminoxyde. Die Elektronenformel zeigt eine semipolare Bindung zwischen N und O.

Tabelle 2. *Atomwerte des Parachors und Inkremente*

H	17,1	Cl	54,3
C	4,8	Br	68,0
N	12,5	doppelte Bindung	23,2
P	37,7	Dreier-Ring	16,7
O	20,0	Vierer-Ring	11,6
O_2	60,0 (Ester)	Fünfer-Ring	8,5
S	48,2	Sechser-Ring	6,1
F	25,7	dreifache Bindung	46,6

Daß die Elektronenformeln einen Fortschritt in physikalischer Hinsicht bedeuten, beweist die erfolgreiche Beschreibung einer Gruppe von Erscheinungen, welche durch die Wasserstoffbrückenbildung zustande kommen[2]. Da das Wasserstoffatom besonders klein ist ($r = 0,3$ Å), ist es befähigt, seinen Kern sehr nahe an die einsamen Elektronenpaare anderer Atome heranzubringen und dadurch zusätzliche elektrostatische Anziehungskräfte hervorzurufen. So kann ein Wasserstoffkern zwei einsame Elektronenpaare

---

[1] S. Sudgen, J. Chem. Soc. **125**, 1177 (1924); „The Parachor and Valency", London 1930. Sudgen, Reed u. Wilkins, J. Chem. Soc. **127**, 1525 (1925). Mumford u. Phillips, J. Chem. Soc. 155 (1928), 2112 (1929). Gibling, J. Chem. Soc. 209 (1941), 661 (1942), 146 (1943). Tabellarische Zusammenstellung von Parachorwerten, Vogel, J. chem. Soc. 1842 (1948).

[2] N. W. Sigdwick, „The Electronic Theory of Valency", Oxford 1927.

enthaltene Atome so fest zusammenhalten, daß sie eine neue kinetische Einheit miteinander bilden. Die Bildung der bimolekularen Fluorwasserstoffsäure, die wie folgt formuliert wird

$$H:\overset{..}{\underset{..}{F}}: + H:\overset{..}{\underset{..}{F}}: \rightarrow H:\overset{..}{\underset{..}{F}}:H:\overset{..}{\underset{..}{F}}: \rightarrow \overset{+}{H} + \left[HF_2\right]^{-}$$

zeigt, daß ein H-Atom wie eine Brücke zwischen zwei F⁻-Ionen wirken kann. Die Stärke der Wasserstoffbrückenbindung wird im allgemeinen zu 3—10 kcal/Mol angegeben, während sonstige Bindungsenergien zwischen 50 und 100 kcal/Mol liegen.

Durch solche Wasserstoffbrücken können Erscheinungen gedeutet werden, die in reinen Flüssigkeiten oder Gemischen seit langem unter dem Namen *Assoziationen* bekannt waren. Sie bewirken eine abnorme Verminderung der Flüchtigkeit, oder eine abnorm hohe Viskosität von Substanzen, die einerseits dissoziationsfähige H-Atome, andererseits Atome mit einsamen Elektronenpaaren wie N, O, F usw. enthalten. Solche zu H-Brücken neigende Verbindungen sind z. B. NH_3, H_2O, HF, Alkohole, organische Säuren usw. Die Erhöhung des Siedepunktes, der Viscosität, der Dielektrizitätskonstante im Vergleich zu Verbindungen mit gleich stark polarem Bau käme durch eine mehr oder minder lockere Aneinanderreihung von Molekülen durch die H-Brückenbildung nach dem Schema

$$CH_3:\overset{..}{\underset{..}{O}}:H + H:\overset{..}{\underset{..}{O}}:CH_3 \rightarrow CH_3:\overset{..}{\underset{..}{O}}:\overset{H}{\underset{}{H}}:\overset{..}{\underset{..}{O}}:CH_3$$

zustande.

Wasserstoffbrücken können nicht nur zwischen zwei getrennten Molekülen gebildet werden, sondern auch zwischen Gruppen innerhalb desselben Moleküls. Die intramolekulare H-Brücke führt dann konsequenterweise zu einer Erhöhung der Flüchtigkeit, wie der Vergleich der Schmelzpunkte der drei Isomeren des Oxybenzaldehyds zeigt.

−7° +106° +116°

Der stetige Anstieg der Siedepunkte vom ortho- über das meta- zum para-Isomeren kann folgendermaßen erklärt werden. Die o-Verbindung ist durch die innere H-Brücke zur Bildung von höher molekularen Assoziaten nicht befähigt und hat folglich einen tiefen Siedepunkt. Die p-Verbindung dagegen kann wegen des großen Abstandes zwischen der OH-Gruppe und der Carbonylgruppe keine innere H-Brücke bilden, so daß die genannten Gruppen für die Bildung von äußeren H-Brücken und damit für die Bildung von Assoziationsprodukten frei sind. Die m-Verbindung nimmt eine mittlere Stellung ein. Die Abstufungen der Schmelzpunkte der drei Isomeren des Nitrophenols

$$\underset{45°}{\text{o-NO}_2\text{-C}_6\text{H}_4\text{-OH}} \qquad \underset{96°}{\text{m-NO}_2\text{-C}_6\text{H}_4\text{-OH}} \qquad \underset{114°}{\text{p-NO}_2\text{-C}_6\text{H}_4\text{-OH}}$$

könnte man in analoger Weise auf die Bildung bzw. das Ausbleiben von inter- bzw. intramolekularen H-Brücken zurückführen. Im 1-Oxyantrachinon

macht sich die intramolekulare H-Brücke, die den Chelaten, d. h. Verbindungen mit einer durch „Scheren"schluß bewirkten Ringbildung zuzuordnen ist[1], durch eine Verminderung der Reaktionsfähigkeit der OH-Gruppe bei der Methylierung bzw. Acetylierung bemerkbar.

Auch spektroskopisch, durch Ermittlung der Lage der infraroten Absorptionsfrequenzen, läßt sich das Vorhandensein von H-Brücken nachweisen. Die Schwingung des Wasserstoffs gegen das Sauerstoffatom in Richtung der Verbindungslinie der Kerne, die sogenannte OH-Valenzfrequenz (ν-OH), muß durch die H-Brückenbildung, wegen der Beanspruchung des H durch ein zweites O-Atom, eine Verschiebung nach tieferen Frequenzen erfahren. Dies ist tatsächlich der Fall, wie bei der Ameisensäure[2]

$$\underset{\text{monomer} = 3682\,\text{cm}^{-1}}{\text{H-C}\begin{smallmatrix}\nearrow\text{O}\\\searrow\text{OH}\end{smallmatrix}} \qquad \underset{\text{dimer} = 3400\,\text{cm}^{-1}}{\text{HC}\begin{smallmatrix}\nearrow\text{OH}\cdots\text{O}\searrow\\\searrow\text{O}\cdots\text{HO}\nearrow\end{smallmatrix}\text{C-H}}$$

[1] A. E. Martell u. M. Calvin, Chemistry of the Metal Chelate Compounds. 1953.
[2] M. M. Davies u. G. B. Sutherland, J. chem. Phys. **6**, 755 (1938).

und bei anderen Verbindungen[1, 2] nachgewiesen wurde. Obwohl die Kräfte, welche eine Wasserstoffbrückenbildung veranlassen, im wesentlichen elektrostatischer Natur sind, muß mit einem gewissen Anteil an Resonanzenergie (vgl. § 12) zwischen den Strukturen

$$\text{H—C}\diagdown_{\text{OH} \cdots \text{O}}^{\text{O} \cdots \text{HO}}\diagup\text{C—H} \longleftrightarrow \text{H—C}\diagdown_{\text{O} \cdots \text{HO}}^{\text{OH} \cdots \text{O}}\diagup\text{C—H}$$

gerechnet werden.

Der Wasserstoff fungiert in den Wasserstoffbrücken nicht etwa als ein zweiwertiges Element, wie es auf den ersten Blick nach der Valenzstrichformel erscheinen könnte. Der Elektronenzustand eines zweiwertigen Wasserstoffatomes würde ein $2s$ oder $2p$ sein, dem eine zu große Energie zukommt, um bei einer H-Brückenbindung stabil zu sein. Für eine H-Brücke ist die Polarität der Bindung, an welcher das H-Atom beteiligt ist, ausschlaggebend. Dies läßt sich aus der Abnahme der Tendenz zur Bildung von H-Brücken in der Reihe:

$$\text{HF} \rangle \text{ROH} \rangle \text{R}_2\text{NH} \rangle \text{R}_3\text{CH}$$

ableiten, die mit einer Abnahme des Dipolmomentes einhergeht.

Die H-Brücken sind von der größten Wichtigkeit für das biologische Verhalten langkettiger Moleküle, wie die der Proteine. Hier können durch H-Brücken zwischen den H-Atomen der NH_2-Reste und dem Sauerstoff der CO-Gruppen Polypeptidketten untereinander vereinigt werden, so daß hochpolymere vernetzte Assoziationsprodukte in folgender Art

$$-CH_2-NH-CO-CH_2-NH-CO-CH_2$$
$$-CH_2-CO-NH-CH_2-CO-NH-$$

entstehen.

§ 12 Mesomerie. „Resonanz"

In der geschichtlichen Entwicklung der Vorstellungen über den strukturellen Aufbau organischer Verbindungen spielt die

---

[1] R. MECKE, Faraday Soc. Discussions N. **9**, 161 (1950).
[2] Auch Elektronenbeugungsversuche sprechen für das Vorhandensein von dimeren Assoziationsprodukten. Vgl. PAULING u. BROCKWAY, Proc. Nat. Acad. Sci. Amer. **20**, 336 (1934). KARLE u. BROCKWAY, J. Amer. chem. Soc. **66**, 574 (1944).

Entdeckung der Tautomerie eine wichtige Rolle. Erst C. LAAR[1], dann A. v. BAEYER[2] und später zahlreiche andere Forscher fanden, daß gewissen organischen Verbindungen, je nach den äußeren Bedingungen, zwei konkret verschiedene Formeln, die mit einander im chemischen Gleichgewicht stehen, zukommen können. In den klassischen Beispielen für die Tautomerie, nämlich beim Acetessigester, p-Nitrosophenol[5] und p-Nitrophenol[3] stehen die Keto- mit der Enolform bzw. die Nitro- mit der Chinonaciform derart im Gleichgewicht

$$CH_3-CO-CH_2-C\underset{OC_2H_5}{\overset{O}{\diagup}} \rightleftarrows CH_3-C=C-C\underset{OC_2H_5}{\overset{O}{\diagup}} \qquad I$$
$$\phantom{CH_3-CO-CH_2-C\underset{OC_2H_5}{\overset{O}{\diagup}} \rightleftarrows CH_3-C}\underset{OH}{\overset{|}{H}}$$

$$O_2N\langle\ \rangle OH \rightleftarrows \underset{O}{\overset{HO}{\diagdown}}N=\langle\ \rangle=O, \qquad II$$

daß je nach dem p_H und der Natur des Lösungsmittels die eine oder die andere Form quantitativ erfaßt werden kann (Desmotropie). An Hand der Formelbilder I und II stellt man fest, daß die Erscheinung der Tautomerie mit einer Wanderung des Protons unter gleichzeitiger Verschiebung der Doppelbindung verbunden ist.

Seit Beginn der zwanziger Jahre häuften sich jedoch die Beobachtungen, nach denen das Verhalten von Verbindungen mit konjugierten Doppelbindungen nicht durch eine einzige Formel wiedergegeben werden kann, sondern durch eine Reihe von Strukturformeln, die ohne Verschiebung von H- oder anderen Atomen, sich voneinander, nur durch die Lage der Elektronen im Molekül, unter Bewahrung der Doublett- bzw. Oktettkonfigurationen unterscheiden. Die Struktur des Moleküls schien eine nicht ganz scharf zu definierende Zwischenstellung zwischen diesen extremen, jedoch genau formulierbaren Grenzstrukturen einzunehmen[4]. Dem letzteren Umstand verdankt die Erscheinung ihren Namen — Mesomerie. Der grundsätzliche Unterschied gegenüber der Tauto-

---

[1] C. LAAR, B. **18,** 648 (1885); **19,** 730 (1886).

[2] A. v. BAEYER, B. **16,** 2188 (1883).

[3] An der Richtigkeit der Chinonaciformel des p-Nitrophenols wurden, wegen der bei der Salzbildung auftretenden Farbvertiefung des m-Nitrophenols, Zweifel geäußert. Vgl. N. V. SIDGWICK, The Orgsnic Chemishy of Nitrogen S. 267.

[4] C.K. INGOLD, Chem. Rev. **15,** 225 (1934) ARNDT und EISTERT, Z. phys. Chem. **B 31,** 125 (1936).

[5] L. C. ANDERSON und M. G. GEIGR, J. Amer. chem. Soc. **54,** 3064 (1942).

merie besteht darin, daß die Lage der Massenpunkte bei allen diesen Grenzstrukturen die gleiche ist, und nur die Doppelbindungen, d. h. die Elektronendichten, verschoben sind. Ein drastisches Beispiel für die neue Sachlage ist das Beispiel des Benzols, für das man zwei Formeln (a) und (b), mit gegenüber den numeriert gedachten C-Atomen des Ringes verschobenen Doppelbindungen

schreiben kann. Käme dem Benzol nur die eine Formel (a) zu, so müßte man zwei o-Disubstitutionsprodukte (c) und (d)

erwarten, je nachdem zwischen den beiden Substituenten eine Doppelbindung liegt oder nicht. Bekanntlich hat KEKULÉ, um dieser Schwierigkeit aus dem Weg zu gehen, eine Oscillation der Doppelbindungen zwischen den beiden Lagen (a) und (b) angenommen, die so rasch erfolgen sollte, daß ein Nachweis, der als faktisch vorhanden angenommenen Grenzstrukturen (a) und (b), nicht möglich wäre. Aber gerade in diesem Punkt unterscheidet sich der moderne Mesomeriebegriff von den älteren Anschauungen. Die quantenmechanische Behandlung des Problems zeigt, daß es sich im Falle des Benzols nicht um zwei konkrete, etwa im Gleichgewicht zueinander stehende Molekülarten handelt, sondern um einen einzigen *Zustand*, der zwischen den durch die Formeln (a) und (b) dargestellten Zuständen liegt. Demnach existieren zwischen den C-Atomen des Benzolkernes nicht etwa zeitlich abwechselnd einfache und doppelte Bindungen, sondern es existiert gleichmäßig unter allen C-Atomen eine Bindungsart, welche zwischen doppelter und einfacher liegt, etwa eine anderthalbfache Bindung.

Wie sehr einwirkende Agenzien diesen Zwischenzustand zugunsten des einen oder des anderen Grenzzustandes verschieben können, zeigt die Tatsache, daß man das Vorhandensein der drei Doppelbindungen im Benzol nach der üblichen Bromaddition nicht nachweisen kann, da Benzol mit Brom nicht reagiert, wohl aber mit dem wirksameren Agenz O_3, das zur Bildung des Triozonids führt. Analoge Verhältnisse trifft man bei komplizierteren Verbindungen mit konjugierten Doppelbindungen. Man könnte die γ-Pyrone nach Formel I als ein Diolefinketon formulieren,

$$O = \langle\ \rangle O \qquad \bar{O} - \langle\ \rangle \overset{+}{O}$$

I   II

obwohl es die typischen Ketonreaktionen wie Kondensation mit Hydroxylamin, im Gegensatz zu dem analog gebauten Dibenzalaceton, nicht gibt. Man wäre demnach versucht, den γ-Pyronen die Struktur eines Zwitterions mit aromatischem Charakter nach Formel II zuzuschreiben. Diese Struktur jedoch läßt ein hohes Dipolmoment erwarten, während das tatsächlich gemessene zwischen den Werten eines Zwitterions und eines Diolefines liegt. Andererseits kann man mit dem p-Nitrophenylhydrazin, das ein kräftigeres Agenz auf CO-Gruppen ist, zu einem Hydrazon kommen und damit einen Ketocharakter der Pyrone zum Vorschein bringen. Wollte man das Gesamtverhalten der Pyrone mit einer einzigen Formel beschreiben, so müßte man eine wählen, die zwischen der des Diolefins und der des Zwitterions liegt. Da die chemische Formelsprache diesen an verschiedenen Zuständen anteiligen Zwischenzustand (Mesomerie) nicht wiedergeben kann, wird er durch einen Doppelpfeil zwischen den beiden extremen Grenzstrukturen

$$\begin{array}{ccc} \text{CH CH} & & \text{CH CH} \\ O = C \langle\ \rangle O & \longleftrightarrow & \bar{O} - C \langle\ \rangle \overset{+}{O} \\ \text{CH CH} & & \text{CH CH} \end{array}$$

dargestellt. Man spricht von der mesomeren Elektronenverschiebung der Grenzformeln zum stabilen Zwischenzustand, den man nicht niederschreiben, sondern sich nur vorstellen kann.

Eine ebenso verbreitete Ausdrucksweise ist, von einer Resonanz zwischen den Strukturen (a) und (b) zu sprechen. Das könnte jedoch leicht zu Mißverständnissen führen, als gäbe es tatsächlich die beiden Kekuléschen Grenzformeln, die etwa durch einen geheimen Kopplungsmechanismus in Resonanz zueinander treten. Dies ist jedoch keineswegs der Fall, da das Molekül durch einen einzigen Zustand repräsentiert wird. Der Name Resonanz stammt von der wellenmechanischen Behandlung des Bindungsmechanismus der zwei Elektronen im Heliumatom[1], die auch beim H_2-Problem übernommen

---

[1] W. HEISENBERG, Z. Phys. **39**, 499 (1926).

wurde. Sie ist eine *mathematische Behandlungsweise* und kein *physikalisches Phänomen*. In welcher Art sie für die konjugierten Doppelbindungen angewandt wird, soll gleich gezeigt werden.

§ 13 Die Methoden der Valenzstrukturen (v. b.) und der molecular orbitals (MO)

Die wellenmechanische Erfassung dieses stabilen mesomeren Zustandes geschieht nach zwei verschiedenen Methoden, der Valenzstruktur- (valence bond) und der Molekularbahnmethode (moleculare orbitals), zwei Rechenverfahren, welche zu den gleichen Resultaten führen. Nach der Valenzstrukturmethode (SLATER, PAULING) schreibt man sämtliche durch Elektronenverschiebung möglichen Strukturformeln nieder und ermittelt das aus diesen durch Überlagerung entstehende, energetisch tiefer als jede der Ausgangsstrukturen liegende *Resonanzhybrid*. Diese Ermittlung besteht im wesentlichen in der Bestimmung der relativen Gewichte, mit denen die einzelnen oben erwähnten Grenzstrukturen im Resonanzhybrid enthalten sind. Die Vermischung geschieht mathematisch durch Bildung von linearen Kombinationen der Wellenfunktionen der einzelnen Strukturen und Gleichsetzung mit der Wellenfunktion des Hybrides nach dem Schema

$$\psi = c_1\psi_1 + c_2\psi_2 + c_3\psi_3 \cdots + c_n\psi_n \quad (44)$$

Die Gewichte der Strukturen sind gleich den Quadraten der Koeffizienten $c_1, c_2, c_3 \ldots c_n$, mit denen die Wellenfunktionen $\psi_1, \psi_2, \psi_3, \ldots$ in die Gleichung der linearen Kombination eingehen. Dabei werden die Koeffizienten $c_1, c_2, c_3 \ldots c_n$ so variiert, daß die Energie E der entstehenden Wellenfunktion ψ den tiefstmöglichen Wert einnimmt (Variationsmethode). Das ist eine notwendige Bedingung für die Stabilität des Resonanzhybrides. Da die Energie einer Valenzstruktur sich aus ihrer Wellenfunktion durch

$$E = \frac{\int \psi H \psi \, d\tau}{\int \psi^2 \, d\tau} \quad (45)$$

ergibt,[1] wird die Energie des Resonanzhybrides, das im Falle des

---

[1] H stellt in der Quantenmechanik den Hamiltonschen Operator dar, welcher aus der klassischen Hamilton-Funktion hervorgeht, indem die Impulse durch $\dfrac{h}{2\pi i} \dfrac{\partial}{\partial x}$ ersetzt werden.

Benzols aus den zwei Kekuléschen Formeln (a) und (b) bestehen soll, in analoger Weise durch

$$E = \frac{c_1{}^2 H_{11} + 2 c_1 c_2 H_{12} + c_2{}^2 H_{22}}{c_1{}^2 S_{11} + 2 c_1 c_2 S_{12} + c_2{}^2 S_{22}} \tag{46}$$

dargestellt, wenn für

$$\int \psi_1 H \psi_1 \, d\tau = H_{11} \tag{47}$$

und für

$$\int \psi_1 \psi_1 \, d\tau = S_{11} \tag{48}$$

(bzw. analog für die anderen Indizies) gesetzt wird. Um zu den Koeffizienten $c_1, c_2 \ldots$ zu gelangen, die dem niedrigsten Energiewert entsprechen, bildet man die Ableitungen $\dfrac{\partial E}{\partial c_1}$ bzw. $\dfrac{\partial E}{\partial c_2}$ und setzt sie gleich Null. Dadurch erhält man die sogenannten Säkulargleichungen

$$c_1(H_{11} - E S_{11}) + c_2(H_{12} - E S_{12}) = 0 \tag{49}$$
$$c_1(H_{12} - E S_{12}) + c_2(H_{22} - E S_{22}) = 0$$

Das Wesentliche bei der Bildung von Linearkombinationen von Wellenfunktionen ist, daß die resultierende Wellenfunktion des gestörten Systems nicht etwa einem Wert der Energie entspricht, der zwischen den Energiewerten der einzelnen Wellenfunktionen, sondern der *tiefer* als der tiefste Energiewert der kombinierenden Strukturen liegt[1]. Die Differenz zwischen dem Energiewert des Hybrides und dem tiefsten Energiewert einer der Strukturen, aus welchen es durch Vermischung hervorgegangen ist, wird nach L. PAULING Resonanzenergie genannt. Sie ist um so größer, je größer die Zahl der einzelnen Strukturen ist, und je geringer ihre Energiedifferenzen sind. Man kann diese Behauptung beweisen, indem man für den Fall des Benzols erst nur die zwei Kekulé Strukturen und dann die drei Dewar I, II, III in die Formel (44) einsetzt

Im ersten Fall errechnet sich die das Molekül stabilisierende Resonanzenergie zu $0,9\,J = 30$ kcal, im zweiten Fall zu $1,106\,J = 36$ kcal, welch letzterer Wert dem experimentell bestimmten

---

[1] F. HUND, Einführung in die theoretische Physik. Band VII S. 369 (1956).

näher liegt. Jede der Dewar Strukturen ist nur zu $^1/_6$ im Vergleich zu jeder Kekulé zugegen.

Die Berücksichtigung von weiteren Strukturen, etwa der polaren, würde keine wesentliche Stabilisierung durch Erhöhung der Resonanzenergie mit sich bringen, weil die Gewichte der polaren Strukturen sehr klein sind.

Die Frage, wieviele Strukturen man überhaupt unabhängig von ihren Gewichten zu berücksichtigen hat, läßt sich durch Ermittlung der Zahl der Kombinationen beantworten, welche die π-Elektronen zu Paaren mit entgegengesetztem Spin zu bilden vermögen. Sie ist gleich der Zahl der Strichbilder, die sich ohne Überschneidungen zeichnen lassen. Dadurch entstehen kovalente Molekülstrukturen mit dem Gesamtspin null. Die Zahl der Kombinationen und damit die Zahl der zulässigen Strukturen ist gleich

$$\frac{(2n)!}{n!(n+1)!} \tag{50}$$

wenn mit $2n$ die Zahl der π-Elektronen bezeichnet wird. Tabelle 3 zeigt, daß bei aromatischen Verbindungen diese Zahl mit der Anzahl der π-Elektronen rapide anwächst. Es wird auch ersichtlich, daß die rechnerische Berücksichtigung aller Strukturen außerordentlich rasch mit der Zahl der konjugierten Doppelbindungen erschwert wird[1].

Es muß hervorgehoben werden, daß die kanonischen Strukturen nach der v.b.-Methode nicht den Charakter einer physikalischen Hypothese, sondern nur den eines mathematischen Rechenhilfsmittels haben. Denn im Gegensatz zu einer physikalischen Hypothese wird in diesem Fall aus ihrer erfolgreichen Verwendung nicht auf ihre physikalische Realität geschlossen, sondern es wird gerade die Nichtexistenz der genannten

Tabelle 3

Substanz	Zahl der π-Elektronen	Zahl der kovalenten Strukturen nach Formel (50)
Butadien	4	2
Benzol	6	5
Naphthalin	10	42
Biphenyl	12	132
Anthracen	14	234

---

[1] Vgl. jedoch das Näherungsverfahren von H. HARTMANN, Z. Naturforsch. A **2**, 250, 263 (1947), und die modifizierte Behandlung der v. b.-Methode von R. Mc. WEENY, Proc. roy. Soc. A **223**, 63, 306 (1954); **227**, 285 (1955).

Strukturen gefolgt. Das allein physikalisch Existierende ist das aus der rechnerischen Vermischung sich ergebende Resonanzhybrid.

Die rechnerische Verfolgung dieses Prinzipes, das den Namen „Approximation der vollkommenen Paarung" trägt, führt zu Gleichung (51), die analog den Energiegleichungen für das (38), (39) H_2-Molekül gebaut ist.

$$E = E_\sigma + \frac{Q \pm J}{1 \pm S^2}. \tag{51}$$

In dieser Gleichung bezieht sich der erste Summand E_σ auf die Elektronenenergie der σ-Bindungen und der zweite auf die der π-Elektronen. Hierin bedeutet Q das Coulomb Integral, J das Austauschintegral und S das Überlappungsintegral, wie sie auf Seite 33 unter den Bezeichnungen C, A und S für den Fall des Wasserstoffmoleküls angegeben sind. Auch hier ist das Austauschintegral J von ausschlaggebender Bedeutung für die Stabilisierung des Moleküls. Wir wollen seinen Einfluß durch die Gegenüberstellung seines Betrages in den Kekulé und Dewar Strukturen untersuchen. Dazu vernachlässigt man das Überlappungsintegral, indem man S gleich null setzt und betrachtet die Wechselwirkung von nur unmittelbar benachbarten π-Elektronen. Bei einer zufälligen Orientierung der π-Elektronen zueinander würden parallele und antiparallele Einstellung der Spins gleich oft vorkommen. Das Austauschintegral hat bei paralleler Einstellung der Spins den Wert $-J$, bei antiparalleler $+J$. Da die parallele Einstellung, entsprechend den drei Raumrichtungen dreimal vorkommt (dreifache Entartung), die antiparallele hingegen nur einmal, ist der wahrscheinliche Gesamtwert des Integrals J bei der betrachteten zufälligen Einstellung der π-Elektronen gegeben durch die algebraische Summe:

$$3(-\tfrac{1}{4}J) + \tfrac{1}{4}J = -\tfrac{1}{2}J.$$

Eine nicht zufällige Einstellung der π-Elektronen untereinander ist gleichbedeutend mit einer Lokalisierung der Doppelbindung im Benzolkern, so daß die gesamte Austauschenergie in einem Molekül mit beliebiger Zahl von π-Elektronen sich durch Summation der Austauschintegrale ergibt:

$$E_{\text{Austausch}} = \underset{\substack{\downarrow\uparrow \\ \text{gepaart}}}{\sum J_{ij}} - \underset{\substack{\uparrow\uparrow \\ \text{ungepaart}}}{\sum J_{ij}} - \underset{\text{beliebig}}{\sum \tfrac{1}{2} J_{ij}}$$

§ 13 Methoden der Valenzstrukturen (v.b.) u. der molecular orbitals (MO)

Für eine Kekulé Strukturformel ⬡ berechnet man demnach die Energie der π-Elektronen zu

$$E_{Kek} = Q + 3J + 3(-\tfrac{1}{2}J) = Q + 1{,}5J$$

und für die Dewar Struktur ⬡, da hier das Austauschintegral zwischen den Elektronen an den Stellungen 1 und 4 vernachlässigt wird, zu

$$E_{Dew} = Q + (2J + 4(-\tfrac{1}{2}J)) = Q$$

Es zeigt sich folglich, da J negativ ist, daß die Dewar Struktur um $1{,}5J$ energiereicher ist, so daß sie mit einem entsprechend geringeren Gewicht im Resonanzhybrid vertreten ist. Das Gewicht jeder der Kekulé Formen wird zu 0,8 und das der Dewar zu 0,2 berechnet.

Im Gegensatz zu der oben behandelten Valenzstrukturmethode geht die Methode der molecular orbitals (MO.) von den Wellenfunktionen der einzelnen ungebundenen Atome, den atomic orbitals (a.o.) aus, welche durch die Delokalisierung der π-Elektronen in Wechselwirkung zueinander treten und zum mesomeren Zwischenzustand verschmelzen. Diese Methode macht somit keine Annahme von bestimmten, durch „Resonanz sich überlagernden" Strukturen, die, wenn sie ihre Aufgabe als Rechenhilfsmittel zur Ermittlung des Resonanzhybrides getan haben, als nicht existierend erklärt werden. Vielmehr berechnet sie nach den Prinzipien, die bei der Beschreibung der kovalenten Bindung auseinandergesetzt wurden, direkt den energetisch tiefsten Zustand des Moleküls, welcher aus den atomic orbitals zustande kommen kann. Bei der MO.-Methode wird die Delokalisierung der Elektronen nicht wie bei der Valenzbindungsmethode durch die Überlagerung von diskreten Strukturen herbeigeführt, sondern durch die Verschmelzung der atomic orbitals zu molecular orbitals. Die Vermischung der a.o. geschieht auch hier nach dem Prinzip der linearen Kombinationen, indem durch Variation der Koeffizienten ein molekularer Elektronenzustand (molecular orbital) aufgesucht wird, dessen Energiewert einem Minimum entspricht[1].

---
[1] Nach einem Vorschlag von R. S. MULLIKEN benutzt man zur Bezeichnung dieser Methode die Abkürzung LCAO (linear combination of atomic orbitals).

Die Berechnung für das Benzolmolekül findet in den wesentlichen Zügen folgendermaßen statt: Jedes der sechs π-Elektronen ($2p$-Zustand) wird betrachtet, als ob es sich im Felde des restlichen Moleküls, bestehend aus Kernen und allen übrigen Elektronen, bewegte[1,2]. In diesem Feld herrschen Anziehung des herausgegriffenen π-Elektrons durch die Kerne und zugleich Abstoßung durch die übrigen π-Elektronen. Das resultierende molecular orbital wird erschlossen und dargestellt durch die lineare Kombination der Wellenfunktionen der sechs einzelnen π-Elektronen.

$$\psi = c_1\psi_1 + c_2\psi_2 \ldots c_6\psi_6 \quad (52)$$

Die Koeffizienten $c_1, c_2, c_3, \ldots c_6$ werden durch die sechs Säkulargleichungen, wie oben auseinandergesetzt wurde, gefunden. Unter den vereinfachenden Voraussetzungen, daß alle Überlappungsintegrale gleich null gesetzt werden können, und daß das Resonanzintegral (Koppelungsintegral)

$$\beta = \int \psi_r \boldsymbol{H} \psi_s \, d\tau \quad (53)$$

nur zwischen zwei benachbarten Atomen r und s berücksichtigt zu werden braucht, erhält man für die sechs Säkulargleichungen die Determinante

$$\begin{vmatrix} Q-E & \beta & 0 & 0 & 0 & \beta \\ \beta & Q-E & \beta & 0 & 0 & 0 \\ 0 & \beta & Q-E & \beta & 0 & 0 \\ 0 & 0 & \beta & Q-E & \beta & 0 \\ 0 & 0 & 0 & \beta & Q-E & \beta \\ \beta & 0 & 0 & 0 & \beta & Q-E \end{vmatrix} = 0 \quad (54)$$

Eine Determinante dieses Typus (Cyclante) gilt nicht allein für das Benzol, sondern ganz allgemein für Moleküle mit mehr als zwei π-Elektronen, indem ihre Reihen der Zahl der π-Elektronen angepaßt werden. Ihre allgemeine Lösung führt zur Gleichung

$$Q - E = -2\beta \cos \frac{2\pi j}{n} \quad (55)$$

worin n die Zahl der behandelten π-Elektronen und j eine Zahlenreihe von 1, 2, 3, ... bis n ist. Diese Gleichung liefert folglich n

---

[1] Methode des „self-consistent"-Feldes von D. R. HARTREE, Proc. Camb. Phil. Soc. **24**, 89 (1928). Reports on Progress in Physics, Physical Society **11**, 113 (1946—1947).

[2] E. HÜCKEL, Z. Phys. **70**, 204 (1931).

§ 13 Methoden der Valenzstrukturen (v.b.) u. der molecular orbitals (MO)

Lösungen. Für den vorliegenden Fall des Benzolmoleküls erhält man die sechs folgenden Lösungen:

1. $Q + 2\beta$ (↑↓)   4. $Q - \beta$ (0)
2. $Q + \beta$ (↑↓)   5. $Q - \beta$ (0)
3. $Q + \beta$ (↑↓)   6. $Q - 2\beta$ (0)

Diese sechs Lösungen entsprechen jedoch nur vier verschiedenen Energiezuständen, da die Lösungen 2. und 3. bzw. 4. und 5. untereinander gleich sind und somit doppelt entartete Energiezustände darstellen. Es folgt als nächster Schritt die Besetzung dieser Zustände mit je zwei Elektronen entgegengesetzter Spinrichtung (Pauliverbot). Diese Besetzung geschieht vom niedrigsten Energieterm an, welcher der $Q + 2\beta$-Zustand ist, da β einen negativen Wert hat. Die ersten drei Lösungen entsprechen den bindenden molecular orbitals, da ihr Energiewert tiefer liegt als Q, während die restlichen drei Lösungen, deren Energiewert höher als Q liegt, nichtbindende molecular orbitals darstellen. Sie bleiben in diesem Falle unbesetzt.

Will man die Stabilität des Benzolkernes quantitativ angeben, indem man dafür die Delokalisierung der π-Elektronen von den Kekulé Strukturen zum mesomeren Zustand verantwortlich macht, so hat man von der Gesamtenergie der π-Elektronen im mesomeren Zustand

$$2(Q + 2\beta) + 4(Q + \beta) = 6Q + 8\beta$$

die Energie der sechs π-Elektronen im lokalisierten Zustande der Kekulé Struktur, d. h. $6Q + 6\beta$ abzuziehen. Die Differenz von 2β wäre die durch „Resonanz" zustandegekommene Stabilisierungsenergie des Benzols.

Obwohl β begrifflich ähnlich dem Austauschintegral J der v.b.-Methode ist, unterscheidet es sich von ihm im numerischen Wert. Nach der v.b.-Methode wurde die Resonanzenergie des Benzols zu $1,106 J$ bestimmt, während nach der Methode der MO., wie oben erwähnt, sie zu 2β ermittelt wird. Das Verhältnis β/J ist hier wie für eine Reihe von Kohlenwasserstoffen mit konjugierten Doppelbindungen um den konstanten Wert von 0,54 festgestellt worden. Der Grund für diese scheinbare Diskrepanz zwischen den beiden Integralwerten liegt darin, daß das Integral J sich auf die Austauschenergie zweier Elektronen zwischen zwei atomic orbitals bezieht, während β den Austausch eines π-Elektrons zwischen zwei atomic orbitals darstellt. Vergleichsweise gesprochen, würde das J der „Resonanz" zwischen zwei Elektronen im H_2-Molekül entsprechen, während β die "Resonanz" des einen Elektrons zwischen den zwei Protonen im H_2^+-Ion angibt. In der Tat findet man für das Verhältnis der Bindungsenergien H_2^+/H_2 den Wert 0,59.

Nachfolgende Tabelle 4 enthält die Resonanzenergien einiger wichtiger Kohlenwasserstoffe, wie sie auf Grund der Valenzstruktur- und der MO.-Methode berechnet worden sind[1].

Tabelle 4

Substanz	Resonanzenergien nach v.b.-Methode	Resonanzenergien nach MO.-Methode
Benzol	1,106 J = 36,8 kcal/Mol	2,00 β = 36 kcal/Mol
Naphthalin	2,04 J = 68,2	3,86 β = 66
Anthracen	2,95 J = 99	5,32 β = 96,3
Phenanthren	3,02 J = 101	5,45 β = 98,0
Biphenyl	2,37 J = 79,6	4,38 β = 78,9
Butadien	0,23 J = 7,7	0,47 β = 8,5
Hexatrien	0,46 J = 16,1	0,99 β = 17,8
	J = 33,5 kcal/Mol	β = 18 kcal/Mol

Die Übereinstimmung der Ergebnisse nach beiden Methoden ist recht befriedigend, dagegen sind Abweichungen mit den experimentellen Daten der vorangegangenen Tabelle 4 zu konstatieren.

§ 14 Resonanz, Komplanarität und sterische Hinderung

Der Wert der Resonanzenergie kann direkt experimentell ermittelt werden, so daß ein Vergleich der Theorie mit der Erfahrung möglich ist. Abb. 11 veranschaulicht das Prinzip, auf welchem die Bestimmung der Resonanzenergie beruht. Die dick ausgezogene Linie stellt das Energieniveau des mesomeren oder hybridischen Moleküls dar, das aus der linearen Kombination der Eigenfunktionen $\psi_1, \psi_2, \psi_3 \ldots$ der darüberliegenden kanonischen Strukturen entstanden ist. Nach L. PAULING wird die Differenz zwischen der energetisch am tiefsten liegenden kanonischen Struktur und dem Energieniveau des Hybrides als Resonanzenergie R_E bezeichnet. Führt man diese beiden Zustände in einen gemeinsamen Zustand über, etwa in den des vollständig hydrierten Mole-

---
[1] C. A. COULSON, „Valence", Oxford 1952.

§ 14 Resonanz, Komplanarität und sterische Hinderung   63

küls, an dem eine Mesomerie nicht möglich ist, so ist die Differenz der Hydrierungswärmen der genannten Strukturen die gesuchte Resonanzenergie. Eine Hydrierung des mesomeren Zustandes ist direkt möglich, da dieser das faktisch existierende Molekül ist. Dagegen ist eine Hydrierung der energetisch tiefstgelegenen kanonischen Struktur nur indirekt oder nur rechnerisch erschließbar, weil, wie bereits auseinandergesetzt, diese kanonischen Strukturen an sich nicht existieren, sondern nur mathematische Fiktionen sind. Man kann aber so verfahren, daß man die Hydrierung einer der tiefstgelegenen kanonischen Struktur nahe verwandten Substanz benutzt, bei der die Doppelbindungen lokalisiert sind. Durch geeignete Umrechnung ließe sie sich auf die fiktive kanonische Struktur zurückführen. Im Falle des Benzols be-

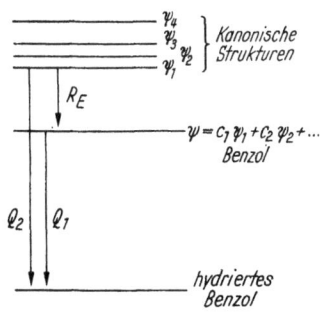

Abb. 11. Definition der Resonanzenergie nach PAULING

rechnet man die Hydrierungswärme der nicht existierenden Kekulé kanonischen Struktur aus der Hydrierungswärme des Cyclohexens, bei dem die eine Doppelbindung notwendigerweise lokalisiert ist. Durch Multiplikation mit dem Faktor 3 wird sie in die Hydrierungswärme der Kekulé Formel umgerechnet. Da die Hydrierungswärme des Cyclohexens 28,59 kcal/Mol beträgt, leitet man für die Hydrierungswärme der hypothetischen Kekulé Strukturformel den Wert $3 \times 28{,}59 = 85{,}77$ kcal/Mol ab. Andererseits wird die Hydrierungswärme des Benzols, d. h. des Resonanzhybrides zu 49,80 kcal/Mol bestimmt, woraus durch Differenzbildung die Resonanzenergie zu 35,97 kcal pro Mol errechnet wird.

Da die Hydrierungswärmen wegen der Langsamkeit des Prozesses in vielen Fällen nicht leicht meßbar sind, zieht man zur Berechnung der Resonanzenergien die Verbrennungswärmen heran. Die Verbrennungswärmen sind in den meisten Fällen leicht zu bestimmen, obwohl die für ihre Berechnung benötigten Bindungsenergien mit einer Unsicherheit behaftet sein können, da sie sich als Differenzen großer Kalorienzahlen ergeben.

In den Tabellen 5 und 6 sind die Resonanzenergien einer Reihe von Verbindungen mit einfachen und konjugierten Doppelbindungen nach den beiden Rechnungsverfahren sowie nach experimentellen Messungen zusammengestellt. Man entnimmt daraus, daß die Hydrierungswärmen der Olefine ziemlich konstant um den Wert von 30 kcal/Mol für jede Doppelbindung schwanken, während die Hydrierungswärmen der Verbindungen mit konjugierten Doppelbindungen tiefer als die auf Grund der Hydrierungs-

Tabelle 5[1]

Substanz	Hydrierungswärme exp. kcal/Mol	Hydrierungswärme berechnet	Resonanzenergie kcal/Mol
Aethylen	32,8	—	—
Propylen	30,1	—	—
cis- 2-Buten	28,6	—	—
trans- 2-Buten	27,6	—	—
Cyclopenten	26,9	—	—
Cyclohexen	28,6	—	—
Tetramethylaethylen	26,6	—	—
1, 3-Butadien	57,1	60,6	3,5
1, 3-Cyclohexadien	55,4	57,2	1,8
1, 3, 5-Cycloheptatrien	72,8	79,5	6,7
Benzol	49,8	85,8	36,0
Aethylbenzol	48,9	84,1	35,2
o-Xylol	47,3	82,4	35,1
Mesitylen	47,6	80,7	33,1
Styrol	77,5	114,4	36,9
Furan	36,6	53,8	17,2
Vinyläther	57,2	60,6	3,4
Aethylvinyläther	26,7	30,3	3,6

wärmen der einfachen Doppelbindung errechneten Werte ($n \cdot 30$ kcal/Mol) liegen. Die dadurch zum Ausdruck kommende Stabilisierung durch Konjugation, die bereits von THIELE hervorgehoben und eingehend behandelt wurde, läßt sich zahlenmäßig durch die Werte der Resonanzenergie angeben. Man stellt fest, daß die Resonanzenergie mit der Zahl der Doppelbindungen, d. h. mit der Zahl der π-Elektronen ansteigt. Die Resonanzenergie steigt vom Benzol ($R_E = 36$) über das Naphthalin ($R_E = 61$) zu den höher kondensierten Kohlenwasserstoffen wie Chrysen, ($R_E = 116,5$) an. Das 1, 3, 5-Triphenylbenzol weist eine Stabilisierungsenergie von nicht weniger als 149 kcal/Mol auf.

---
[1] Die hier angeführten Werte sind der Zusammenstellung von G. W. WHELAND, „Resonance in Organic Chemistry" 1955, entnommen.

§ 14 Resonanz, Komplanarität und sterische Hinderung

Tabelle 6[1]

Substanz	Verbrennungswärme exp. kcal/Mol	Verbrennungswärme berechnet[2]	Resonanzenergie kcal/Mol
1, 3-Butadien	608,5	611,5	3,0
1, 3-Cyclopentadien	707,7	709,3	1,6
Benzol	789,1	825,1	36,0
Toluol	943,6	979,0	35,4
o-Xylol	1098,5	1133,6	35,1
Mesitylen	1252,5	1286,8	34,3
Hexamethylbenzol	1726,3	1752,7	26,4
Stilben	1718,5	1858,4	76,9
Biphenyl	1513,7	1584,7	71,0
Fluoren	1608,0	1683,9	75,9
1, 3, 5-Triphenylbenzol	2955,0	3103,9	148,9
Phenylacetylen	1034	1068,7	35
Diphenylacetylen	1756	1827,6	72
Naphthalin	1249,7	1310,7	61,0
Anthracen	1712,1	1795,6	83,5
Phenanthren	1705,0	1796,3	91,3
Chrysen	2165,8	2282,3	116,5
Furan	506,9	522,7	15,8
Thiophen	612,0	640,7	28,7
Pyrrol	578,0	599,2	21,2
Anilin	823,8	862	38
α-Naphthylamin	1283,6	1348	64
Benzochinon	671,5	676	4
Ameisensäure	75,7	88	12
Essigsäure	220	233	13
Benzoesäure	791	838	47
Harnstoff	172	202	30
Cyclooktatetraen	1095	1099	4
Azulen	1279	1312	33
Tropolon	826	847	21

Man darf jedoch keine unbedingte Parallelität zwischen Resonanzenergie und Stabilität des Moleküls in *reaktionskinetischem Sinne* erwarten. Das Naphthalin ist für gewisse Reagenzien reaktionsfähiger als das Benzol, obwohl seine Resonanzenergie etwa doppelt so groß ist wie die des Benzols. Andererseits aber findet man eine gewisse Parallelität, wie das Beispiel des *p*-Chinons zeigt,

---

[1] Die hier angeführten Werte sind der Zusammenstellung von G. W. WHELAND, „Resonance in Organic Chemistry" 1955, entnommen.
[2] F. KLAGES, B. **82,** 385 (1949).

das eine kleine Resonanzenergie aufweist entsprechend seinem ungesättigten reaktionsfähigen Charakter.

Die mit der Delokalisierung erfolgende Ausbreitung der Elektronen über das ganze, mit konjugierten Doppelbindungen durchsetzte Molekül ist durchaus zu vergleichen mit der adiabatischen Expansion eines idealen Gases. Gleich diesem werden die wie ein Gas sich verhaltenden π-Elektronen, bei der adiabatischen Ausdehnung über das gesamte Doppelbindungssystem, eine Verminderung ihres Energieinhaltes erfahren. Damit diese Expansion stattfinden kann, müssen sämtliche Atomrümpfe in einer Ebene liegen. Bilden die Atomschwerpunkte in einem Molekül Raumwinkel zueinander, so kann der zu einem Energieminimum führende Vorgang der adiabatischen Expansion nicht erfolgen. Wir gelangen auf diese Weise zu einem interessanten stereochemischen Schluß bezüglich der Mesomerie. Das mesomere Molekül muß eben gebaut sein. Für die Moleküle Benzol, Naphthalin, Anthracen usw. ist dies auf Grund ihrer Strukturformeln und den röntgenographischen Befunden zur Genüge bewiesen. Bei den Carbonsäuren tritt die Mesomerie durch einen Ladungswechsel zwischen den beiden Sauerstoffatomen im Sinne der Gleichung

$$-C\begin{matrix}\nearrow O \\ \searrow O^-\end{matrix} \longleftrightarrow -C\begin{matrix}\nearrow O^- \\ \searrow O\end{matrix}$$

in Erscheinung. Die Resonanzenergie der Benzoesäure (67,0 kcal pro Mol) übersteigt die Summe der Resonanzenergien des Benzols (35,9 kcal/Mol) und der Ameisensäure HCOOH (18,0 kcal/Mol) um 10 kcal/Mol.[1] Dieser zusätzliche Betrag wäre vielleicht auf die Wechselwirkung der π-Elektronen des Phenylrestes mit den einsamen Elektronenpaaren der Sauerstoffatome der Carboxylgruppe zurückzuführen, wenn beide Molekülhälften in eine Ebene zu liegen kommen. Jedoch sind die Zahlenangaben zu unsicher für eine bündige Schlußfolgerung.

Wenn Abweichungen von der Komplanarität beobachtet werden, so gehen sie in den meisten Fällen mit einem Ausbleiben der Resonanz einher. Sie können dadurch zustandekommen, daß das Molekül wegen sterischer Hinderung nicht die Möglichkeit hat, seine

---

[1] Die benutzten Zahlen sind der tabellarischen Zusammenstellung von G. W. WHELAND, The Theory of Resonance, S. 69 (1947), entnommen.

§ 14 Resonanz, Komplanarität und sterische Hinderung

Atome in eine Ebene zu legen, was, wie wir gesehen haben, die wichtigste räumliche Voraussetzung für das Eintreten der Resonanzstabilisierung ist. Einige Beispiele sollen diese Grundtatsache, die für das physiko-chemische Verhalten organischer Verbindungen mit konjugierten Doppelbindungen von Bedeutung ist, illustrieren.

Schaltet man in den Benzolring eine CH_2-Gruppe ein, indem man das Cycloheptatrien herstellt,

```
          H  H
          C=C
         /    \
        /      CH
   H₂C<        ‖
        \      CH
         \    /
          C=C
          H  H
```

so bleibt zwar die Zahl der π-Elektronen und die damit verknüpfte Zahl der kanonischen Strukturen die gleiche wie beim Benzol, die Resonanzenergie aber sinkt auf den Betrag von nur 6,7 kcal/Mol. In Übereinstimmung damit steht die Tatsache, daß die genannte Verbindung keinen aromatischen Charakter besitzt und reaktionsfähig ist. Das Molekül kann nicht eben gebaut sein, wegen der tetraedrischen Anordnung der eingeschalteten CH_2-Gruppe.

Verwandelt man jedoch den Cycloheptatrienring in ein Kation, so resultiert ein stabileres System mit einem gewissen Grad von aromatischem Charakter, wie das von DOERING und KNOX[1] hergestellte Cycloheptatrienylbromid

beweist. Dieser Befund wirft vielleicht Licht auch auf die Frage nach der Stabilität des Tropolons[2],

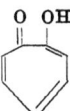

das, obwohl es eine Resonanzenergie von nur 21 kcal besitzt, in manchem aromatisches Verhalten zeigt. Mit Diazoniumsalzen beispielsweise reagiert es wie ein Phenol, indem es Kupplungsreaktionen eingeht.

---

[1] W. E. v. DOERING and L. KNOX, J. Amer. chem. Soc. **76**, 3203 (1954).
[2] J. W. COOK and J. D. LOUDON, Quart. Rev. **5**, 99 (1951).

§ 14 Resonanz, Komplanarität und sterische Hinderung

Die Voraussetzung der Komplanarität ist auch beim Cyclooktatetraen

$$\begin{array}{c} \text{H}\quad\text{H} \\ \text{C}=\text{C} \\ \text{HC}\diagup\quad\diagdown\text{CH} \\ \| \qquad\qquad \| \\ \text{HC}\diagdown\quad\diagup\text{CH} \\ \text{C}=\text{C} \\ \text{H}\quad\text{H} \end{array}$$

nicht erfüllt, denn es können nicht acht Kohlenstoffatome mit je drei Valenzstrichen, die einen Winkel von 120⁰ miteinander bilden, ohne erhebliche Spannung zu einem Achterring vereinigt werden. Das Cyclooktatetraen zeigt nicht die Besonderheiten der aromatischen Kohlenwasserstoffe, sondern verhält sich, seinem ungesättigten Charakter nach, wie ein Olefin[1]. Es addiert leicht Brom und wird durch Permanganat rasch oxydiert. In einem eben angeordneten Molekül müßten die Winkel 135⁰ betragen. Wollte man entsprechend der trigonalen Symmetrie der Valenzen um die C-Atome die Winkel von 120⁰ beibehalten, so läge das ganze Molekül nicht in einer Ebene.

Wenn eine Komplanarität des Molekülgerüstes möglich ist, stellt sich der aromatische Charakter dann ein, wenn die Zahl der π-Elektronen $(4n+2)$ beträgt. Hierin durchläuft n die Zahlenreihe 1, 2, 3, 4, ... Für $n=1$ bildet sich das energiearme, „aromatische Sextett", welches sowohl bei den neutralen Molekülen, Benzol, Thiophen, Pyridin, Pyrrol, als auch bei dem Cyclopentadienylanion und dem Cycloheptatrienylkation verwirklicht ist. Analog begegnet man dem aromatischen Charakter für $n=2$ beim Naphthalin (10 π-Elektronen), für $n=3$ beim Anthracen (14 π-Elektronen) usw.

Die Komplanarität kann durch große Volumina der Substituenten verhindert werden, wodurch ebenfalls ein Ausbleiben der Stabilisierungsresonanz beobachtet wird. Beim cis-Stilben

$$\begin{array}{c} \text{C}_6\text{H}_5\diagdown\qquad\diagup\text{C}_6\text{H}_5 \\ \text{C}=\text{C} \\ \text{H}\diagup\qquad\diagdown\text{H} \end{array}$$

---

[1] R. WILLSTÄTTER u. WASER, Ber. **44**, 3423 (1911). R. WILLSTÄTTER u. HEIDEBERSER, B **46**, 517 (1913). W. REPPE und Mitarbeiter, Lieb. Ann. 560 (1948). (Versuche zur Cyclobutadien-Synthese.) Vgl. K. ZIEGLER u. H. WILMS, Lieb. Ann. Chem. **567**, 27 (1950).

§ 14 Resonanz, Komplanarität und sterische Hinderung 69

findet man keine zusätzliche, über diejenige zweier Phenylkerne hinausgehende Resonanzenergie, da in einer Ebene kein Platz für zwei Phenylkerne vorhanden ist. Letztere müssen gegeneinander verdreht sein. Hingegen stellt man im trans-Stilben eine Resonanzenergie von 7 kcal/Mol fest, in Übereinstimmung damit, daß hier die Phenylkerne sich gegenseitig nicht stören und in einer Ebene gelagert sind. Aus diesen Beispielen ersieht man, daß die Forderung der Komplanarität energetisch sich nicht so stark auswirkt, daß sie nicht durch gewisse Faktoren, wie etwa die Raumerfüllung der Substituenten, durchbrochen werden könnte. Beim Biphenyl liegen die zwei Phenylgruppen in einer Ebene, so daß sich die π-Elektronenwolken derselben überlagern. Man schließt darauf aus der Tatsache, daß die Resonanzenergie des Biphenyls das zweifache der Resonanzenergie des Benzols übersteigt. Durch Einführung von NO_2- oder CH_3-Gruppen in o-Stellung wird jedoch eine komplanare Stellung der beiden Phenylkerne unmöglich. Sie müssen gegeneinander verdreht sein, und den Beweis hierfür liefert die Existenz von optisch aktiven Isomeren der Dinitrodiphensäure:

d bzw. l

In diesen Fällen bleibt der zusätzliche Resonanzanteil der Stabilisierungsenergie aus.

Auch im Ultraviolettabsorptionsspektrum[1] läßt sich die Aufhebung der komplanaren Einstellung durch sterische Hinderung schrittweise verfolgen. Das Biphenyl zeigt ein eigenes, charakteristisches Spektrum im ultravioletten Bereich, das von dem des Benzols verschieden ist (Abb. 12 u. 13). Im Dimesityl jedoch kehrt das Absorptionsspektrum des Benzols wieder, denn es zeigt die Absorptionsbanden des Mesitylens, (Formel III)

(II)   (III)

verstärkt um den Faktor 2. Diese Unterschiede werden stereo-

---
[1] E. MERKEL u. WIEGAND, Z. Naturforsch. **3b**, 93 (1948).
vgl. W. THEILACKER, G. KORTÜM, G. FRIEDHEIM, Chem. Ber. **83**, 508 (1950).

chemisch in dem Sinne gedeutet, daß durch die ebene Konfiguration des Biphenyls sich die π-Elektronen der beiden Phenylkerne überlagern, wodurch andere Energieterme entstehen und damit auch ein anderes Absorptionsspektrum. Dagegen ist im Dimesityl eine komplanare Stellung der Phenylgruppen durch die sterische Hinderung der o-ständigen CH_3-Substituenten nicht möglich. Die Überlappung der π-Elektronen ist unterbunden, und damit

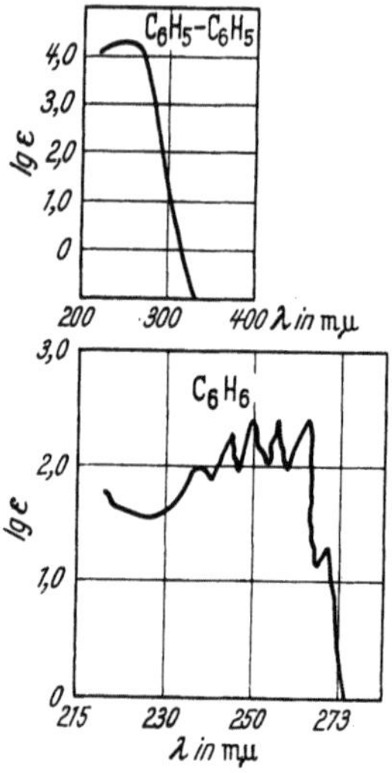

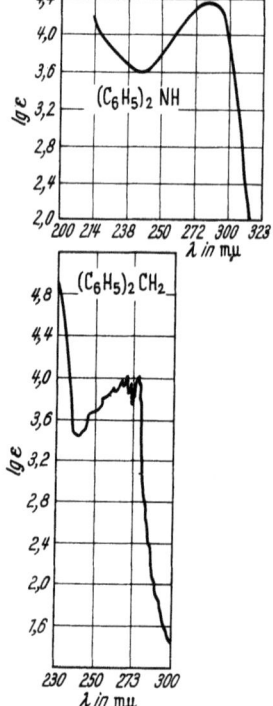

Abb. 12
Abb. 13
Abb. 12. UV-Absorptionsspektren von Benzol und Biphenyl
Abb. 13. UV-Absorptionsspektren von Diphenylamin und Diphenylmethan

erscheint wiederum das Absorptionsspektrum des Benzols. Ein Beweis für diesen stereochemischen Schluß ist der Umstand, daß das 3,3′-Diaminodimesityl (Formel IV),

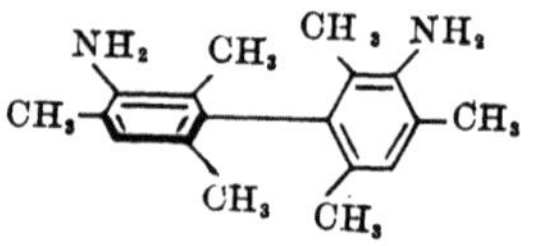

(IV)

d bzw. l

ähnlich den Dinitrodiphensäuren, in optische Antipoden spaltbar ist. Das ist nur dann möglich, wenn das Molekül keine Symmetrieebene besitzt, d. h. in diesem Fall, wenn beide Phenylgruppen gegeneinander verdreht sind. Eine Substitution des Biphenyls in m- bzw. p-Stellung läßt keinerlei Effekte der angeführten Art aufkommen.

Auch an Hand der Säuregleichgewichtskonstanten (Dissoziationskonstanten) kann man das Ausbleiben der mesomeren Elektronenverschiebungen durch sterische Faktoren verfolgen. Bei den stereoisomeren Olefincarbonsäuren ist die Dissoziationskonstante der cis-Verbindung (relative Lage eines Substituenten zur Carboxylgruppe) durchweg höher als die der trans-Verbindungen. Die cis-Zimtsäure hat eine Dissoziationskonstante von $13{,}2 \cdot 10^{-5}$, während die Dissoziationskonstante der trans-Säure nur $3{,}65 \cdot 10^{-5}$ beträgt. Man deutet diese Abstufungen durch die Abweichung des sterischen Baues von einer ebenen Anordnung, infolge von sterischer Hinderung bei den cis-Verbindungen. In den trans-Verbindungen kann wegen der ebenen Lagerung der Substituenten die mesomere Elektronenverschiebung erfolgen, und zwar nach dem O-Atom der COOH-Gruppe, die dadurch negativer wird und die Abdissoziation des Protons erschwert.

In dieselbe Kategorie der Elektronenverschiebungseffekte gehört auch ein in quantitativem Maße nicht stark hervortretender Effekt, der mit dem Vorhandensein von endständigen CH_3-Gruppen und deren Donatoreigenschaften zusammenhängt. Er ist unter der Bezeichnung Hyperkonjugation bekannt geworden. Dieser Effekt soll erst besprochen werden, nachdem die Beziehungen zwischen Bindungscharakter und Atomabständen klargelegt sind.

§ 15 Hybridisierung

Die in § 8 gegebenen Elektronenverteilungen der verschiedenen Atomzustände gelten streng genommen nur für isolierte Atome, etwa bei sehr verdünnten Gasen, wo eine gegenseitige Beeinflussung zu vernachlässigen ist. Im festen Zustand müssen wir mit einer Störung der Elektronenwolken rechnen, die zu einer Verbreiterung der diskreten Energiezustände führt. Dies wird schematisch durch die Abb. 14 dargestellt, in der die Breite des Energieniveaus als Funktion des gegenseitigen Abstandes r zweier Atome aufgetragen ist. Die Verbreiterung kann im metallischen Zustand sogar bis zur völligen Überlappung der Energiebänder und damit zu einer kontinuierlichen Vermischung der Zustände führen.

§ 15 Hybridisierung

Eine Vermischung der Elektronenzustände muß jedoch auch bei isolierten Atomen, beispielsweise im C-Atom, angenommen werden, wenn man ihrem valenzmäßigen Verhalten Rechnung tragen will. Denn wenn wir die Elektronenzustände des C-Atoms nach den in § 8 gegebenen Bezeichnungen niederschreiben, gelangen wir zu folgendem Schema:

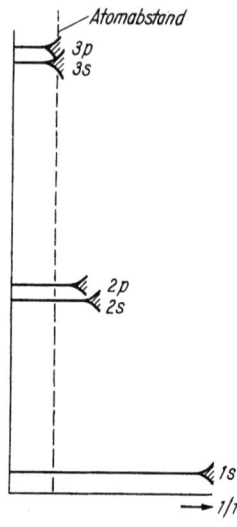

Abb. 14. Verbreiterung der Energieterme

$$\underbrace{(1s)\downarrow\uparrow}_{K} \quad \underbrace{(2s)\downarrow\uparrow\ (2p_x)\uparrow\ (2p_y)\uparrow\ (2p_z)^0}_{L}.$$

Die erste, K-Schale, ist mit zwei Elektronen entgegengesetzten Spins von kugelartiger Raumverteilung besetzt. Da sie keine weiteren Elektronen aufnehmen kann, gilt sie als abgeschlossen. Die zweite, L-Schale, ist mit zwei verschiedenen Arten von Elektronen besetzt, einem $2s$-Paar und zwei $2p$-Elektronen, die mit parallelem Spin auf die x- und y-Zustände verteilt sind (Hundsche Regel). Der $2p_z$-Zustand bleibt unbesetzt. Da für die chemische Valenz die Elektronen der äußeren Schale verantwortlich gemacht werden, müßte der Kohlenstoff entsprechend den vier äußeren Valenzelektronen zwar vierwertig, jedoch mit je zwei ungleichwertigen Valenzen ausgestattet sein[1]. Dies aber widerspricht der Erfahrung, da man eindeutig feststellt, daß alle vier Valenzen des C-Atoms gleichwertig sind, und daß sie eine ganz bestimmte Richtung im Raume besitzen, indem sie untereinander einen Winkel von 109° bilden (reguläres Tetraeder).

Man muß annehmen[2], daß, bevor das C-Atom eine kovalente Bindung eingeht, eine neue Ordnung der Elektronenzustände stattfindet. Man verfolgt diesen Vorgang, indem man ihn in zwei Stufen zerlegt: Ein Elektron des $2s$-Zustandes wird auf den unbesetzten $2p_z$-Zustand gehoben, wobei eine Energie von nicht weniger als

---

[1] Es sei an dieser Stelle auf die Darlegungen von K. ARTMANN, Z. Naturforsch. **1**, 426 (1946) hingewiesen, nach welchen die tetraedrische bzw. trigonale Anordnung in den freien Atomen als Folge des Paulischen Prinzipes vorgebildet sind.

[2] L. PAULING, J. Amer. chem. Soc. **53**, 1367 (1931); **54**, 992 (1932).

§ 15 Hybridisierung

96 Kcal/Mol verbraucht wird. Der resultierende Zustand wird durch folgendes Schema dargestellt:

$$(2s)^\uparrow \ (2p_x)^\uparrow \ (2p_y)^\uparrow \ (2p_z)^\uparrow$$

d. h. es sind vier Elektronen mit gleichgerichteten Spins auf die vier Zustände verteilt. In der zweiten Stufe werden die vier verschiedenen Elektronenwolken zu vier gleichen Elektronenwolken gemischten Charakters, den man als Hybrid bezeichnet, vermengt. Der Vorgang der Vermischung oder Hybridisierung führt zu vier gleichen Valenzhybriden, die eine bestimmte Raumrichtung besitzen. Im vorliegenden Fall der Vermischung eines $2s$-Elektrons mit drei $2p$-Elektronen weisen die resultierenden vier sp^3-Hybride eine tetraedrische Anordnung auf.

Die Vermischung geschieht mathematisch derart, daß man aus den vier ursprünglichen Wellenfunktionen ψ_{2s}, ψ_{2px}, ψ_{2py} und ψ_{2pz} der oben genannten vier Zustände, durch lineare Kombination, unter Wählen geeigneter Koeffizienten a_1, b_1, c_1, d_1 bzw. a_2, b_2, c_2, d_2 usw. vier neue ψ-Funktionen ψ_1, ψ_2, ψ_3 und ψ_4 herausarbeitet, die zwar untereinander gleichwertig sind, jedoch verschiedene Raumrichtungen besitzen:

$$\psi_1 = a_1\psi_{2s} + b_1\psi_{2px} + c_1\psi_{2py} + d_1\psi_{2pz},$$
$$\psi_2 = a_2\psi_{2s} + b_2\psi_{2px} + c_2\psi_{2py} + d_2\psi_{2pz},$$
$$\psi_3 = a_3\psi_{2s} + b_3\psi_{2px} + c_3\psi_{2py} + d_3\psi_{2pz},$$
$$\psi_4 = a_4\psi_{2s} + b_4\psi_{2px} + c_4\psi_{2py} + d_4\psi_{2pz}.$$

Bei der Ableitung dieser neuen vier Wellenfunktionen, die zueinander orthogonal[1] sind, gilt folgende Bedingung: Sie müssen so beschaffen sein, daß bei ihrer Vereinigung zur Bildung einer kovalenten Bindung, etwa mit einem H-Atom oder einem anderen C-Valenzhybrid, eine maximale Überlappung ihrer Elektronenwolken gewährleistet wird. Denn die maximale Überlappung führt zu einer maximalen Festigkeit der Bindung. Gerade diese Tatsache rechtfertigt und deckt den Energieaufwand von 96 kcal/Mol, der als Auftakt zur Hybridisierung verbraucht wurde. Es ergibt sich aus der Rechnung ohne zusätzliche Annahmen, daß die vier gleichwertigen sp^3-Hybride nach den Ecken eines

---

[1] Man nennt zwei Funktionen ψ_A und ψ_B dann orthogonal, wenn ihr Überlappungsintegral den Wert null hat, d. h. wenn $\int \psi_A \psi_B \, d\tau = 0$.

regulären Tetraeders gerichtet sind. Abb. 15 stellt die Form der sp^3-Valenzhybride des Kohlenstoffs dar. Sie sind bis auf ihre Raumrichtungen untereinander völlig gleichwertig. Der vektorielle Charakter des sp^3-Hybrides äußert sich unter anderem auch in der Polarität einer C-H-Bindung im tetraedrischen CH_4, deren Bindungsmoment in der Größenordnung von 0,3 Debye liegt[1]. Die Richtung dieses Dipolmomentes zeigt vom C- zum H-Atom, d. h. der C ist positiv gegenüber dem H, entgegen der Erwartung auf Grund der größeren Elektronegativität des C-Atomes. Bei den sp^2- und sp-Hybriden (vgl. weiter unten), zeigt der Vektor des CH-Dipolmomentes sehr wahrscheinlich, entsprechend dem höheren s-Gehalt der Bindung, vom H- zum C-Atom.

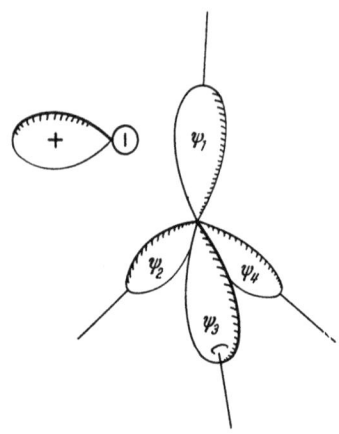

Abb. 15. Elektronendichteverteilung bei den sp^3-Hybriden

Wenn sich ein solches sp^3-Hybrid mit einem zweiten sp^3-Hybrid oder mit einem $1s$-Elektron eines H-Atoms überlagert, so resultiert eine kovalente C-C- oder C-H-Bindung, die bezüglich der Verbindungsachse der Atome eine zylindersymmetrische Elektronenverteilung hat. Das bedeutet, daß eine Verdrehung der Atome um diese Achse keine ausgezeichneten Lagen hervorruft, denn der Grad der Überlappung bleibt während einer ganzen Umdrehung der gleiche. In der Sprache der organischen Chemie heißt das, daß freie Drehbarkeit um die C-C-Achse existieren muß. Solche zylindersymmetrischen Elektronenüberlappungen, wenn sie zu konvalenten Bindungen führen, nennt man σ-Bindungen. Diese Zusammenhänge und vor allem der elektronische Aufbau der Doppelbindung sind bereits im Jahre 1930 von E. HÜCKEL erkannt und mit allem Nachdruck dargelegt worden[2].

Die beschriebene Vermischung der ψ-Wellenfunktionen zu einem sp^3-Hybrid ist nicht die einzig mögliche. Wenn man nur die drei Funktionen ψ_{2s}, ψ_{2px} und ψ_{2py} linear miteinander kombiniert

---

[1] C. A. COULSON, Valence (1952). W. L. A. GENT, Quat. Rev. **2**, 383 (1948).
[2] E. HÜCKEL, Z. Physik. **60**, 423 (1930); Z. Elektrochem. **36**, 641 (1930). Z. Phys. **70**, 205 (1931). Z. für Elekt. **61**, 866 (1957).

und die vierte ψ_{2pz} als solche beläßt, gelangt man zu einem neuen hybridischen Zustand. Er besteht aus drei untereinander gleichwertigen sp^2-Valenzhybriden, die in einer Ebene trigonal angeordnet sind, und einem $2p_z$-Elektron, dessen Verteilungsfunktion in der Form einer Hantel senkrecht zur genannten Ebene der sp^2-Hybride steht. Die Bezeichnung sp^2 soll daran erinnern, daß die neue Valenz aus der Vermischung der Wellenfunktion eines s-Elektrons mit der

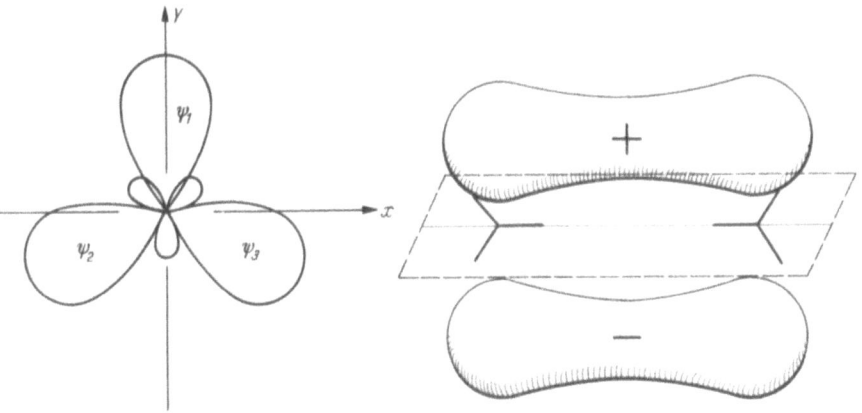

Abb. 16a. Abb. 16b.
Abb. 16a. Elektronendichteverteilung bei den sp^2-Hybriden
Abb. 16b. Molecular orbital einer π-Bindung

zweier p-Elektronen zustandegekommen ist. Die Form dieser Elektronenkombination ist bezüglich ihrer Raumverteilung aus Abb.16a ersichtlich. Der Winkel, den die in der Ebene liegenden drei sp^2-Hybride miteinander bilden, beträgt 120°. Vereinigt man zwei sp-Hybride miteinander zu einer kovalenten Bindung, so entsteht einerseits durch Überlappung zweier sp^2-Wolken eine zur Verbindungslinie zylindersymmetrische Elektronenwolkenverteilung, d.h. eine σ-Bindung, andererseits verschmelzen die einzelnen 2 p_z-Elektronenwolken miteinander, ohne ihren Symmetriecharakter aufzugeben. Hierbei bleibt die Knotenfläche, welche die positiven von den negativen Bereichen der Wellenfunktion trennt, erhalten (Abb. 16b).

Diese letzte Überlappung zeigt folglich eine zur Knotenfläche antisymmetrische Verteilung der Elektronenladung und wird π-Bindung genannt. Beide Verknüpfungen stellen den Prototyp einer

Doppelbindung dar, welche sich somit zusammengesetzter Art erweist. Eine doppelte Bindung ist demnach zusammengesetzt aus einer σ- und einer π-Bindung. Letztere verleiht ihr durch die zwei freien Elektronen die uns bekannten Eigentümlichkeiten der Doppelbindung, nämlich den ungesättigten Charakter und die Starrheit bezüglich einer Verdrehung der Atome um die C-C-Achse. Sie gibt Anlaß zur Entstehung von cis- und trans-Isomeren. Die Aufhebung der freien Drehbarkeit wird durch die beschriebene π-Elektronenverteilung um die Ebene verursacht, die durch die zwei trigonalen sp^2-Hybride festgelegt ist. Eine Drehung der C-Atome um ihre Verbindungsachse würde die Elektronenverteilung verändern und während einer ganzen Umdrehung ungleichwertige Lagen hervorbringen, da der Überlappungsgrad sich ändern würde. Dieses kann nur durch Energiezufuhr erfolgen und ist mit einer Sprengung der Bindung gleichbedeutend.

Man erkennt unschwer, daß diese Art der Elektronenverteilung um die Verbindungslinie zweier C-C-Atome das Verhalten einer Doppelbindung befriedigend wiedergibt. Ihre Festigkeit — sie ist fester als eine einfache und schwächer als zwei einfache Bindungen — wird durch die Kombination einer σ- und einer π-Bindung erklärt. Ihr ungesättigter Charakter ist durch die π-Elektronen, die nur durch den entgegengesetzten Spin miteinander gekoppelt sind, verursacht. Die Ladungsverteilung dieses Elektronenpaares bildet eine Knotenfläche, die mit der Ebene des C-Gerüstes zusammenfällt, was zur bekannten Starrheit der Doppelbindung führt.

Schließlich ist es möglich eine $2s$-ψ-Funktion mit nur einer $2p$-ψ-Funktion linear zu kombinieren, wodurch zwei gleichwertige sp-Hybride entstehen (Abb. 17). Die zwei restlichen $2p_y$- und $2p_z$-Elektronen bleiben frei. Ihre Raumverteilung gleicht zwei aufeinander senkrechten Hanteln mit einer gemeinsamen Knotenstelle in der Mitte. Durch Überlappung der Elektronenwolken zweier solcher sp-Hybride entstehen eine

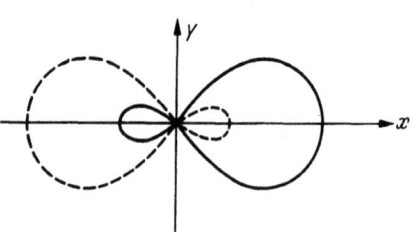

Abb. 17. Elektronendichteverteilung bei den sp-Hybriden

σ- und zwei π-Bindungen. Letztere kommen durch das Zusammenfließen der $2p_y$- und $2p_z$-Elektronen, ohne grundsätzliche Änderung

§ 15 Hybridisierung

ihrer Symmetrie zustande. Dies ist der Prototyp der dreifachen Bindung. Obwohl eine Verdrehung der Atome um die C-C-Achse ohne erheblichen Energieaufwand nicht möglich ist, treten keine cis-trans-Isomeren auf, weil die zwei sp-Hybride einen Winkel von 180⁰ miteinander bilden. In einer aus zwei solchen Hybriden gebildeten kovalenten Bindung sind die 4 Atome linear auf ihrer Verbindungsachse angeordnet. Dies stimmt mit der Erfahrung überein, da bei Acetylenderivaten niemals cis-trans-Isomere beobachtet worden sind. Andererseits ist die Festigkeit der Dreifachbindung größer als die von zwei einfachen Bindungen, ihr ungesättigter Charakter ist ausgeprägter als der der Doppelbindung.

Die Hybridisierung der Valenzelektronen beschränkt sich nicht auf das C-Atom, sondern kann auch bei anderen Elementen auftreten. Sie führt zum Verständnis sowohl der maximalen Wertigkeit der Elemente als auch ihres stereochemischen Verhaltens. Beim Beryllium mit seinen zwei $2s$-Elektronen kommt es nach vorheriger Anregung des einen Elektrons auf den $2p_x$-Zustand zur Bildung zweier sp-Hybride, die linear angeordnet sind. Beim Bor, dessen Elektronenzustand der folgende ist

$$(2s)\uparrow\downarrow \; (2p_x)\uparrow \; (2p_y)^0 \; (2p_z)^0$$

führt die Vermischung, nachdem ein $2s$-Elektron auf den unbesetzten $2p_y$-Zustand übergegangen ist, zu zwei sp^2-Hybriden. Diese liegen, wie wir beim C-Atom gesehen haben, in einer Ebene, und bilden miteinander einen Winkel von 120⁰. Auch hier wird der Energiebedarf der Anregung durch die nachträgliche maximale Überlappung bei ihrer Vereinigung mit dem Bindungspartner gedeckt. Sowohl die Beryllium- als auch die Bor-Verbindungen mit zwei bzw. drei gleichen Substituenten besitzen kein Dipolmoment, was mit der linearen bzw. trigonalen Symmetrie der Valenzen in Einklang steht.

Mit der tetraedrischen sp^3-Hybridisierung des Kohlenstoffs hat man die Wertigkeitsstufe vier erreicht. Es zeigt sich, daß es nicht möglich ist, diese Wertigkeit beim nächsten Element, dem Stickstoff, auf fünf zu erhöhen. Das N-Atom hat die Elektronenkonfiguration

$$(2s)\downarrow\uparrow \; (2p_x)\uparrow \; (2p_y)\uparrow \; (2p_z)\uparrow,$$

in der sich drei Elektronen in den drei $2p$-Zuständen befinden und ohne vorhergehende Hybridisierung mit den Elektronen der Verbindungspartner überlappen können. Die entstehende Verbindung hat die Form einer Pyramide, an deren Spitze das Stickstoffatom mit zwei $2s$-Elektronen ohne Liganden sitzt. Wollte man einen fünfwertigen Stickstoff dadurch schaffen, daß man das einsame Elektronenpaar sprengt und ein Elektron auf den $3s$-Zustand bringt, so müßte man einen erheblich größeren Energiebetrag als bei den oben beschriebenen Vorgängen aufwenden, der nachträglich bei der Vereinigung mit den anderen Elementen nicht gedeckt werden kann. Denn das $3s$-Energieniveau liegt erheblich höher als das der $2p$-Zustände. Folglich kann man nicht beim Stickstoff fünf Elektronen miteinander vermischen, um fünf gleichwertige Valenzhybride zu bilden, da der Energieinhalt von mindestens einem von diesen sehr differieren würde. Diese Art der Hybridisierung unterbleibt, und so erklärt sich die Nichtexistenz einer NCl_5-Verbindung. Wir gelangen zu dem Schluß, daß bei den Elementen der ersten Periode die kovalente Wertigkeit vier nicht überschritten werden kann, weil nur $2s$ und $2p$-Zustände existieren. Dagegen ist dieser Vorgang beim Phosphor, dem entsprechenden Element der nächsthöheren Periode, möglich. Die Elektronenkonfiguration des Phosphors ist

$(2s)↑↓ (2p_x)↓↑ (2p_y)↓↑ (2p_z)↓↑ ; (3s)↑↓ (3p_x)↑ (3p_y)↑ (3p_z)↑ (3d)^0$

d. h. er besitzt eine vollständige L-Schale mit acht Elektronen und eine M-Schale, die zwei $3s$- und drei $3p$-Elektronen enthält. Mit letzteren kann es sofort dreiwertig auftreten. Außerdem ist er jedoch befähigt, weil sein dreiquantiger Zustand nicht voll besetzt ist, ein $3s$-Elektron durch eine geringe Anregung in den unbesetzten $3d$-Zustand überzuführen und die fünf einsamen gleichgerichteten Elektronen zu fünf gleichwertigen sp^3d-Hybriden zu vermischen.

$(3s)↑ (3p_x)↑ (3p_y)↑ (3p_z)↑ (3d)↑$.

Diese Anordnung ist eine bipyramidale, die beim verhältnismäßig stabilen PCl_5 verwirklicht ist. Ähnliche Argumentierung muß für den von G. WITTIG[1] hergestellten Pentaphenylphosphor $(C_6H_5)_5P$ gelten.

Auf dieselbe Art kommen bei den Übergangselementen Eisen, Kobalt, Nickel, deren $4s$- und $3d$-Zustände ungefähr gleiche Energie haben, Vermischungen des Elektronencharakters zustande, die zu höheren kovalenten Wertigkeitsstufen führen. Beim Co-Atom entstehen durch Vermischung der s-, p- und d-Zustände sechs

---

[1] G. WITTIG, Liebigs Ann. Chem. **562**, 187 (1949).

gleichwertige sp^3d^2-Hybride, die nach den Ecken eines regulären Oktaeders gerichtet sind. Man trifft diese Art der Elektronenvermischung und Befähigung zu höheren kovalenten Konfigurationen bei den Kobalt-Hexamin-Komplexen $[Co(NH_3)_6]^{+++}$. Wir müssen uns den Vorgang der Bildung dieses Komplexes nach den Vorstellungen der Hybridisierungstheorie folgendermaßen denken: Im Co^{+++} fehlen die zwei äußeren $4s$- sowie ein inneres $3d$-Elektron (S. 37). Jedes hinzukommende NH_3-Molekül liefert je ein Elektron aus dem $2s$-Zustand und verwandelt sich selbst zu einem sp^3-tetraedrischen Hybrid ähnlich dem eines positiv geladenen NH_4^+-Ions. Von den 12 dem Co hierbei zukommenden Elektronen besetzen 6 den $3d$-Zustand und die übrigen 6 bilden durch Vermischung mit dem unbesetzten $4s$- und $4p$-Zuständen die sechs gleichwertigen sp^3d^2-Hybride, die nach den Ecken eines regulären Oktaeders gerichtet sind. Durch ihre Absättigung mit den sechs sp^3-Valenzen der 6 $(NH_3)^+$ bilden sich in Komplexkation 6 oktaedrisch angeordnete σ-Bindungen.

Bei den Elementen Nickel, Platin und Palladium ist in den Komplexen $[Ni(CN)_4]^{--}$ und $[PtCl_4]^{--}$ eine tetragonale Hybridisierung realisiert. Die vier sp^2d-Hybride sind hier nach den Ecken eines Quadrates gerichtet, so daß das Molekül eine planare Konfiguration hat. Diese Forderung der Theorie (L. PAULING) ist durch die Darstellung von cis-trans-Isomeren, die bei tetraedrischer Anordnung nicht möglich wären, bestätigt worden.

Aus diesem Beispiel geht hervor, daß eine wesentliche Voraussetzung für die Vermischung der Elektronenzustände ihre ungefähre Energiegleichheit ist.

§ 16 Bindungsgrad und Atomabstände

Wir sind nun auf Grund der Hybridisierungstheorie über die Natur der einfachen, doppelten und dreifachen Bindung unterrichtet und wir können Charakter und Stärke einer Bindung durch die Zahl der Elektronen, die an ihr anteilig sind, ausdrücken. Man definiert als Bindungsgrad die Zahl der Elektronen pro Atom, welche die betreffende Bindung zusammenhalten. Eine σ-C-C-Bindung hat den Bindungsgrad 1, eine Doppelbindung, da sie aus einer σ- und einer π-Bindung zusammengesetzt ist, hat den Bindungsgrad 2 und die aus einer σ- und zwei π-Bindungen zusammengesetztdreifache Bindung den Bindungsgrad 3, entsprechend den zwei, vier und sechs Elektronen, welche die zwei C-Atome miteinander verbinden. Die Nützlichkeit einer solchen Konzeption erkennt man an den komplizierteren vor allem konjugierten Doppelbindungsmolekülen, bei denen der Bindungscharakter wegen der Elektronenverschiebungen nicht konstant ist, sondern je nach der Art der Konjugation und der Natur der Substituenten innerhalb eines gewissen Bereiches variiert.

Beim Benzol muß, da die drei Doppelbindungen über das aus sechs σ-Bindungen bestehende Gerüst ausgebreitet sind, der Bindungsgrad einer C-C-Bindung 1,5 betragen[1]. Im Graphit ist der Bindungsgrad 1,33. Nun muß zwischen der Zahl der Elektronen und der Bindungsstärke ein Zusammenhang existieren, in dem Sinne, daß je größer der Bindungsgrad um so größer auch die Bindungsstärke ist. Andererseits ist zu erwarten, daß mit steigender Bindungsstärke die Atomabstände kleiner werden. In der Tat gibt es, wie aus Abb. 18 ersichtlich ist, einen solchen Zusammenhang, der experimentell gefunden worden ist. Diese empirisch gefundene Kurve, die später auch theoretisch abgeleitet werden konnte, besagt, daß der Abstand zwischen zwei C-Atomen in regelmäßiger Weise vom Werte 1,535 Å beim Äthan mit dem Bindungsgrad 1 auf den Wert von 1,20 Å beim Acetylen, dessen Bindungsgrad 3 ist, abfällt. Durch Messung des Abstandes zweier C-Atome kann man auf den Bindungsgrad und dadurch auf die Zahl der Elektronen, die an der Bindung anteilig sind, schließen. Diese Zahl braucht keine ganze Zahl zu sein, womit zum Ausdruck gebracht wird, daß Zustände zwischen der einfachen und doppelten bzw. der dreifachen

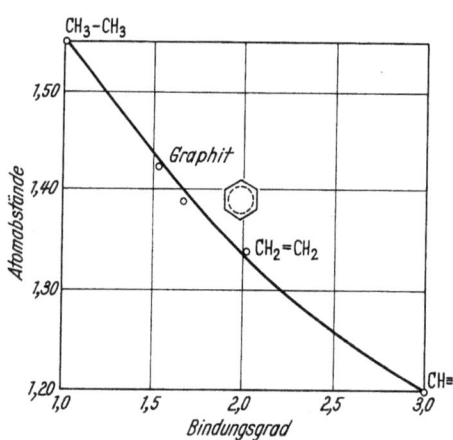

Abb. 18. Abhängigkeit der C-C-Abstände vom Bindungsgrad

---
[1] Vgl. weiter unten die schwach von einander abweichenden Werte der Bindungsgrade nach der v. b. und MO-Methode.

§ 16 Bindungsgrad und Atomabstände

Bindung, verursacht durch eine kontinuierliche Ladungsverschiebung der Elektronen, zugunsten oder zu ungunsten gewisser Bindungen, existieren müssen.

Nachdem diese Zusammenhänge erkannt worden waren, setzte eine große Reihe von Untersuchungen zur Bestimmung von Atomabständen organischer Moleküle ein. Es sind vier Methoden, welche zu diesem Zwecke weitgehend verwendet werden. Die Röntgeninterferenzmethode für feste Stoffe[1], die Elektroneninterferenzen im Gaszustand[2], die Analyse der Feinstrukturen der Ultrarotspektren[3] und die Mikrowellenmethode[4]. Eine Zusammenstellung von Atomabständen und Atomwinkeln für eine sehr große Zahl von Verbindungen (gemessen bis 1954) hat G. W. WHELAND[5]) gegeben. Einige interessante Ergebnisse sollen hier mitgeteilt werden.

Beim Diamanten sowohl als auch beim Aethan beträgt der C-C-Abstand 1,54 Å. Bei den Verbindungen Methylcyanid CH_3CN Methylacetylen $CH_3C \equiv CH$, Diketopiperazin $NH \langle \begin{smallmatrix} CH_2-CO \\ CO-CH_2 \end{smallmatrix} \rangle NH$ nimmt der C-C-Abstand die Werte 1,49, 1,46 und 1,47 Å an (mittlerer Fehler $\pm 0,02$). An Hand der Kurve (Abb. 18) stellt man fest, daß beim letzteren Abstand der Bindungsgrad 1,3 ist, d. h. daß 2,6 und nicht 2,0 Elektronen die C-C-Bindung zusammenhalten. Demzufolge kann sie in den angeführten Verbindungen keine reine einfache Bindung, sondern sie muß vielmehr eine Bindung sein, die zwischen einer einfachen und einer Doppelbindung liegt. Die über der Zahl 2 der reinen Einfachbindung hinausgehenden 0,6 Elektronen müssen von den benachbarten Doppel- bzw. Dreifachbindungen stammen und sind durch einen Verschiebungsvorgang über die C-C-Bindung ausgebreitet.

Das Benzol ist nach der Elektronenbeugungsmethode bezüglich der C-C-Atomabstände genau untersucht worden. Es wurde

---

[1] J. M. BIJVOET, N. H. KOLKMEIJER u. C. H. MACGILLAVRY: Röntgenanalyse von Kristallen. 1940.
[2] L. O. BROCKWAY, „Physical Methods of Organic Chemistry", II. Teil, New York 1949.
[3] G. HERZBERG, „Molecular Spectra and Molecular Structure", I. Teil 1956. D. H. WHIFFEN, „Rotation Spectra" Quart. Rev. 4, 131 (1950).
[4] W. GORDY, Microwave Spectroscopy. Rev. Mod. Phys. 20, 668 (1948). W. MAIER, Ergebn. exakt. Naturwiss. 24, 275 (1951).
[5] G. W. WHELAND, „Resonance in Organic Chemistry" S. 695 (1955).

festgestellt, daß nicht, wie eine Kekulésche Formel erwarten lassen würde, abwechselnd der Abstand der einfachen (1,54 Å) und der doppelten Bindung (1,35 Å) vorkommen, sondern daß sich ein einheitlicher C-C-Abstand von 1,39 Å zwischen allen Ringgliedern eingestellt hat. Daraus läßt sich an Hand der Kurve 18 für alle C-C-Bindungen im Benzol der einheitliche Bindungsgrad von 1,53 ableiten. Damit stimmt die röntgenographisch ermittelte sechszählige Symmetrie (Punktgruppe D_{6h}) überein, und die sonstigen bei der Besprechung der Resonanzerscheinungen ausgeführten Eigenschaften des Benzols. Um diesen Tatsachen gerecht zu werden, muß man die Formel des Benzols folgendermaßen schreiben:

Beim Butadien $CH_2 = CH - CH = CH_2$ ist der Abstand der zwei mittleren C-Atome, wegen der Nachbarschaft der zwei Doppelbindungen und der dadurch verursachten Ausbreitung der π-Elektronen, auf den Wert von 1,46 Å zurückgegangen, und beim Diacetylen $HC \equiv C - C \equiv CH$ ist die Abstandsverkürzung bis auf 1,36 Å fortgeschritten. Demgegenüber findet man beim Hexamethylbenzol den CH_3-C-Abstand gleich dem normalen Wert (1,54 Å) einer einfachen Bindung. Dieser Befund spricht indirekt für die Abwesenheit einer Doppelbindung im Benzolkern, die sonst auf den Abstand der Nachbarbindung verkürzend wirken würde.

Die Abhängigkeit des Abstandes zweier Atome von der Zahl der Elektronen, die die Bindung bewerkstelligen, d. h. vom Bindungsgrad, beschränkt sich nicht allein auf das Kohlenstoffatom, sondern kann auch bei den Atomen anderer Elemente verfolgt werden. In Tabelle 7 sind die Atomabstände einiger Elemente zusammengestellt, wenn sie durch einfache, doppelte oder dreifache Bindungen miteinander verbunden sind.

Tabelle 7

	Å		Å		Å
C—N	1,47	N—N	1,40	C—Cl	1,76
C=N	1,28	N=N	1,20		
C≡N	1,15	N≡N	1,10		

Man findet im Methylcyanid CH_3CN den CN-Abstand gleich 1,47 Å, dagegen im Diazomethan CH_2N_2 1,34 Å, d. h. er ist durch die Nachbarschaft der mehrfachen N-N-Bindung wesentlich verkürzt.

§ 16 Bindungsgrad und Atomabstände

Im Harnstoff beträgt der C-N-Abstand 1,37 Å. Die Bindung ist durch den Elektronenausgleichvorgang der benachbarten CO-Doppelbindung als eine Zwischenstufe zwischen einer einfachen und einer doppelten Bindung aufzufassen. Beim Methylisocyanat $CH_3N = C = O$ ist die Wirkung der zwei Doppelbindungen auf den C-N-Abstand noch größer. Er beträgt nur noch 1,18 Å.

Als Beispiel für die Abstandsverkürzungen durch anliegende Doppel- und Dreifachbindungen auch bei anderen Elementkombinationen seien die Abstufungen des C-Cl-Abstandes bei den Verbindungen Chlorbenzol C_6H_5Cl (1,69 Å), Vinylchlorid $CH_2 = CHCl$ (1,69 Å) Phosgen $COCl_2$ (1,67 Å) gegenüber dem C-Cl-Abstand aliphatischer Verbindungen (1,75 Å) angeführt.

Im Butadienmolekül liegen folgende Abstandsverhältnisse vor:

$$CH_2 = \underset{1,35}{C} - \underset{1,46}{\overset{H\ \ H}{C}} = \underset{1,35}{CH_2}$$

Mit der erwähnten Verkürzung des Abstandes zwischen beiden mittleren C-Atomen geht eine Dehnung der $C = C$-Bindung einher. Diesem Abstandsausgleich läuft ein Ausgleich der Elektronendichte zwischen den C-Atomen und ihres Bindungsgrades parallel. Die einfache Bindung erlangt einen gewissen Doppelbindungscharakter, während die beiden Doppelbindungen eine Einbuße der Doppelbindungseigenschaften erleiden. Der Abtransport eines Bruchteiles der Elektronenladung von Orten einer Doppelbindung läßt sich an Verbindungen wie p, p'-Aminonitrostilben

$$H_2N-\bigcirc-\underset{H\ \ H}{C=C}-\bigcirc-NO_2$$

oder Indigo

$$\underset{NH}{\bigcirc}\underset{}{\overset{CO\ \ OC}{\underset{}{C=C}}}\underset{NH}{\bigcirc}$$

verfolgen. Es ist eine Isolierung der an sich möglichen cis-trans-Isomeren wegen der raschen Umwandlung der beiden Isomeren ineinander nicht geglückt[1]. Die Doppelbindung gleicht sich bezüglich der freien Drehbarkeit der einfachen Bindung an, wobei jedoch im Falle des Indigos eine Trans-Stellung im zeitlichen Mittel, wegen einer intramolekularen H-Brückenbildung zwischen der NH- und der CO-Gruppe, wahrscheinlicher erscheint[2].

---

[1] M. CALVIN u. R. E. BUCKLES, J. Amer. chem. Soc. **62**, 3324 (1940). G. HELLER, B. **72**, 1858 (1939).

[2] W. R. BRODE, E. G. PEARSON und G. M. WYMAN, J. Amer. chem. Soc. **76**, 1036 (1954).

Verlängert man die Polyenkette, so wird der Abstandsausgleich vollkommener, wie aus dem Schema des Oktatetraens ersichtlich ist.

$$H_2C = C - C = C - C = C - C = CH_2.$$
$$\overset{H}{}\overset{H}{}\overset{H}{}\overset{H}{}\overset{H}{}\overset{H}{}$$
1,35 1,42 1,37 1,41 1,37 1,42 1,35

Bei sehr langkettigen Polyenen streben nach Berechnungen von LENNARD-JONES[1] sowie COULSON[2] die C-C-Abstände nach einem einheitlichen Wert von 1,39 Å, der dem C-C-Abstand des Benzolringes entspricht. Dieser Abstand ist nach der Mitte des Moleküls zu verwirklichen. Experimentell läßt sich dieser Ausgleich an Hand der leichteren Umwandelbarkeit von cis-trans-Isomeren und durch die Frequenzlage der Ramanlinien mit zunehmender Kettenlänge verfolgen. Die Frequenzen rücken nach tieferen Lagen und zeigen damit an, daß die Kraftkonstante der C-C-Schwingung Werte annimmt, die zwischen den Werten einer einfachen $\left(4,5 \cdot 10^5 \frac{dyn}{cm}\right)$ und einer doppelten $\left(15,6 \cdot 10^5 \frac{dyn}{cm}\right)$ Bindung liegen.

Nach einem Vorschlag von L. PAULING gibt man den Prozentgehalt an Doppelbindungscharakter einer einfachen C-C-Bindung durch die Lage ihres Abstandes zwischen dem der einfachen und der Doppelbindung an. Tabelle 8 gibt einige Zahlenwerte dieser Prozente für eine Reihe von Verbindungen an.

Tabelle 8

Substanz	Prozentgehalt an Doppelbindungscharakter	Substanz	Prozentgehalt an Doppelbindungscharakter
Benzol	50	Butadien	75
Graphit	33	Cyclopentadien	18
Naphthalin	38	Glyoxal	15
Biphenyl	12,5		

Hyperkonjugation. Eine große Zahl experimenteller Befunde, die mit der Einführung der CH_3-Gruppe in ungesättigte Verbindungen zusammenhängt, kann am besten unter dem Gesichtspunkt zusammengefaßt und gedeutet werden, daß man der CH_3-Gruppe Elektronendonatoreigenschaften zuschreibt. Es sind vor allem

---

[1] J. E. LENNARD-JONES, Proc. Roy. Soc. London (A) **158**, 280 (1937).
[2] C. A. COULSON, Proc. Roy. Soc. London (A) **169**, 413 (1939).

kleine zusätzliche Beträge der Resonanzenergie, die auftreten, sobald in unmittelbarer Nachbarschaft einer Doppel- oder Dreifachbindung ein H-Atom durch eine CH$_3$-Gruppe ersetzt wird. Die Resonanzenergie des Toluols z. B. ist um 1,5 kcal größer als die des Benzols und die des trans-Dimethyläthylens:

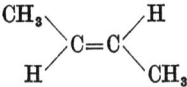

5,2 kcal größer als die des Äthylens. Diese Tatsache weist auf einen Konjugationseffekt der CH$_3$-Gruppe mit dem Phenylrest bzw. der Doppelbindung des Äthylens hin[1]. Die Ladungsverschiebung muß von der CH$_3$-Gruppe zum Phenylkern erfolgen, d. h. jene muß positiv in Bezug auf den Ring sein, wie aus den Dipoldaten zu erschließen ist. Denn das Dipolmoment des Toluols (0,4 D) addiert sich zu dem des Nitrobenzols (4,0 D) im p-Nitrotoluol (4,5 D), so daß beide in gleicher Richtung zeigen müssen. Und da man weiß, daß die NO$_2$-Gruppe ein Elektronenacceptor ist, ist die genannte Addition der Teilmomente von CH$_3$- und NO$_2$-Gruppe in p-Stellung nur dann möglich, wenn die CH$_3$-Gruppe ein Donator ist. Da in ihr keine π-Elektronen vorhanden sind, die mit den π-Elektronen der Phenylgruppe überlappen könnten, trotzdem aber eine Konjugation stattfindet, hat man diesen Effekt Hyperkonjugation[2] genannt. Sie muß in der Natur der ($1s$-sp^3)-Bindung der CH$_3$-Gruppe und speziell in den Vektoreigenschaften des sp^3-Hybrides welches einen hohen Prozentsatz an p-Charakter besitzt, begründet sein. Die $2p$-Elektronenverteilung hat aber die gleiche Symmetrie wie die π-Verteilung, so daß eine Kombination beider Ladungswolken und damit eine Konjugation wohl stattfinden kann.

Die Erscheinung der Hyperkonjugation läßt sich sowohl nach der v.b.-Methode, an Hand von mehr oder minder wahrscheinlich erscheinenden Grenzstrukturen, als auch nach der MO.-Methode darstellen. C. A. COULSON[3] hat gezeigt, daß eine der drei möglichen Kombinationen der atomic orbitals der drei H-Atome, die $\psi_{\mathrm{I}} - \frac{1}{2}[\psi_{\mathrm{II}} + \psi_{\mathrm{III}}]$ Kombination zu einer Raumverteilung der molecular orbitals führt (Abb. 19), welche große Ähnlichkeit mit der der

---

[1] J. W. BAKER u. W. S. NATHAN, J. chem. Soc. 1844 (1935).
[2] R. S. MULLIKEN, J. chem. Physics. **7**, 339 (1939).
[3] C. A. COULSON, Quart. Rev. **1**, 144 (1947).

π-orbitals besitzt. Dies, im Verein mit dem p-Charakter des sp^3-Hybrids, erlaubt die 3 H-Atome des Methyls zu einer Gruppe zusammenzufassen, die durch eine dreifache Bindung mit dem C-Atom verbunden ist, $H_3 \equiv C$—. Damit sind Delokalisationen der Elektronen der CH_3-Gruppe und Überlappungen mit anderen konjugierten Doppelbindungen möglich. Als Folge dieser Konjugation sind Abstandsverkürzungen zwischen einer CH_3-Gruppe und dem C-Atom einer benachbarten Doppel- oder Dreifachbindung zu erwarten. Sie ist im Methylacetylen

$$H_3 \equiv C\text{—}C \equiv C\text{—}H$$
$$1{,}46 \text{ Å}$$

beobachtet, für dessen CH_3-C-Abstand der Wert 1,46 Å gefunden wird („normaler" Abstand im Äthan 1,54 Å), obwohl die entsprechende Dehnung der dreifachen Bindung, da sie durch die Hyperkonjugation Elektronenladung verliert, nicht festzustellen ist[1]. Tabelle 9 zeigt die Wirkung der Hyperkonjugation auf die Atomabstände.

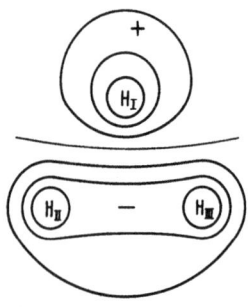

Abb. 19. Elektronendichteverteilung der CH_3-Gruppe

Tabelle 9

Äthan	$H_3C \overline{\underline{1{,}54}} CH_3$
Äthylen	$H_2C \overline{\underline{1{,}34}} CH_2$
Acetylen	$HC \overline{\underline{\overline{1{,}20}}} CH$
Methylacetylen	$H_3 \equiv C \overline{\underline{1{,}46}} C \overline{\underline{\overline{1{,}20}}} C\text{—}H$
Dimethylacetylen	$H_3 \equiv C \overline{\underline{1{,}74}} C \overline{\underline{\overline{1{,}20}}} C \overline{\underline{1{,}47}} C \equiv H_3$
Dimethyldiacetylen	$H_3 \equiv C \overline{\underline{1{,}47}} C \overline{\underline{\overline{1{,}20}}} C \overline{\underline{1{,}38}} C \overline{\underline{\overline{1{,}20}}} C \overline{\underline{1{,}47}} C \equiv H_3$
Acetaldehyd	$H_3 \equiv C \overline{\underline{1{,}50}} CH \overline{\underline{\overline{1{,}22}}} O$
Acetonitril	$H_3 \equiv C \overline{\underline{1{,}49}} C \overline{\underline{\overline{1{,}16}}} N$

Außer der beschriebenen Konjugation zwischen einer Methylgruppe und einem π-Elektronensystem, der Hyperkonjugation erster Ordnung, hat man auch eine Hyperkonjugation zweiter Ordnung angenommen, die zwischen zwei benachbarten CH_3-Gruppen erfolgen soll im Sinne der unten angeschriebenen Formel des Äthans:

$$H_3 \equiv C\text{—}C \equiv H_3$$

---

[1] J.W. BAKER, „Hyperconjugation", Oxford (1952). F. BECKER, Z. angew. Chem. **65**, 97 (1953).

Es ist nicht möglich, ihren gewiß weit geringeren Einfluß genauer abzuschätzen, weil diese Art der Hyperkonjugation fast immer auch bei CH_2-Gruppen gegenwärtig ist, und ein Bezugssystem für einen Vergleich fehlt. Auch dürften andere Effekte, wie die Änderung der Hybridisierung, und damit verbunden die Änderung der Elektronegativität der Gruppen, weit mehr ins Gewicht fallen und so den Einfluß der Hyperkonjugation verdecken[1], so daß hier eine gewisse Zurückhaltung in der Interpretation der Daten geboten erscheint. So dürfen die Abstufungen der Ionisierungspotentiale der methylierten Äthylene (Tabelle 10) nicht allein auf einen Hyperkonjugationseffekt zurückgeführt werden. Denn die beobachteten Differenzen beim Ersatz eines H-Atoms durch eine Methylgruppe sind um einen Faktor 3 oder 4 größer, als man allein durch die Hyperkonjugation erwarten sollte. Obwohl die Verhältnisse sich hier dadurch komplizieren, daß das gemessene Ionisierungspotential die Energiedifferenz zwischen dem neutralen Grundzustand und dem ionisierten Molekül darstellt, konnten H. HARTMANN und M. SVENDSON[2] zeigen, daß durch Induktionswirkung der Doppelbindung auf den Substituenten 90% der beobachteten Energiedifferenz gedeckt werden.

Tabelle 10. *Ionisierungspotentiale*

Substanz	e. V.
$CH_2 = CH_2$	10,62
$CH_3 — CH = CH_2$	9,84
$(CH_3)_2C = CH_2$	9,35
trans-$CH_3CH = CHCH_3$	9,27
$(CH_3)_2C = CHCH_3$	8,85
$(CH_3)_2C = C(CH_3)_2$	8,30

Aber auch die CH_2-Gruppe besitzt, wenn auch in geringerem Ausmaße, die Fähigkeit zur Hyperkonjugation, wie die Behandlung des Resonanzproblems des Cyclopentadiens beweist, das zu diesem Zweck wie folgt geschrieben wird:

$$\begin{array}{c} HC\text{———}CH \\ \parallel \qquad\quad \parallel \\ HC \qquad\quad CH \\ \diagdown \; C \; \diagup \\ \parallel \\ H_2 \end{array}$$

Die $C = H_2$-Gruppe hat nur ein quasi-π-Elektron, da nur eine antisymmetrische π-Funktion aus der Linearkombination der

---
[1] Vgl. W. M. SCHUBERT u. W. A. SWEENEY, J. org. Chem. **21**, 119 (1956).
[2] M. SVENDSON, Dissertation, Frankfurt (1952).

atomic orbitals der 2 H-Atome hervortreten kann, im Gegensatz zur CH_3-Gruppe, die zwei solche quasi-π-Zustände aufbringt. Dementsprechend ist der Resonanzbeitrag der Hyperkonjugation der CH_2-Gruppe halb so groß wie der des Methyls.

Die Konjugation der CH_3-Gruppe mit den π-Elektronen eines ungesättigten Moleküls macht sich am meisten bei den Reaktionsgeschwindigkeiten bemerkbar. Die Bildungsgeschwindigkeit von quarternären Pyridiniumsalzen aus p-alkylsubstituenten Benzylbromiden und Pyridin nach der Formel:

$$R\text{—}\langle\bigcirc\rangle\text{—}CH_2Br + N\langle\bigcirc\rangle \rightarrow R\text{—}\langle\bigcirc\rangle\text{—}CH_2 + Br^- \\ \underset{+}{\overset{|}{N\,C_5H_5}}$$

läßt deutlich die besondere Stellung der CH_3-Gruppe an der Stelle von R, gegenüber den übrigen Alkylsubstituenten erkennen (Tabelle 11).

Tabelle 11

Substanz	$K \cdot 10^6$	Aktivierungsenergie in Kcal/Mol
CH_3—$C_6H_4CH_2Br$	83,5	18,9
C_2H_5—$C_6H_4CH_2Br$	62,6	19,4
CH_3 CH—$C_6H_4CH_2Br$ CH_3	46,95	19,8
CH_3 CH_3—C—$C_6H_4CH_2Br$ CH_3	35,9	20,0
$C_6H_5CH_2Br$	2,85	21,0

Es war gerade diese Reaktion, bei welcher man zuerst auf die Hyperkonjugation aufmerksam geworden ist[1], da die Reihenfolge der Wirkung der Substituenten die umgekehrte ist, als man auf Grund des Induktionseffektes erwarten sollte. Denn die Polarisierbarkeit der CH_3-Gruppe ist kleiner als die des Isobutylrestes. Auf diese aber würde es bei der Bildung des Kations

$$R\text{—}C_6H_4CH_2^+$$

im aktivierten Komplex des Übergangszustandes ankommen. Dagegen läßt die durch Hyperkonjugation erfolgende Elektronenverschiebung nach dem Schema:

---

[1] J. W. Baker and W. S. Nathan, J. chem. Soc., (Lond.) 1844 (1935).

$$H_3 \equiv C \frown \langle \rangle \frown CH_2 Br \rightarrow CH_3 - \langle \rangle - CH_2^+ + \overline{Br}$$

die Begünstigung der Abdissoziierung des negativen Bromions durch die p-CH_3-Gruppe verständlich erscheinen. Eine große Zahl von Reaktionsgeschwindigkeiten[1] zeigt in analoger Weise den besonderen Einfluß der CH_3-Gruppe.

§ 17. Dipolmoment und Konstitution

Wenn in einem Molekül der Schwerpunkt der positiven mit dem der negativen Ladung nicht zusammenfällt, so weist das Molekül eine elektrische Unsymmetrie auf; man sagt, daß es polar gebaut ist. Dieser formalen Beschreibung liegt die Tatsache zugrunde, daß die Ladungswolke bei bestimmten Verbindungen über das Molekülgerüst ungleichmäßig ausgebreitet sein kann. Der Grad der Unsymmetrie wird durch die Angabe des Wertes des Dipolmomentes erfaßt, womit man das Produkt aus Ladungsverschiebung Δe und Abstand l meint. Da die verschobenen Ladungsquanten von der Größenordnung der Elementarladung des Elektrons, d. h. 10^{-10} e. st. E., und die Abstände, um welche die Ladungen verlegt werden, bis zu einigen Ångströmeinheiten betragen können, sind die Dipolmomente chemischer Verbindungen von der Größenordnung von 10^{-18} e. st. E. Diese Einheit wird ein Debye (D) genannt.

Bei einem zweiatomigen Molekül AB ist diese Ladungsunsymmetrie verursacht durch den Unterschied der Elektronegativitäten x_A und x_B der beiden Atome. Nach MULLIKEN[2] wird die Elektronegativität eines Atomes x_A am besten durch den Mittelwert aus Ionisationspotential J_A und Elektronenaffinität E_A angegeben:

$$\frac{1}{2}(J_A + E_A)$$

indem folgende Verknüpfung dieses Ausdruckes mit der Elektronegativität der Atome A und B gilt:

$$(J_A + E_A) - (J_B + E_B) = 5{,}56\,(x_A - x_B)\,.$$

---

[1] E. D. HUGHES, C. K. INGOLD and N. A. TAHER, J. chem. Soc. (Lond.) 949 (1940). F. SEEL, Z. angew. Chem. **60**, 300 (1948); **61**, 89 (1949). E. BERLINER and F. J. BONDHUS, J. Amer. chem. Soc. **68**, 2355 (1946); **70**, 854 (1948). P. W. ROBERTSON und Mitarbeiter, J. chem. Soc. (Lond.) 980 (1948). J. L. BOLLAND, Quart. Rev. **3**, 1 (1949). E. H. FARMER, Trans. Faraday Soc. **38**, 341, 348, 356 (1942).

[2] R. S. MULLIKEN, J. chem. Physics. **2**, 782 (1934); **3**, 573 (1935).

§ 17 Dipolmoment und Konstitution

Die von PAULING[1] gegebene Definition[2], wonach die Wurzel aus der Resonanzenergie zwischen der kovalenten und Ionenstruktur der betreffenden Verbindung $\sqrt{\Delta_{AB}}$, ein Maß für die Elektronegativität ist, führt zu denselben *Abstufungen* der Elektronegativität der Elemente, wie die Definition von MULLIKEN.

Tabelle 12 enthält die Elektronegativitäten einer Reihe von Elementen.

Tabelle 12

H						
2,1						
Li	Be	B	C	N	O	F
1,0	1,5	2,0	2,5	3,0	3,5	4,0
Na	Mg	Al	Si	P	S	Cl
0,9	1,2	1,5	1,8	2,1	2,5	3,0
K			Ge	As	Se	Br
0,8			1,8	2,0	2,4	2,8
Rb						I
0,8						2,5
Cs						
0,7						

Durch die Differenzbildung der in dieser Tabelle gegebenen Werte zweier Atome gelangt man angenähert zu dem Dipolmoment der betreffenden Verbindung.

Um das Dipolmoment, das eine Molekülkonstante ist, in Beziehung zu setzen zu den makroskopisch beobachtbaren Eigenschaften der Verbindungen, bedarf es einiger mathematischer Ableitungen. Den Ausgangspunkt bildet die Clausius-Mosotti-Gleichung, die auch ohne jeglichen Bezug auf molekulare Vorstellungen abgeleitet werden kann.

Befindet sich ein Dielektrikum zwischen zwei parallelen Platten eines geladenen Kondensators, so herrscht im Inneren eines kleinen kugelförmigen Hohlraumes eine Feldstärke E_{in}, die mit der äußeren gemessenen Feldstärke E durch die Beziehung

$$E_{in} = E + \frac{4\pi}{3} P \qquad (55\,\mathrm{a})$$

---

[1] L. PAULING, J. Amer. chem. Soc. **54**, 3570 (1932).
[2] Vgl. die kritischen Betrachtungen von W. HÜCKEL, J. prakt. Chem. **5**, 107 (1957).

§ 17 Dipolmoment und Konstitution

verknüpft ist[1]. Die dielektrische Polarisation P ist gleich dem in die Volumeneinheit induzierten Dipolmoment und muß proportional der an jedem Punkt herrschenden Feldstärke E_{in} sein:

$$P = n\,\bar{\alpha}\,E_{in} \tag{55b}$$

$\bar{\alpha}$ ist die mittlere Polarisierbarkeit der Moleküle und n die Zahl der in einem cm^3 enthaltenen Moleküle. Aus Gl. (55a) und (55b) ergibt sich

$$P\left(1 - \frac{4}{3}\pi n\,\bar{\alpha}\right) = n\,\bar{\alpha}\,E\,.$$

Andererseits läßt sich einsehen, daß die spezifische Oberflächenladung σ_v des Plattenkondensators im Vacuum durch das Einschalten des Dielektrikums eine Abnahme um den Betrag des pro cm^3 induzierten Dipolmomentes $P\left(\frac{\text{Ladung}\cdot\text{cm}}{\text{cm}^3}\right)$ erfährt, welches auch als spezifische Oberflächenladung der Platten im Dielektrikum $\left(\frac{\text{Ladung}}{\text{cm}^2}\right)$ aufgefaßt werden kann. Das Verhältnis der beiden Ladungsdichten σ_v und $\sigma_v - P$ wird als Dielektrizitätskonstante ε definiert:

$$\varepsilon = \frac{\sigma_v}{\sigma_v - P}\,. \tag{55c}$$

Andererseits wurde abgeleitet, daß

$$\frac{\varepsilon - 1}{\varepsilon + 2} = \frac{4\pi}{3}n\,\bar{\alpha}\,.$$

Durch Multiplikation mit dem Molvolumen M/d, wobei nM/d gleich der Loschmidtschen Zahl N ist, ergibt sich für die Molekularpolarisation P_M die Clausius-Mosottische Gleichung:

$$P_M = \frac{\varepsilon - 1}{\varepsilon + 2}\frac{M}{d} = \frac{4\pi}{3}N\,\bar{\alpha}\,. \tag{55d}$$

DEBYE konnte beweisen (1912), daß die Molekularpolarisation P_M aus den Anteilen zweier verschiedener Polarisationsarten zusammengesetzt ist, aus dem induktiven Anteil und dem Orientierungsanteil. Erstere Polarisationsart wird durch die Dipole verursacht, die beim Anlegen eines elektrischen Feldes in das Molekül, wegen der Verschiebbarkeit seiner Ladungen, induziert wird. Der zweite Anteil wird durch die Orientierung bereits vorhandener permanenter Dipole in Richtung des angelegten Feldes verursacht. Die

---
[1] P. DEBYE, „Polare Molekeln", S. 3 (1929).

chemischen Verbindungen konnten prinzipiell in zwei Klassen eingeteilt werden. In die erste *unpolare* Klasse gehören Verbindungen, die nur Dipolmomente durch Induktion erlangen, während der zweiten *polaren* Klasse Verbindungen angehören, die außer diesem induktiven auch ein permanentes, d. h. vom Vorhandensein eines äußeren elektrischen Feldes unabhängiges, Dipolmoment besitzen. Der induktive Anteil ist identisch mit der Polarisation, die durch die Clausius-Mosotti-Gleichung ausgedrückt wird, nämlich $4/3 \pi \cdot N \cdot \bar{\alpha}$. Für die polare Stoffklasse konnte DEBYE zeigen, daß der Antagonismus zwischen der Orientierung der Dipole im elektrischen Feld, und ihrer durch die Wärmeagitation verursachten regellosen Anordnung durch den Boltzmannschen e-Satz quantitativ erfaßt wird. Danach beträgt der Orientierungsanteil $\mu^2/3kT$, worin μ das permanente Dipolmoment, k die Boltzmannsche Konstante und T die absolute Temperatur bedeuten. Die gesamte beobachtete Polarisation P_M wird durch die unten angeführten molekularen Konstanten in der Debyeschen Gleichung beschrieben:

$$P_M = \frac{\varepsilon-1}{\varepsilon+2} \cdot \frac{M}{d} = \frac{4}{3} \pi N \left(\alpha + \frac{\mu^2}{3kT} \right). \tag{56}$$

Um nun aus der gemessenen Dielektrizitätskonstante ε und der Dichte d zum permanenten Dipolmoment μ zu gelangen, muß der induktive Anteil $4/3\pi N \bar{\alpha}$ abgezogen werden. Dazu sind mehrere Methoden vorgeschlagen worden. Die wichtigsten sind die Messung der Molekularpolarisation und die Bestimmung der Temperaturabhängigkeit der gesamten Polarisation. Durch die erste Methode wird direkt das Glied $4/3\pi N\bar{\alpha}$, mit dem die Molekularrefraktion identisch ist, da

$$R = \frac{n^2-1}{n^2+2} \cdot \frac{M}{d} = \frac{4}{3} \pi N \bar{\alpha}, \tag{57}$$

bestimmt und vom Wert der gesamten Polarisation subtrahiert. Dazu ist es aber notwendig, die Molekularrefraktion auf unendlich lange Wellenlängen zu extrapolieren, weil nur bei der Frequenz null die Molekularrefraktion der statischen Polarisierbarkeit gleich wird. Die Maxwellsche Beziehung $n^2 = \varepsilon$ gilt streng nur für unendlich lange Wellen.

Die zweite Methode, die der Temperaturabhängigkeit, beruht auf der Ermittelung der gesamten Molekularpolarisation als Funktion der Temperatur. Durch Auftragung der Größe P_M gegen den

§ 17 Dipolmoment und Konstitution

reziproken Wert der absoluten Temperatur $1/T$ ergibt sich im Falle eines permanenten, temperaturunabhängigen Dipolmomentes eine gerade Linie (Abb. 20). Ihre Neigung ist gleich $\mu^2/3k$, woraus der Wert von μ bestimmt wird. Die Substanzen werden in unpolaren Lösungsmitteln bei verschiedenen Konzentrationen gemessen, um die Molekularpolarisation auf unendliche Verdünnung zu extrapolieren, wodurch die gegenseitige Einwirkung der permanenten Dipole eliminiert wird.

ONSAGER[1] hat die zur Debyeschen Gl. (56) führenden Voraussetzungen des inneren Feldes einer Nachprüfung unterworfen und für den Polarisationsanteil den Ausdruck

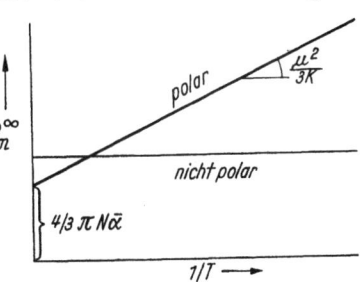

Abb. 20. Abhängigkeit der Molekularpolarisation von der Temperatur

$$\frac{\varepsilon-1}{\varepsilon+2}\frac{M}{d} - \frac{\varepsilon_\infty-1}{\varepsilon_\infty+2}\frac{M}{d} = \frac{3\varepsilon(\varepsilon_\infty+2)}{(2\varepsilon+\varepsilon_\infty)(\varepsilon+2)} \cdot \frac{4\pi N \mu^2}{9kT} \qquad (57\,\text{a})$$

abgeleitet, worin ε_∞ die bei sehr hohen Frequenzen, bei welchen eine Einstellung der Dipole im Felde nicht stattfinden kann, ermittelte Dielektrizitätskonstante bedeutet.

Die Onsager-Gleichung unterscheidet sich von der Debyeschen durch den Faktor:

$$\frac{3\varepsilon(\varepsilon_\infty+2)}{(2\varepsilon+\varepsilon_\infty)(\varepsilon+2)},$$

welcher jedoch gleich 1 wird, wenn $\varepsilon = \varepsilon_\infty$. Beide Gleichungen werden dann identisch, was die Debyesche Gleichung als einen Spezialfall der Onsager-Gleichung erscheinen läßt.

Um nun die Beziehungen zwischen dem Dipolmoment und der chemischen Konstitution zu erläutern, muß man sich vor allem vor Augen halten, daß das Dipolmoment ein Vektor ist, d. h. es ist sowohl durch seine Größe als auch durch seine Richtung im Raum gekennzeichnet. Das Dipolmoment wird durch einen Pfeil dargestellt, dessen Richtung vereinbarungsgemäß nach dem Schwerpunkt der negativen Ladung zeigt. Innerhalb des Moleküls können an verschiedenen Stellen Ladungsverschiebungen

---

[1] L. ONSAGER, J. Amer. chem. Soc. **58**, 1486 (1936).

vorhanden sein, die zu Teilmomenten Anlaß geben. Das gesamte Dipolmoment setzt sich nicht aus einer algebraischen, sondern aus einer vektoriellen Summation dieser Teilmomente zusammen.

Durch Einführung beispielsweise eines Chloratoms in das elektrisch symmetrische und darum unpolare Benzol, entsteht das mono-Chlorbenzol C_6H_5Cl, dessen permanentes Dipolmoment $1,56 \cdot 10^{-18}$ e. st. E. beträgt. Da das Cl-Atom elektronegativer ist als der Phenylkern, zeigt der Vektorpfeil in Richtung des Chlors.

⟨→⟩Cl   1,56 D

Durch Einführung eines zweiten Chloratomes entstehen die drei Isomeren o-, m- und p-Dichlorbenzol, Cl-C_6H_4-Cl für welche experimentell die Momente $2,25 \cdot 10^{-18}$, $1,48 \cdot 10^{-18}$ und $0,0$ gefunden werden. Diese Werte lassen sich auch durch vektorielle Addition nach dem Parallelogrammsatz aus je zwei Teilmomenten von $1,56 \cdot D$ (μ-Wert des mono-Chlorbenzols) ableiten.

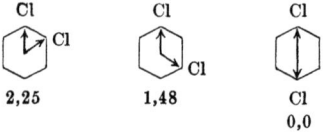

Da der Winkel, den die drei Vektorpfeile miteinander bilden, von der o- über die m- zu der p-Verbindung zunimmt, muß das Gesamtmoment abnehmen. Bei der p-Verbindung sind die zwei Teilmomente gleich und entgegengesetzt gerichtet, so daß ein Gesamtmoment 0 resultiert. Auf diese Weise ließe sich eine Konstitutionsermittlung durchführen, indem man aus dem gemessenen Wert des Dipolmomentes auf eins der drei Isomere schließen würde. Dieses Beispiel zeigt außerdem deutlich, daß man aus einem Gesamtmoment 0 nicht etwa auf ein intramolekular völlig unpolares Molekül schließen darf. Es können wohl starke Teilmomente vorliegen, die sich jedoch, wie im erwähnten Fall des p-Dichlorbenzols, intramolekular kompensieren. Bei gewissen Reaktionen und Zusammenstößen kommen jedoch diese Teilmomente in entscheidender Weise zur Geltung.

Bei den drei o-, m-, p-Isomeren der Aminobenzoesäurebeobachtet man dagegen einen Anstieg des permanenten Dipolmomentes von der o-, ($1,0 \cdot 10^{-18}$), über die m- ($2,4 \cdot 10^{-18}$) zur p-Verbindung ($3,3 \cdot 10^{-18}$). Die vektorielle Addition der Teilmomente

§ 17 Dipolmoment und Konstitution

der NH_2- und COOH-Gruppe führt in der Tat zu diesen Abstufungen. Zu ihrer Ableitung muß man berücksichtigen, daß die Teilmomente der NH_2- und COOH-Gruppe entgegengesetzt gerichtet sind. Da die NH_2-Gruppe positiver ist als der Phenylkern, zeigt ihr Dipolvektor in Richtung des Phenylkernes, während der Dipolvektor der COOH-Gruppe vom Phenylkern zur Carboxylgruppe hinweist. Die beiden Vektoren summieren sich in p-Stellung, so daß das Gesamtmoment bei diesen Isomer den maximalen Wert von $3{,}3 \cdot 10^{-18}$ erreicht.

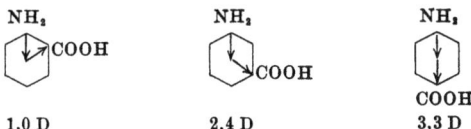

Man kann an Hand der Werte der Dipolmomente der Alkylhalogenide die induktive Verschiebung eines gemeinsamen Elektronenpaares zugunsten des einen Bindungspartners verfolgen. Man nennt diese Art der Elektronenverschiebung, die letzten Endes auf der verschiedenen Elektronegativität der Substituenten beruht, den Induktionseffekt. Die Dipolmomente steigen vom Methylhalogenid ($1{,}83 \cdot 10^{-18}$) mit zunehmender Länge der Paraffinkette an (C_2H_5Cl 2,0; C_3H_7Cl 2,13) und streben einem konstanten Grenzwert von ca. $2{,}20 \cdot 10^{-18}$ zu, der sich bei einer weiteren Verlängerung der Kette nicht mehr ändert. Dieser Effekt wird so gedeutet, daß das die kovalente Bindung zwischen dem Alkylrest und dem Halogen bewirkende gemeinsame Elektronenpaar, wegen der größeren Elektronegativität des Halogens zu letzterem hin verschoben ist. Die dadurch verursachte Ladungsasymmetrie pflanzt sich induktiv bei den höheren Alkylderivaten durch die Kette hindurch fort, so daß das Dipolmoment, da die Streckenlänge, um welche die Ladung verschoben wird zunimmt, ansteigt. Die Wirkung des Halogens klingt in der Kette langsam ab, und das Dipolmoment erreicht einen Grenzwert, der unabhängig von der Kettenlänge ist.

Man bezeichnet den Induktionseffekt durch das Symbol —I bzw. +I, je nachdem die Elektronen vom Kohlenwasserstoffrest zum Substituenten oder umgekehrt verschoben werden. Er wird durch einen geraden Pfeil, der in die Richtung der Elektronenverschiebung zeigt, symbolisiert, z. B. $CH_3 \rightarrow Cl$.

Vergleicht man die Dipolmomente der einfachen Benzolderivate mit denen der aliphatischen Reihe (Tabelle 13), so fallen Unterschiede auf, die durch andersartige Elektronenverschiebungseffekte zu deuten sind.

Die Dipolmomente der Alkylhalogenide sind größer als die der entsprechenden Phenylderivate, während bei der CN- und NO_2-Verbindung die Abstufung umgekehrt liegt. Hier wirkt dem oben genannten Induktionseffekt ein zweiter Effekt entgegen, der auf der Wechselwirkung der einsamen Elektronenpaare der Substituenten mit den π-Elektronen des Phenylkernes und ihrer gegenseitigen Durchdringung beruht. Diese Art der Elektronenverschiebung wird mesomerer Effekt[1] genannt und mit —M bzw. +M bezeichnet, je nachdem die Elektronenverschiebung vom Phenylkern zum Substituenten oder umgekehrt erfolgt. Er wird durch einen gebogenen Pfeil (⌒↘) in Richtung der Elektronenverschiebung dargestellt. Bei den Arylhalogeniden erfolgt die mesomere Elektronenverschiebung zugunsten des Phenylkerns (+M) und wirkt demnach dem induktiven Effekt (—I) entgegen. Das Dipolmoment der Arylhalogenide ist folglich kleiner als das der Alkylhalogenide.

Tabelle 13. *Dipolmomente von Alkyl- und Arylderivaten in D*

	CH_3	C_6H_5
F	1,81	1,57
Cl	1,86	1,57
Br	1,82	1,55
CN	4,00	4,39
NO_2	3,5	4,19

Bei den Cyaniden und Nitroverbindungen erfolgt die Elektronenausbreitung zwischen den π-Elektronen der Doppelbindungen und denen des Phenylkernes in umgekehrter Richtung (—M), so daß der mesomere Effekt zu dem induktiven Effekt hinzukommt, wodurch das Dipolmoment der Arylderivate größer als das der Alkylderivate ausfällt.

Der wesentliche Unterschied zwischen beiden Arten der Elektronenverschiebung liegt darin, daß beim induktiven Effekt die Gemeinsamkeit des Elektronenpaares nach erfolgter Ladungsverschiebung nicht gesprengt wird, wogegen beim mesomeren

---

[1] C. G. INGOLD, Structure and Mechanism in Organic Chemistry, S. 64. New York: Cornell University Press 1953.

§ 17 Dipolmoment und Konstitution

Effekt durch die Ausbreitung der π- bzw. der einsamen Elektronen eine Delokalisierung und Wanderung derselben durch das ganze Molekül erfolgen kann. Das folgende Beispiel mag diese, durch die Anwesenheit von konjugierten Doppelbindungen bedingte Elektronenverschiebung, entlang der gesamten Moleküllänge veranschaulichen[1]. In einem Molekül wie der p-Aminobenzoesäureester findet eine Verschiebung des am Stickstoff vorhandenen freien Elektronenpaares über den Phenylkern zu den Leerstellen des Sauerstoffsextettes statt:

$$H_2N-\underset{\smile}{\bigcirc}-C\underset{OCH_3}{\overset{O}{\diagdown}}$$

Eine deutliche Auswirkung der Elektronenverschiebung über das ganze Molekül auf den Wert des Dipolmomentes bilden die kleinen Werte dieser Molekülkonstante für Vinylamin $CH_2=CH-NH_2$ und Vinylbromid $CH_2=CH-Br$. Trotz des unsymmetrischen Baues des Moleküls ist die Ladungsverteilung weitgehend symmetrisch, weil die einsamen Elektronen des NH_2- bzw. Br-Substituenten mit den π-Elektronen der benachbarten Doppelbindung sich mesomerisch derart überlagern, daß ein Ausgleich der Polarität resultiert. Man stellt an den Diplomomenten die folgende Abstufung fest: C_2H_5Br 2,02, $CH_2=CH-Br$ 1,41, $CH\equiv C-Br$ 0,0. Das C_6H_5Br mit seinem Wert von 1,71 liegt zwischen dem Wert der benachbarten einfachen und doppelten Bindung, was mit dem Bindungscharakter der C-C-Bindung im Benzolmolekül (50% Doppelbindungscharakter) gut übereinstimmt

Es ist möglich, an Hand der Abstufungen der Dipolmomente, noch feinere Unterschiede in den Elektronenverschiebungseffekten aufzuspüren. Die Änderung der Dipolmomente mit zunehmender Kettenlänge bei den aliphatischen Cyan- und Nitroverbindungen ist nur sehr schwach, von 3,45 D bis zu einem konstanten Grenzwert 3,70 D. Der Grund dafür liegt in dem relativ hohen Wert des Dipolmomentes des ersten Gliedes CH_3NO_2 (3,54 D) der Reihe. Die Hyperkonjugation der CH_3-Gruppe mit der Doppel- und Dreifachbindung führt zu einer elektronischen Ausbreitung und damit zu einer elektrischen Unsymmetrie und elektrischen Polarität, die man als Dipolmoment mißt. Die Vergrößerung der Dipollänge

---

[1] T. M. LOWRY, J. chem. Soc. **123**, 822, 1886 (1923). Nature (Lond.) **114**, 376 (1925). — C. K. INGOLD and E. H. INGOLD, J. chem. Soc. 4, 1310 (1926).

durch Verlängerung der Kette kann unter diesen Umständen nur wenig Einfluß haben.

Man kann den Effekt der Hyperkonjugation an Hand der Dipoldaten einer Reihe von Kohlenwasserstoffen (Tabelle 14), die zwar kleine, jedoch sicher vorhandene permanente Dipolmomente besitzen, verfolgen.

Tabelle 14

Substanz	Dipolmomente in D
$CH_3 - CH = CH_2$	0,35
$CH_3{\diagdown}CH = CH_2$ $CH_3{\diagup}$	0,30
$CH_3 - C \equiv CH$	0,75
$CH_3{-}\bigcirc$	0,37
$CH_3 - CH_2 - CH_2 - CH_2 = CH_2$	0,51
$CH_3 - CH = CH - CH_3$	0,00

Daß der mesomere Effekt ($\pm M$) auf einer Ausbreitung der π-Elektronen über das System der konjugierten Doppelbindungen beruht, erkennt man daran, daß die Planarität des Moleküls eine notwendige Voraussetzung für das Auftreten des Effektes ist. Das p-Nitroanilin besitzt ein hohes Dipolmoment (6,2 D), das den Wert des durch vektorielle Addition aus dem Dipolmoment der NH_2- und NO_2-Gruppe berechneten (4,18 D) übersteigt. Die Kombination der NH_2- und NO_2-Gruppen in p-Stellung bringt eine zusätzliche Elektronenverschiebung mit sich, die auf Grund des mesomeren Ausgleiches wie folgt dargestellt wird:

$$H_2\ddot{N} - \bigcirc - NO_2$$

Die am NH_2 vorhandenen einsamen Elektronen verschieben sich über den „leitenden" Phenylkern bis zu den Leerstellen der Sauerstoffatome der NO_2-Gruppe, die als Akzeptoren wirken. Diese Verschiebung erhöht die Polarität des Moleküls. Führt man aber in die o-Stellungen die voluminösen CH_3-Gruppen ein, so werden die NO_2- und NH_2-Gruppen durch Verdrehung aus der Phenylebene hinausgedrängt, womit die Komplanarität des Moleküls aufgehoben wird. Die mesomere Elektronenverschiebung kann nicht mehr stattfinden, und das Dipolmoment des 2, 3, 5, 6-Tetramethylnitranilins

$$\text{H}_2\text{N}\underset{\underset{\text{CH}_3\ \text{CH}_3}{}}{\overset{\overset{\text{CH}_3\ \text{CH}_3}{}}{\left\langle\right\rangle}}\text{NO}_2$$

fällt auf den durch vektorielle Addition berechneten Wert von 4,18 D zurück.

Ein experimenteller Beitrag zum Zusammenhang zwischen Dipolmoment und Komplanarität des Moleküls ist durch Messung der Dipolmomente der freien Triarylmethylradikale[1] geliefert worden. Sowohl das teilweise in freie Radikale nach der Gleichung

$$(C_6H_5)_3C-C(C_6H_5)_3 \rightleftarrows 2(C_6H_5)_3C \cdot$$

dissoziierte Hexaphenyläthan, als auch das nur in monomerer Form vorkommende Tribiphenylmethyl

$$\begin{array}{c}(C_6H_5C_6H_4)\cdot(C_6H_5C_6H_4)\\ C\\ (C_6H_5C_6H_4)\cdot\cdot\end{array}$$

haben in benzolischer Lösung kein permanentes Dipolmoment. Dieser Befund wurde so gedeutet, daß das einsame Elektron nicht mehr am Kohlenstoff lokalisiert ist, sondern durch seine Wechselwirkung mit den π-Elektronen der Phenylgruppen über das ganze Molekül verbreitet ist. Die Ausbreitung geht Hand in Hand mit einer Planlegung des Radikalmoleküls einher, das seine tetraedrische Symmetrie zu gunsten einer ebenen trigonalen Anordnung aufgibt[2]. Obwohl dieses energetisch einleuchtend ist, gelang es W. THEILACKER o-substituierte Triarylmethylderivate in Form freier Radikale herzustellen[3], die aus Gründen der Raumerfüllung Abweichung von einer ebenen Struktur aufweisen müssen. Die Frage nach der Spaltung der Hexaaryläthane in freie Radikale, bei welcher auch die Behinderung der Assoziation zum Äthan, wegen der Sperrigkeit der Substituenten, berücksichtigt werden muß[4], scheint somit noch nicht endgültig beantwortet zu sein.

---

[1] G. KARAGOUNIS u. TH. JANNAKOPOULOS, Z. physik. Chem. (B) **47**, 343 (1940).

[2] E. HÜCKEL, Z. Physik **83**, 632 (1933); Z. Elektrochem. **43**, 752 (1937). — L. PAULING and G. W. WHELAND, J. chem. Phys. **1**, 362 (1933); **2**, 482 (1934).

[3] W. THEILACKER u. M. L. WESSEL-EWALD, Liebigs Ann. Chem. **594**, 214 (1955); W. THEILACKER, B. JUNG u. W. ROHDE, ibid. 4, 225 (1955).

[4] K. ZIEGLER, Z. angew. Chem. **61**, 168 (1949).

Über einen weiteren Gesichtspunkt siehe Diskussion: G. KARAGOUNIS, Helv. chim. Acta **32**, 1840 (1949) u. **34**, 995 (1951).

§ 17 Dipolmoment und Konstitution

Als eine weitere Anwendung des Dipolmomentes zur Aufklärung der Ladungsverteilung im Molekül mag die Angabe des Ionencharakters einer Bindung in Prozenten dienen. Berechnet man aus Ionenladung und Abstand das Dipolmoment eines Ionenpaares, wie HCl oder KCl im gasförmigen Zustand, so erhält man die Werte 6,14 D für HCl und 13,4 D für KCl, die stark von den experimentell ermittelten (1,0 D und 8,0 D) abweichen. Die Berechnung setzte voraus, daß die Ionen starre Kugeln sind, deren Zustand sich durch die Annäherung der entgegengesetzt geladenen Ionen nicht ändert. Dies ist jedoch wegen der Polarisierbarkeit der Ionen nicht der Fall. Beide Ionenarten induzieren in den Bindungspartnern eine Polarität, die das berechnete Dipolmoment herabzusetzen bestrebt ist. Man muß darin einen Übergang zur kovalenten Bindung erblicken, der nach FAJANS sowie nach PAULING kontinuierlich erfolgt. Durch die gegenseitige Polarisation ändert sich der Bindungscharakter, und diese Änderung äußert sich im Werte des Dipolmomentes. Wir lernten in der ideal homöopolaren Bindung des H_2-Moleküles einen Fall stärkster gegenseitiger Polarisation der H-Atome kennen, die zur kovalenten Bindung führt. Dieser Polarisation konnte allerdings nur auf wellenmechanischer Grundlage Rechnung getragen werden.

Nach einem Vorschlag von L. PAULING gibt die Differenz der gemessenen und der auf Grund der Annahme starrer Ionen, aus Ladung und Ionenabstand errechneten Dipolwerte, den prozentischen Gehalt der Bindung an elektrovalentem Charakter an (Tabelle 15).

Tabelle 15

Substanz	Dipolmoment, gemessen	Dipolmoment, berechnet	% an elektrovalenter Bindung
CsJ	11,0	17,8	62
CsCl	10,0	16,8	68
KCl	8,0	12,8	60
NaJ	4,9	6,7	35
HF	1,91	2,7	43
HCl	1,08	1,2	17
HBr	0,80	0,89	11
HJ	0,38	0,4	5

Man beachte, daß die Abstufungen der Dipolmomente eine umgekehrte Reihenfolge hätten, wenn die Ionen nicht polarisierbar wären.

§ 17 Dipolmoment und Konstitution

Es ist freilich möglich, die Variation des Dipolmomentes mit der chemischen Konstitution, deren bisherige Beschreibung unter der stillschweigenden Verwendung von Vorstellungen der Methode der molecular orbitals geschehen ist, auch auf Grund der Theorie der Valenzstrukturen zu deuten. Anstatt einer Verschiebung der Ladungswolke durch den Einfluß der Substituenten, hätte man anzunehmen, daß polare Strukturen existieren, die mit einem entsprechenden Koeffizienten an dem mesomeren Zustand anteilig sind. Die Tatsache beispielsweise, daß das Dipolmoment des Chlorbenzols kleiner ist als das des CH_3Cl, wird durch die Anwesenheit der polaren Struktur

$$\overset{H}{\underset{\ominus}{>}}\!\!\bigcirc\!\!=Cl^{+}$$

erklärt, deren Dipolmoment eine entgegengesetzte Richtung hat als das der nicht polaren Formel, wodurch die beobachtete Verminderung verursacht wird.

Die quantenmechanische Behandlung[1] der Polarisationserscheinungen führt zu einer Gleichung, die sich von der Debyeschen im permanenten Anteil um den Faktor $(1 - f(T))$ unterscheidet. Hierin ist $f(T)$ eine Temperaturfunktion, in welcher das Wirkungsquantum h, die Komponenten der Dipolmomente in den drei Raumrichtungen und die Trägheitsmomente des Moleküls als Konstanten vorkommen. Numerisch fällt dieser Faktor, wegen der großen Trägheitsmomente der Dipole, kaum ins Gewicht. Für Moleküle mit kleinem Trägheitsmoment, wie HF, beträgt der Unterschied zwischen der klassischen und der wellenmechanischen Berechnung 0,03 D.

Die Debyesche Methode der Berechnung des Dipolmomentes aus den gemessenen Molekularpolarisationen setzt voraus, daß die polaren Moleküle in einer nicht polaren Umgebung gelöst sind, und daß die Polarisationswerte, um den Einfluß von lokalen Feldern zu eliminieren, auf unendliche Verdünnung extrapoliert sind.

Eine große Zahl von Substanzen, wie die Aminosäuren und andere mehr, sind aber nur in polaren Lösungsmitteln löslich. Für diese ist von KIRKWOOD[2] eine Theorie entwickelt worden, die dem

---

[1] J. H. VAN VLECK, „The Theory of Electric and Magnetic Susceptibilities", Oxford, London (1932).
[2] J. G. KIRKWOOD, in E. J. COHN and J. T. EDSALL, „Proteins, Amino Acids and Peptides", New York: Reinhold 1943.

Vorhandensein eines speziellen inneren elektrischen Feldes Rechnung trägt, und das Dipolmoment aus der Molekularpolarisation der in polaren Lösungsmitteln gelösten Substanz zu berechnen gestattet. Wie zu erwarten ist, findet man, wegen des zwitterionischen Charakters der Aminosäuren, sehr hohe Werte der Dipolmomente, die proportional zur Wurzel aus der Zahl der Kettenglieder ansteigt (Tabelle 16).

In neuester Zeit ist es möglich geworden, die Dipolmomente mit Hilfe der Mikrowellenspektroskopie genau zu bestimmen. Die Methode beruht auf der Ermittlung des Absorptionskoeffizienten der Substanzen im Wellenlängenbereich von 1,5—3 cm, die energetisch den Änderungen des Rotationszustandes der Moleküle entsprechen. Sie gestattet, aus den Intensitäten des in diesem Wellenbereich gelegenen reinen Rotationsspektrums oder aus den Linienaufspaltungen im elektrischen Feld (Stark-Effekt) das Dipolmoment einer Substanz zu bestimmen. Die Rotationszustände sind nach Maßgabe ihrer Rotationsquantenzahl $(2J+1)$fach entartet, weil der Energiezustand des rotierenden Moleküls sich mit der Rotationsquantenzahl J auf $(2J+1)$ Weisen aufbauen läßt. Durch Anlegung eines elektrischen Feldes wird die Gleichheit der Energiezustände teilweise gestört und damit die Entartung aufgehoben. Die der Aufspaltung entsprechenden Energiedifferenzen ΔE werden dargestellt durch:

Tabelle 16

Glykokoll	$15{,}5 \cdot 10^{-18}$ e.st.E.
β-Alanin	$19{,}0 \cdot 10^{-18}$
Aminocapronsäure	$28{,}0 \cdot 10^{-18}$
Hexaglyzin	$50{,}0 \cdot 10^{-18}$
Eiweißstoffe	$250\text{—}1500 \cdot 10^{-18}$

$$\Delta E = \left(\frac{2\pi\mu\mathfrak{E}}{h}\right)^2 I \left(\frac{J(J+1)-3M^2}{J(J+1)(2J-1)(2J+3)}\right) \quad (57\text{b})$$

worin $\mathfrak{E}$ die elektrische Feldstärke, I das Trägheitsmoment (für den Fall eines linearen Moleküls), μ das Dipolmoment und M die magnetische Quantenzahl bedeuten.

Die tabellarische Zusammenstellung einer Reihe von Dipolmomenten, die nach dieser Methode ermittelt wurden, läßt aus den angegebenen Dezimalstellen die Genauigkeit der neuen Methode, die vor allem bei kleinen Dipolmomenten ins Gewicht fällt, erkennen (Tabelle 17).

Tabelle 17. *Dipolmomente aus dem Stark-Effekt des Mikrowellenspektrums*

Substanz	Dipolmoment	Substanz	Dipolmoment
COS	0,710 ± 0,004	CHF_3	1,645 ± 0,009
N_2O	0,166 ± 0,002	CH_3Cl	1,869 ± 0,010
H_2O	1,94 ± 0,06	NH_3	1,468 ± 0,009
D_2O	1,87 ± 1%	PH_3	0,55 ± 0,01
O_3	0,53 ± 0,02	AsH_3	0,22 ± 0,02
HNCO	1,592 ± 0,010	SbH_3	0,116 ± 0,002
BrCl	0,57 ± 0,02	HN_3	0,847 ± 0,05
CH_2O	2,339 ± 0,013	B_5H_9	2,13 ± 0,04
CH_3OH	0,895	$CH_3C\,CH$	0,75 ± 0,001

§ 18 Molekularrefraktion, magnetische Suszeptibilität und chemische Bindung

Auch die elektrische Verschiebungspolarisation, welche durch die auf unendliche Wellenlänge extrapolierte Molekularrefraktion gemessen wird, hat durch die neue Elektronentheorie organischer Verbindungen eine Wandlung in der Form der Anwendung zur Aufklärung der chemischen Konstitution erfahren. Die Molekularrefraktion ist eine für den Elektronenzustand des Moleküls sehr charakteristische Konstante, weil sie das durch das Anlegen eines äußeren elektrischen Feldes induzierte Dipolmoment mißt und damit die Verschieblichkeit der elektrischen Ladungen innerhalb des Moleküls angibt. Dieser Zusammenhang kommt in folgenden Gleichungen zum Ausdruck:

$$R = \frac{n^2-1}{n^2+2} \cdot \frac{M}{d} = \frac{4}{3}\pi N \bar{\alpha} = \frac{4}{3}\pi N \frac{\mu_{ind.}}{\mathfrak{E}}, \quad (58)$$

worin $\bar{\alpha}$ die mittlere Polarisierbarkeit des Moleküls, d. h. das durch die Einheit der Feldstärke $\mathfrak{E}$ induzierte, über die drei Raumrichtungen gemittelte Dipolmoment $\mu_{ind.}$, bedeutet. Daß ein eventuell vorhandenes permanentes Dipolmoment durch die Molekularrefraktion nicht mitgemessen wird, rührt davon her, daß die Moleküle als Träger der permanenten Dipole wegen der Masseträgheit durch das hochfrequente Wechselfeld des sichtbaren Lichtes nicht ausgerichtet werden. Die Elektronen hingegen folgen dem raschen Feldwechsel des elektrischen Lichtvektors, der Anlaß zur Erzeugung eines induzierten Dipolmomentes gibt. Da aber auch die Elektronen Trägheit besitzen, bleiben sie im raschen Feldwechsel etwas zurück, wodurch die Abhängigkeit der Refraktionswerte von der Wellenlänge zustandekommt. Will man den statischen Fall eines ruhenden elektrischen Feldes erreichen, und das ist der theoretisch richtige Bezugszustand, so muß man die Molekularrefraktion für verschiedene Wellenlängen messen und auf die Frequenz null extrapolieren.

Eine sehr große Zahl von Untersuchungen im vergangenen Jahrhundert (LANDOLT, BRÜHL, EISENLOHR) hatte das Ziel, die Molekularrefraktion in Werte von Atomrefraktionen aufzuspalten, in der Absicht, bei Verbindungen unbekannter Konstitution aus den gemessenen Refraktionswerten und durch Vergleich mit den additiv aus den Atomrefraktionen errechneten, Rückschlüsse auf die Konstitution zu ziehen. Denn es zeigte sich, daß auch doppelten, dreifachen Bindungen, bzw. Ringsystemen mit verschiedenen Gliederzahlen, eigene Refraktionswerte zuzuschreiben sind, die man Inkremente genannt hat. Tabelle 18 enthält eine Reihe von Atomrefraktionswerten und Inkrementen.

Tabelle 18. *Atomrefraktionen und Bindungsinkremente*

H	1,100	C = C-Inkrement	1,733
$O_{(Alkohol)}$	1,525	C ≡ C-Inkrement	2,398
$O_{(Äther)}$	1,643	F	1,090
$O_{(Carboxyl)}$	2,211	F$^-$	2,5
C	2,418	Cl	5,967
$N_{(RNH_2)}$	2,322	Cl$^-$	8,7
$N_{(R_2 \cdot NH)}$	2,499	Br	8,863
$N_{(R_3N)}$	2,840	Br$^-$	12,2

Die Brauchbarkeit der Molekularrefraktion als Mittel zur chemischen Konstitutionsaufklärung ist durch ihre sehr große Empfindlichkeit gegenüber konstitutiven Einflüssen eingeschränkt. Dem Stickstoff beispielsweise kommen, je nach der Art seiner Bindung und der Natur der Nachbaratome, nicht weniger als dreißig verschiedene Werte der Atomrefraktion zu. Nach Aufstellung der Lewisschen Theorie der kovalenten Bindung und dem durch sie erbrachten Nachweis, daß auch bei den organischen Verbindungen die Tendenz zur Bildung von Elektronenoktetten vorherrscht (die aber durch ein gemeinsames Elektronenpaar miteinander verbunden sind), hat man versucht, die Molekularrefraktion in Refraktionswerte einzelner Elektronenoktette aufzuteilen (STEIGER, FAJANS, KNORR, RUBY 1921—1928). Der Vorteil dieser Darstellung liegt

§ 18 Molekularrefraktion, magn. Suszeptibilität u. chem. Bindung

in der bedeutend höheren Zahl von Variationsmöglichkeiten, die Raum lassen für die oben erwähnte Vielzahl der Werte der Atomrefraktionen. Dies wird an Hand der Tabelle 19 erläutert, in welcher einige Oktettrefraktionswerte zusammengestellt sind.

Tabelle 19

Atom	Art der Bindung	Substanz (als Beispiel)	Refraktionswert des Oktettes in cm³/Mol.
C	4 $(1s\text{-}sp^3)$	CH_4	6,80
C	4 $(sp^3\text{-}sp^3)$	$CH_3\!\!>\!\!C\!\!<\!\!CH_3$ / $CH_3\quad CH_3$	4,84
O	2 $(1s\text{-}2p)$	H_2O	3,76
O	$(1s\text{-}2p)$ $(sp^3\text{-}2p)$	$CH_3\text{—}OH$	3,23
O	2 $(sp^3\text{-}2p)$	$CH_3\text{—}O\text{—}CH_3$	2,85
N	3 $(1s\text{-}2p)$	NH_3	5,65
N	2 $(1s\text{-}2p)$ $(sp^3\text{-}2p)$	$CH_3\text{—}NH_2$	5,13
N	$(1s\text{-}2p)$ 2 $(sp^3\text{-}2p)$	$CH_3\!\!>\!\!NH$ / CH_3	4,81
N	3 $(sp^3\text{-}2p)$	$(CH_3)_3N$	4,65

Man entnimmt daraus, daß die Refraktion des Elektronenoktettes um das C-Atom 6,80 cm³/Mol beträgt, wenn es mit vier H-Atomen verbunden ist, dagegen nur 4,84 cm³/Mol, wenn das C-Atom sein Oktett mit vier anderen C-Atomen teilt. Diese Feststellung besagt, daß die Elektronenverschiebbarkeit, d. h. die Polarisierbarkeit der Bindung zwischen einem sp^3-Hybrid und einen $1s$-Elektron (sp^3-1s) größer ist als die zwischen zwei sp^3-Hybriden (sp^3-sp^3). Da ein $1s$-Zustand eine kugelförmige Elektronenverteilung aufweist, ein sp^3-Hybrid hingegen vektorartig eine bestimmte Richtung besitzt, erscheint diese Feststellung durchaus plausibel. Denn die Absättigung zweier sp^3-Hybride führt zu einer konzentrierteren und darum weniger polarisierbaren Bindung als die Vereinigung mit einem $1s$-Zustand. Eine Methylgruppe besitzt demnach ein leichter polarisierbares Oktett als der tertiäre Butylrest:

$$CH_3\!\!>\!\!C\!\!<\!\!CH_3 \atop CH_3 \qquad ,$$

§ 18 Molekularrefraktion, magn. Suszeptibilität u. chem. Bindung

und diese Erscheinung demonstriert die Donatoreigenschaften der CH_3-Gruppe, welcher wir als Hyperkonjugationseffekt begegnet sind (vgl. S. 84).

Die gleichen Überlegungen lassen sich auf Änderungen der Refraktionswerte des Ammoniaks (5,65 cm³/Mol) und des Wassers (3,76 cm³/Mol) beim Ersatz der H-Atome durch die CH_3-Gruppe anstellen, wobei ein Übergang der $2p$-$1s$ zu einer $2p$-sp^3-Bindung erfolgt. Die Refraktionswerte der entsprechenden Oktette fallen auf 4,65 cm³/Mol für das Trimethylamin bzw. 2,85 cm³/Mol für den Methyläther. Als anschaulicher Beweis dafür, daß die Molekularrefraktion ein Maß für die Verschiebbarkeit der Elektronen im Atom- bzw. Molekülverband ist, mag der Vergleich der Refraktionswerte folgender isoelektronischer Verbindungen dienen:

H $\cdot\cdot$ H:C:H $\cdot\cdot$ H	H $\cdot\cdot$ H:N: $\cdot\cdot$ H	$\cdot\cdot$ H:O: $\cdot\cdot$ H	$\cdot\cdot$ H:F: $\cdot\cdot$	$\cdot\cdot$:Ne: $\cdot\cdot$
6,80	5,65	3,76	1,9	1,00

In dieser Reihe steht das Elektronenoktett unter dem Einfluß der steigenden Kernladungszahl des Zentralatoms. Unter deren Wirkung verfestigt sich das Elektronenoktett vom Kohlenstoff bis zum Neon, die Polarisierbarkeit wird kleiner, und die Molekularrefraktion sinkt. Auch an einer anderen Eigenschaft dieser Reihe kann man die Verfestigung und damit die Stärke der Zugehörigkeit eines Elektronenoktettes zum zentralen Atom erkennen. Es ist die Fähigkeit dieser Verbindungen, die H-Atome als Protonen abzudissoziieren. Diese Tendenz nimmt vom CH_4 über NH_3 und H_2O zum HF rapide zu[1]. Der Fluorwasserstoff ist gemeinhin eine Säure, das Edelgas Neon zeigt keinerlei Tendenz seine einsamen Elektronenpaare mit dem H in kovalenter Bindung einzulassen. Andererseits, je elektronegativer das Zentralatom, um so geringer ist die Molekularrefraktion des Oktettes.

An den folgenden Beispielen erkennt man, wie sehr man zwischen dem bestehenden Polarisationszustand eines Moleküls, der durch sein permanentes Dipolmoment ausgedrückt wird, und seiner Polarisierbarkeit, d. h. der weiterhin bestehenden Möglichkeit, seine elektrischen Ladungsträger gegeneinander zu verschieben, unterscheiden muß. Je stärker das Molekül bereits polarisiert ist, um so

---

[1] E. WIBERG, Z. physik. Chem. (A) **143,** 97 (1923).

kleiner ist seine Polarisierbarkeit. Dies erkennt man leicht an der Reihe der Halogenwasserstoffe. Permanentes und induziertes Dipolmoment weisen einen entgegengesetzten Gang auf.

Die gleiche Erklärung gilt für die Erscheinung, daß unter isomeren Verbindungen diejenige, welche das höhere Dipolmoment besitzt, die kleinere Molekularrefraktion aufweist.

Die Verbindung mit konjugierten Doppelbindungen bilden auch von der Sicht ihrer Polarisierbarkeit eine besondere Klasse, die sich durch „Extrawerte" d. h.,

Tabelle 20

Halogen-wasserstoffe	$\mu_{permanent}$	$\mu_{induziert}$
HF	1,91	—
HCl	1,08	3,6
HBr	0,80	5,0
HJ	0,38	7,6

über die additiv berechneten Werte der Molekularrefraktion auszeichnet. Diese Werte liegen über den Refraktionsinkrementen der Doppelbindungen und werden Exaltationen genannt. Sie sind als eine Auswirkung der Ausbreitung und damit Lockerung der Elektronen zu deuten, die zustande kommen, sobald durch ein System konjugierter Doppelbindungen ein ebenes Gerüst geschaffen ist. Wir können diesen Effekt am besten verfolgen, indem wir die Molekularrefraktionen der aromatischen mit denen der aliphatischen Reihe vergleichen.

Tabelle 21[1]

Substanz		$(R_S)_{arom.} - (R_S)_{aliph.}$	S
$C_6H_5NCH_3)_2$	$(CH_3)_3N$	1,41	N
$C_6H_5OCH_3$	CH_3OCH_3	0,54	O
C_6H_5SH	CH_3SH	0,49	S
C_6H_5J	CH_3J	0,18	J
$(C_6H_5)_2O$	$(CH_3)_2O$	1,20	O
$(C_6H_5)_3P$	$(CH_3)_3P$	3,47	P

Man gelangt zu dem Schluß, daß die Additivität der Molekularrefraktion nicht mehr gilt, sobald das Molekül mesomere Eigenschaften aufweist. Was (früher) bei den Molekularrefraktionen organischer Verbindungen Exaltation genannt wurde, ist nichts anderes, als die Erhöhung der gesamten Polarisierbarkeit durch die

---

[1] Die Werte sind der Zusammenstellung von C. K. INGOLD „Structure and Mechanism in organic Chemistry" entnommen.

§ 18 Molekularrefraktion, magn. Suszeptibilität u. chem. Bindung

Ausdehnung der π-Elektronen über das konjugierte Doppelbindungssystem.

Bei den magnetischen Eigenschaften der Moleküle findet man ein analoges Verhalten. Auch hier gilt Additivität der magnetischen Molekularkonstanten (Suszeptibilität), solange die an einer Bindung beteiligten Elektronen an bestimmten Stellen lokalisiert sind. Bei Molekülen mit konjugierten Doppelbindungen treten jedoch weitgehende Abweichungen von der Additivität auf, die durch mesomere Elektronenverschiebungen gedeutet werden. Um diese zu

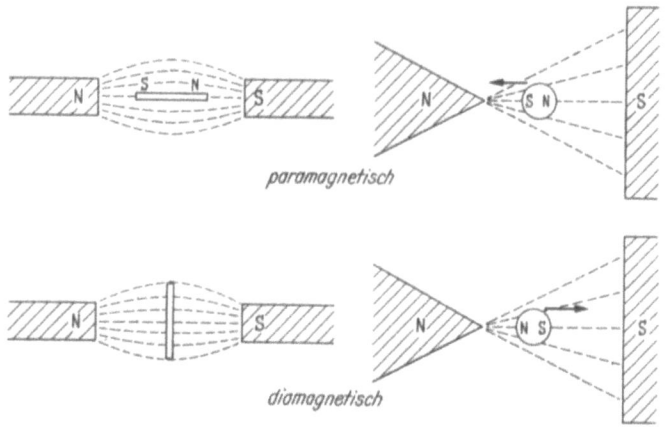

Abb. 21. Verhalten der Körper im magnetischen Feld

verstehen, müssen, ähnlich wie bei der elektrischen Molekularpolarisation, die Beziehungen zwischen den makroskopischen und den molekularen magnetischen Konstanten klargelegt werden.

Seit FARADAY (1845) erkannte, daß alle Stoffe magnetisierbar sind, unterscheidet man zwei Stoffklassen, die diamagnetische und die paramagnetische, je nachdem die betreffenden Substanzen in ein inhomogenes magnetisches Feld hineingezogen oder herausgestoßen werden (Abb. 21). Die Wirkung eines homogenen magnetischen Feldes ist nur eine richtende: Ein diamagnetischer Stab stellt sich senkrecht, ein paramagnetischer hingegen parallel zu den magnetischen Kraftlinien ein. In einem inhomogenen magnetischen Feld erfolgt außer der genannten Orientierung auch eine Wanderung der paramagnetischen Stoffe nach Stellen größerer Feldstärke. Die diamagnetischen Substanzen wandern hingegen in

§ 18 Molekularrefraktion, magn. Suszeptibilität u. chem. Bindung 109

Richtung kleinerer Feldstärke. Zur Deutung dieses unterschiedlichen Verhaltens dient die Vorstellung, daß durch das äußere magenetische Feld, im Innern der Stoffe, ein magnetisches Dipolmoment induziert wird, dessen magnetische Pole, bei den paramagnetischen Substanzen, zu den Polen des äußeren magnetischen Feldes entgegengesetzt gerichtet sind. Dadurch findet Anziehung und Wanderung nach Stellen höherer Feldstärke statt. Bei den diamagnetischen Stoffen besitzt das durch die Influenzwirkung entstehende magnetische Moment eine entgegengesetzte Richtung, wodurch eine Abstoßung, d. h. eine Wanderung des magnetisierten Stoffes nach Stellen kleinerer Feldstärke erfolgt.

In der heutigen Deutung der magnetischen Erscheinungen ist die Ampèresche Vorstellung der elementaren Kreisströme in modifizierter Form übernommen worden. Bekanntlich hat AMPÈRE die Erscheinung des Ferromagnetismus, der nur ein sehr starker Paramagnetismus ist, durch die Annahme immer vorhandener, jedoch regellos gerichteter Elementarströme erklärt, die durch das äußere magnetische Feld orientiert werden und damit dessen Wirkung erhöhen. Nach heutiger Auffassung sind in den paramagnetischen Stoffen permanente magnetische Dipole vorhanden, die entweder von unkompensierten Bahnmomenten oder von unkompensierten Spinmomenten einsamer Elektronen herrühren. Dagegen entstehen bei den diamagnetischen Stoffen erst bei Anlegung des äußeren Feldes durch Induktion magnetische Momente. Sie kommen durch die Veränderungen der Geschwindigkeit der kreisenden Elektronen zustande und sind immer dem äußeren Feld entgegengesetzt gerichtet.

Diese Zusammenhänge lassen sich in sehr schematischer Weise an Hand der Abb. 22 klarmachen. Es seien in einem Molekülverband zwei Elektronenkreisströme so miteinander verbunden, daß ihre Richtung einen gegenläufigen Sinn hat (a). Die senkrecht zu jeder Kreisbahn stehenden magnetischen Momente (durch einen Pfeil angedeutet) sind einander entgegengesetzt gerichtet, so daß das Molekül insgesamt durch innere Kompensation der magnetischen Momente kein permanentes Moment besitzt. Wird jetzt ein äußeres Magnetfeld der Stärke H angelegt, so werden in die Kreisbahnen Spannungen induziert, die nach der Lenzschen Regel das Kreisen des Elektrons in der oberen Bahn beschleunigen, in der unteren hingegen verlangsamen. In beiden Fällen entsprechen diesen Stromintensitätsänderungen induzierte magnetische Momente, die dem äußeren magnetischen Feld entgegengesetzt gerichtet sind, und deren Wirkung das Feld schwächen. Sie sind durch kleine Pfeile dargestellt die, der Deutlichkeit halber, neben den großen gezeichnet sind. Der Stoff ist diamagnetisch. Der paramagnetische Fall ist durch das Schema (b) dargestellt. Der einzig vorhandene bzw. unkompensierte Kreisstrom verursacht ein magnetisches Gesamtmoment, das unabhängig vom Vorhandensein eines äußeren magnetischen Feldes ist und permanent dem Molekül zukommt. Beim Anlegen des Feldes orientiert sich das Molekül in Richtung der Kraftlinien, wodurch die Feldwirkung verstärkt wird. Gleichzeitig aber induziert das angelegte Feld, in der oben geschilderten Weise, eine Gegenspannung in die Kreisbahn des Elektrons, so daß ein entgegengerichtetes magnetisches Moment entsteht.

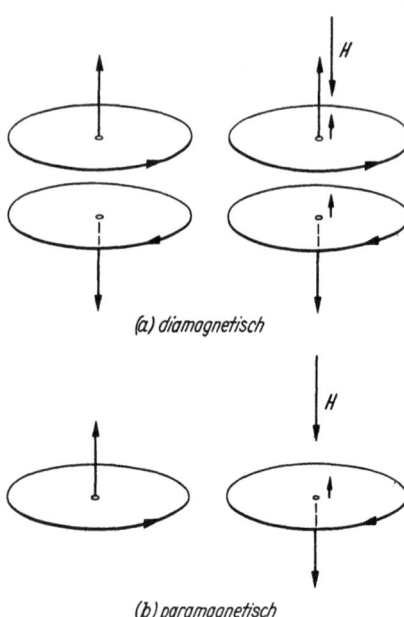

Abb. 22. Schematische Darstellung eines paramagnetischen Atoms und eines diamagnetischen Moleküls

Dies entspricht dem diamgnetischen Anteil des Moleküls, der somit immer, auch bei paramagnetischen Stoffen, vorhanden ist, solange es kreisende Elektronen gibt.

Bringt man eine stromdurchflossene Spule in ein Medium, dessen magnetische Eigenschaften untersucht werden sollen, so ändert sich die in ihrem Inneren herrschende magnetische Feldstärke H_0 um einen positiven oder negativen Betrag J, je nachdem die Substanz paramegnetisch oder diamagnetisch ist. Die effektive magnetische Feldstärke im Innern der Substanz beträgt demnach

$$H_{\text{eff.}} = H_0 \pm J. \tag{59}$$

J bedeutet das pro Kubikzentimeter induzierte magnetische Dipolmoment (Polstärke · Abstand: $p \cdot l$) und wird magnetische

§ 18 Molekularrefraktion, magn. Suszeptibilität u. chem. Bindung 111

Polarisation genannt. Man fand experimentell, daß die magnetische Polarisation J proportional der angewandten Feldstärke H_0 ist. Der mit 4π multiplizierte Proportionalitätsfaktor $\varkappa$ ist eine für die jeweilige Substanz charakteristische Konstante[1], die den Namen magnetische Suszeptibilität erhielt, weil sie die Aufnahmefähigkeit der Substanz für den magnetischen Zustand zum Ausdruck bringt. $\varkappa$ ist dimensionsmäßig eine reine Zahl und bedeutet die Magnetisierbarkeit von 1 cm³ Substanz[2]. Sie ist positiv für paramagnetische, negativ für diamagnetische Stoffe, und ihr Zahlenwert liegt zwischen 10^{-6} und 10^{-4}. Man faßt diese Aussagen in folgenden Formeln zusammen:

$$J = \frac{p \cdot l}{cm^3} = 4\pi\varkappa H_0 \tag{60}$$

$$H_{\text{eff.}} = H_0 + 4\pi\varkappa H_0 = H_0(1 + 4\pi\varkappa) \tag{61}$$

$$\frac{H_{\text{eff.}}}{H_0} = 1 + 4\pi\varkappa = \mu \tag{62}$$

und bezeichnet das Verhältnis der effektiv herrschenden, magnetischen Feldstärke $H_{\text{eff.}}$ zu der ursprünglichen H_0 als magnetische Permeabilität μ, weil sie gewissermaßen die Durchlässigkeit der Substanz für die magnetischen Kraftlinien angibt. Für paramagnetische Stoffe ist $\mu > 1$, für diamagnetische $\mu < 1$, da $\varkappa$ im ersten Fall positiv, im zweiten Fall negativ ist. Die Feldliniendichte nimmt durch das Einbetten der Spule in einen paramagnetischen Stoff zu. In einem diamagnetischen Stoff nimmt sie dagegen ab, die Feldlinien werden aus der Substanz hinausgedrängt.

Der Chemiker macht nicht von dem auf Kubikzentimeter bezogenen $\varkappa$ Gebrauch, sondern von der Molekularsuszeptibilität χ, die man aus $\varkappa$ durch Multiplikation mit dem Molvolumen erhält:

$$\chi = \varkappa \cdot \frac{M}{d}. \tag{63}$$

In welcher Weise die Kombination der atomic orbitals zu paramagnetischen bzw. diamagnetischen molecular orbitals führt, soll am Beispiel der Bildung des Sauerstoff- bzw. Stickstoffmoleküls aus den Atomen veranschaulicht werden.

---
[1] Der Faktor 4π erscheint dadurch, daß von der Einheit der magnetischen Polstärke 4π Kraftlinien in den Raum ausgehen.
[2] Bezüglich der Dimensionen vgl. P. SELWOOD, Magnetochemistry 1 (1956) Interscience Publishers Ltd, London.

§ 18 Molekularrefraktion, magn. Suszeptibilität u. chem. Bindung

Indem man zwei Sauerstoffatome A und A' aus großer Entfernung einander nähert, verschmelzen ihre atomic orbitals zu molecular orbitals, wobei die einzelnen Energiezustände in der im Diagramm (Abb. 23) aufgestellten Art miteinander kombinieren. Man entnimmt daraus, daß die Zustände gleicher Energie und gleicher Symmetrie der Elektronenwolkenverteilung derart aufeinander

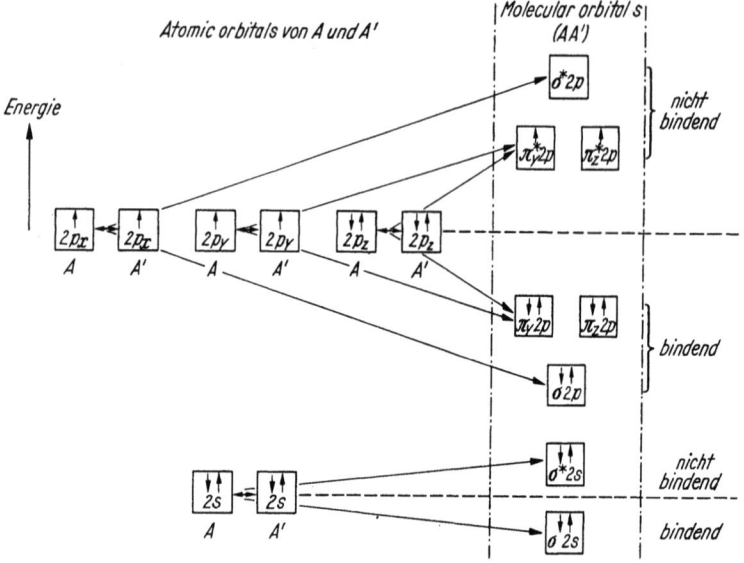

Abb. 23. Darstellung des Paramagnetismus des O_2-Moleküls

wirken (←→), daß durch Aufspaltung jeweils ein bindender und ein nicht bindender, letzterer mit einem Sternchen bezeichneter, molecular orbital entsteht. Jeder dieser Zustände wird dann mit höchstens zwei Elektronen entgegengesetzten Spins belegt, wobei jedoch nach der Regel von HUND die Elektronen, wenn möglich, einsame Stellungen gegenüber den Paarungen bevorzugen. In dem gebildeten O_2-Molekül besetzen 8 Elektronen 4 bindende orbitals (die $\sigma 2s$, $\sigma 2p$ und den doppelt entarteten $\pi_y 2p$, $\pi_z 2p$) und 4 Elektronen, 4 nicht bindende orbitals, die ($\sigma^* 2s$, $\pi_y^* 2p$, $\pi_z^* 2p$). Es resultiert somit für die O=O-Bindung eine Anziehung von 4 Elektronen, wenn man außer acht läßt, daß die nicht bindenden Terme nicht genau symmetrisch zu den bindenden, in Bezug auf die Energiesumme der beiden getrennten O-Atome, liegen, was im Diagramm nicht berücksichtigt ist. Der Bindungsgrad des O_2-Moleküls ist folglich 2. Sein Grundzustand ist ein Triplettzustand $^3\sum_g$, weil es zwei einsame Elektronen (im $\pi^*_y 2p$ und $\pi^*_z 2p$) enthält. Es sind diese Elektronen, die durch ihre Spinmomente den Paramagnetismus des O_2-Moleküls verursachen[1]. Das im Periodischen System um eine Stelle zurückliegende Stickstoffatom hat seinen $2p_x$-Zustand einfach besetzt, so daß, im sonst nach dem gleichen Schema gebildeten N_2-Molekül, die abstoßenden und doppelt entarteten orbitals $\pi^*_y 2p$ und $\pi^*_z 2p$ unbesetzt bleiben. Folglich kommen im N_2-Molekül nur Elektronen mit paarweise kompensierten Spins vor, so daß es diamagnetisch ist. Das im Singulett-Zustand $^1\sum_g$ befindliche Molekül wird aber von 6 Elektronen (8 bindende minus 2 nicht bindende) zusammengehalten, und sein Bindungsgrad ist 3.

In analoger Weise leitet man ab, daß das F_2-Molekül diamagnetisch ist, weil die, gegenüber dem O_2-Molekül, noch hinzugekommenen zwei Elektronen die abstoßenden doppelt entarteten orbitals $\pi^*_y 2p\ \pi^*_z 2p$ vervollständigen und den Triplett- in einen Singulettzustand ($^1\sum_g$) verwandeln. Gleichzeitig sinkt die Zahl der effektiv bindenden Elektronen auf 2 (8 bindende, minus 6 nicht bindende), was dem Bindungsgrad 1 entspricht. Diese Tatsachen stehen in Übereinstimmung mit dem magnetischen Verhalten und den Dissoziationsenergien der Moleküle N_2, O_2, F_2, für die man entsprechend ihren Bindungsgraden die Abstufungen von 7,4 (N_2), 5,1 (O_2) und 2,8 (F_2) e. v. findet.

Durch die ausgedehnten Untersuchungen von PASCAL (1914) ist es sichergestellt worden, daß die magnetische Molekular-

Tabelle 22. *Atomsuszeptibilitäten und Inkremente* (10^6)

H ...	— 2,93	S	—15
C....	— 6,00	Se............	—23
N ...	— 5,55 (Kette)	B	— 7
N ...	— 4,61 (Ring)	Si	—13
N ...	— 1,54 (RNH_2)	P	—10
N ...	— 2,11 (R_2NH)	As	—21
O ...	— 4,61 (ROH, ROR)	C=C	+ 5,5
O ...	+ 1,72 (Carbonyl)	C=C—C=C...	+10,6
F ...	— 6,3	N=N........	+ 1,85
Cl ...	—20,1	C=N—.......	+ 8,15
Br...	—30,6	—C≡N	+ 0,8
I ...	—44,6	C_6H_6	— 1,4
		Cyclohexan ...	— 3,0

---

[1] J. E. LENNARD-JONES, Trans. Faraday Soc. **25**, 668 (1929).

suszeptibilität χ gesättigter organischer Verbindungen in Atomsuszeptibilitäten aufgespalten werden kann, aus welchen durch einfache Addition unbekannte molekulare Suszeptibilitäten von Verbindungen berechnet werden können. Das Auftreten von doppelten und dreifachen Bindungen erfordert eigene Anteile von magnetischer Suszeptibilität, die Inkremente genannt werden. Tabelle 22 enthält die Suszeptibilitäten einiger Atome neben den Inkrementen für Doppel- und Dreifachbindungen. Bei Betrachtung dieser Zahlen fällt es auf, daß die magnetische Suszeptibilität der Atome um so größer ist, je größer der Atomradius. In der Tat gelang es LARMOR und LANGEVIN[1], unter Zugrundelegung des Bohrschen Atommodells, die Beziehung abzuleiten

$$\chi = \frac{N e^2}{6 c^2 m} \sum \overline{r^2}, \qquad (64)$$

aus welcher der funktionelle Zusammenhang zwischen der molekularen Suszeptibilität und der Summe der mittleren Quadrate aller im Molekül vorkommenden Bahnradien r ersichtlich ist. In dieser Gleichung bedeuten m und e Masse und Ladung des Elektrons, N die Loschmidtsche Zahl und c die Lichtgeschwindigkeit.

Am auffälligsten kommt die Radiusabhängigkeit zum Vorschein, wenn man die Suszeptibilitäten isoelektronischer Atome bzw. Ionen miteinander vergleicht. Mit steigender positiver Kernladung fällt der Wert der Suszeptibilität, was auf eine Verkleinerung des Atomradius durch die kontrahierende Wirkung der positiven Ladung zurückgeführt wird.

Im gleichen Sinne, jedoch auf der Basis der in § 15 beschriebenen Elektronenverteilung der verschiedenen Bindungsarten, müssen die positiven Inkremente der Doppel- und Dreifachbindung erklärt werden. Man wäre versucht, diese Inkremente als paramagnetische Beiträge der freien π-Elektronen der Doppel- bzw. Dreifachbindung zu deuten. Diese Erklärung trifft jedoch nicht zu, weil, wie wir weiter unten im Falle der freien Radikale sehen werden, diese Beträge, wenn sie vorhanden sind, von einer ganz anderen Größenordnung sind. Vielmehr handelt es sich hier nicht um

---

[1] Siehe: J. H. VAN VLECK, „The Theory of Electric and Magnetic Susceptibilities", p. 206, Oxford 1932. P. W. SELWOOD, „Magnetochemistry", p. 33, New York 1943.

§ 18 Molekularrefraktion, magn. Suszeptibilität u. chem. Bindung 115

das Auftreten eines Paramagnetismus, sondern um eine Abnahme des Diamagnetismus. Ersetzt man nämlich eine sp^3-Hybridbindung, die eine um die C-C-Verbindungslinie axialsymmetrische Verteilung der Elektronenwolke hat, durch eine π-Bindung, so wird der Zirkulationsradius des Elektrons (Radius seiner Aufenthaltswahrscheinlichkeit) vermindert, da an derselben Verbindungslinie eine Knotenfläche auftritt, welche die Ladungswolke in zwei Hälften teilt. Die diamagnetische Suszeptibilität muß demzufolge beim Übergang von einer einfachen zu einer Doppelbindung abnehmen, was als positives Inkrement erscheint, da $\varkappa$ beim Diamagnetismus negativ ist. Ersetzt man weiterhin eine sp^2-Hybridbindung durch eine zweite π-Bindung, wodurch man von der Doppel- zur Dreifachbindung übergeht, so wird senkrecht zur ersten eine zweite π-Wolke aufgebaut. Der Zirkulationsradius wird dadurch gegenüber der doppelten Bindung erhöht, und die Abnahme des Diamagnetismus fällt kleiner aus.

Im gleichen Sinne müssen Extrawerte der magnetischen Suszeptibilitäten gedeutet werden, welche erscheinen, sobald Doppelbindungen in Konjugation zueinander treten. Wie mehrfach auseinander gesetzt wurde, findet bei Konjugation eine Delokalisierung der Elektronen statt, so daß die praktisch über das ganze Gerüst der σ-Bindungen frei zirkulierenden π-Elektronen eine Vergrößerung des magnetischen Bahnradius und damit eine Vergrößerung des Diamagnetismus mit sich bringen. So ist es zu erklären, daß, während die diamagnetische Suszeptibilität zweier in Konjugation tretender Doppelbindungen nur um 0,5 Einheiten die Summe der einzelnen Suszeptibilitäten übersteigt, man bei Verbindungen mit typisch aromatischem Charakter wie Benzol, Pyridin, Thiophen usw. einen Anstieg um ganze 18 Einheiten beobachtet. Treten des weiteren zwei Benzolkerne zu einem Diphenylmolekül zusammen, so wird außer den 18 Einheiten pro Phenylkern noch eine zusätzliche Erhöhung von 0,5 Einheiten festgestellt, die auf der wiederholt besprochenen Resonanz der π-Elektronen der beiden Phenylkerne miteinander beruht. Vergrößert man den magnetischen Bahnradius der Elektronen im Sinne der Larmor-Langevinschen Gleichung (64), indem man zu kondensierten Ringsystemen wie Naphthalin, Anthracen, Chrysen usw. übergeht, so nehmen auch die Extrawerte des Diamagnetismus, die Exaltationen genannt werden, zu. Die Ausbreitung der delokalisierten

Elektronen kann sich auch über den als Seitenkette wirkenden Substituenten, wie Cl, Br, J usw., erstrecken, wie die Zunahme der diamagnetischen Suszeptibilität in der oben angegebenen Reihenfolge der Halogene anzeigt.

Sehr aufschlußreich sind die Untersuchungen von RAMAN und KRISHNAN[1] einerseits und LONSDALE[2] andererseits über den Diamagnetismus organischer Einkristalle, auf Grund welcher Aussagen über die Suszeptibilität in verschiedenen Richtungen innerhalb des Moleküls gemacht werden können. Man kann hier schrittweise die Vergrößerung des Wirkungsbereiches der π-Elektronen mit zunehmender Zahl der Phenylkerne verfolgen, wenn man von der insgesamt gemessenen magnetischen Suszeptibilität den Anteil abzieht, der auf die σ-Bindungen entfällt[3]. Während dieser Anteil für alle Ringsysteme, unabhängig von der Gliedzahl, konstant bleibt und zahlenmäßig ungefähr gleich dem Werte des Diamanten ist ($\chi = 6{,}0 \cdot 10^{-6}$), stellt man eine Zunahme, des auf die π-Elektronen entfallenden Anteiles des Diamagnetismus, mit zunehmender Zahl der Ringe fest. Beim Graphit erreicht die Suszeptibilität zugleich mit der Konjugation einen maximalen Wert, indem der magnetische Bahnradius bis an 7,8 Å heranreicht. Tabelle 23 gibt die magnetischen Suszeptibilitäten einer Reihe von eben gebauten Molekülen an. Es sind die Mittelwerte der magnetischen Suszeptibilitäten in den zwei zur Molekülebene parallelen Richtungen $\frac{\chi_x + \chi_y}{2}$ aufgenommen, und die magnetische Suszeptibilität in Richtung der z-Achse, d. h. senkrecht zur Molekülebene. Letztere ist aus der Differenz der mittleren Gesamtsuszeptibilität $\bar{\chi}$ und des Mittelwertes $\frac{1}{2}(\chi_x + \chi_y)$ abgeleitet worden. Da die Aufenthaltswahrscheinlichkeit der π-Elektronen in der Benzolebene klein ist, schreibt man die magnetischen Suszeptibilitäten χ_x und χ_y den σ-Elektronen zu. Nach Abzug dieser Werte von der Gesamtsuszeptibilität, bleibt die der σ-Elektronen übrig. In der Tabelle 23 sind die auf Grund dieser Annahmen nach der Langevinschen Formel (64) berechneten Radien des wahrscheinlichen Aufenthaltes der σ- und π-Elektronen angegeben.

---

[1] C. V. RAMAN u. K. S. KRISHNAN, Proc. Roy. Soc. (Lond.) A, **113**, 511 (1927).
[2] K. LONSDALE, Proc. Roy. Soc. (Lond.) A, **159**, 149 (1937).
[3] L. PAULING, J. chem. Phys. **4**, 673 (1936).

§ 18 Molekularrefraktion, magn. Suszeptibilität u. chem. Bindung

Tabelle 23

Substanz	σ-Elektronen[1]	r_σ	π-Elektronen[2]	r_π
Benzol	37,3	0,74	54,0	1,46
Biphenyl	63,4	0,70	118,6	1,53
Terphenyl	92,5	0,70	178	1,52
Naphthalin	55,0	0,71	114,0	1,64
Anthracen	60,2	0,69	182,6	1,75
Phenanthren	74,0	0,71	166	1,67
Chrysen	85,7	0,68	225,2	1,72
Pyren	80,6	0,70	232	1,82
Graphit	6,0	0,81	258	7,80

[1]) $\frac{1}{2}(\chi_x + \chi_y) \cdot 10^6$ [2]) $\left(\bar{\chi} - \frac{1}{2}(\chi_x + \chi_y)\right) \cdot 10^6$.

Es existieren verhältnismäßig wenige Verbindungen, die paramagnetisch sind. Außer O_2, SO_2 und NO sind es vor allem die organischen freien Radikale mit einem einsamen unkompensierten Elektron, die ein permanentes magnetisches Moment besitzen. Seine Bestimmung geschieht nach Methoden, die ähnlich den für die Ermittlung des elektrischen Dipolmomentes angewandten sind. Die gesamte gemessene molekulare Suszeptibilität χ ist als Summe der immer vorhandenen diamagnetischen Suszeptibilität χ_d, und des eventuell vorkommenden Paramagnetismus χ_p, darzustellen. Letzterer ist temperaturabhängig, da der Ausrichtung der permanenten Dipole im magnetischen Feld die Wärmebewegung entgegen wirkt. Diese Abhängigkeit befolgt die Gleichung[1]

$$\chi = \chi_{dia} + \chi_{para} = \chi_{dia} + \frac{N^2 \mu^2}{3RT}. \tag{65}$$

Bestimmt man das χ bei verschiedenen Temperaturen und trägt die Werte gegen $1/T$ auf, so ergibt sich meistens eine Gerade, deren Neigung gleich $\frac{N^2 \mu^2}{3RT}$ ist. Darin bedeuten N die Loschmidtsche Zahl, R die Gaskonstante und μ das gesuchte magnetische Dipolmoment. Man gelangt zu dem Wert des permanenten magnetischen Momentes auch nach einer zweiten Methode, indem man den diamagnetischen Anteil χ_d aus den Atomsuszeptibilitäten additiv berechnet und diesen Wert von der gesamten molekularen Magnetisierbarkeit abzieht.

---

[1] P. LANGEVIN, J. Physique et Radium **4**, 678 (1905).

§ 18 Molekularrefraktion, magn. Suszeptibilität u. chem. Bindung

Nach der Quantentheorie kann das magnetische Moment einer Verbindung $(p \cdot l)$ nicht beliebige Werte annehmen, sondern muß ein ganzes Vielfaches des Bohrschen Magnetons β sein. Als Bohrsches Magneton bezeichnet man den Ausdruck:

$$\beta = \frac{h \cdot e}{4 \pi m}, \qquad (66)$$

welcher das kleinste magnetische Moment darstellt, das sich aus dem Kreisstrom des auf dem engsten Bahnradius des H-Atoms sich bewegenden Elektrons ergibt. Sein Wert ist gleich $0{,}917 \cdot 10^{-20}$ erg/Gauss. Dieser Wert besitzt die Eigenschaften eines Elementarquantums, das nicht unterschritten werden kann. Alle wirklich vorkommenden Werte der magnetischen Dipole sind höher als dieser Wert, und zwar bei den magnetischen Spinmomenten nach Maßgabe des Faktors $\sqrt{4 S(S+1)}$, worin S die Summe der Spinquantenzahlen aller in der Verbindung vorkommenden ungepaarten Elektronen ist. Ein freies Radikal, mit „dreiwertigem Kohlenstoff" beispielsweise, das ein einziges ungepaartes Elektron besitzt, zeigt ein magnetisches Moment von $\sqrt{3}\,\beta = 1{,}73\,\beta$, d. h. 1,73 Bohrsche Magnetonen.

Nach Untersuchungen von E. MÜLLER und MÜLLER-ROTHLOFF[1] bildet der Befund von Paramagnetismus bei einer organischen Verbindung mit dem Wert von 1,73 Bohrschen Magnetonen das sicherste Kriterium für das Auftreten von freien Radikalen, wenn dem Elektron kein Bahnmoment zukommt ($^2\Sigma_{1/2}$-Term). Man hat früher als charakteristisch für das Auftreten von langlebigen freien Radikalen die intensive Absorption im Sichtbaren, wenn sie dem Beerschen Gesetz nicht gehorcht (ein Merkmal, das bei Verbindungen, die vollkommen dissoziiert sind, versagt) und die starke Sauerstoffempfindlichkeit angesehen. Daß diese Kriterien bei bestimmten Stoffklassen recht unsicher sein können, wird am Kohlenwasserstoff von TSCHITSCHIBABIN klar, dem man zwei Formulierungen geben kann, eine chinoide (I) und eine biradikale (II).

$$(C_6H_5)_2 C = \langle\ \rangle = \langle\ \rangle = C(C_6H_5)_2\ ;$$
$$\text{I}$$

---

[1] E. MÜLLER u. MÜLLER-RODLOFF, Liebigs Annalen **520**, 235; **521**, 89 (1935). N. W. TAYLOR, J. Amer. chem. Soc., **48**, 854 (1926).

§ 18 Molekularrefraktion, magn. Suszeptibilität u. chem. Bindung 119

$$(C_6H_5)_2 \overset{.}{C}\!\!\underset{II}{\left\langle\bigcirc\!\!-\!\!\bigcirc\right\rangle}\!\!\overset{.}{C}(C_6H_5)_2$$

Auf Grund der chemischen Eigenschaften kann keine sichere Zuordnung gemacht werden. Die magnetischen Messungen zeigen jedoch, daß die Substanz diamagnetisch ist und entscheiden damit zu Gunsten der chinoiden Formulierung (I). Andererseits kennt man Verbindungen, die intensiv gefärbt und leicht oxydabel sind wie das blaue Pentacen

und das Tetraphenylnaphthacen

$$\underset{C_6H_5\ \ C_6H_5}{\overset{C_6H_5\ \ C_6H_5}{\bigcirc\!\bigcirc\!\bigcirc\!\bigcirc\!\bigcirc}},$$

die keine freien Radikale sind in Übereinstimmung mit der Tatsache, daß sie diamagnetisch sind.

Aus dem Gang des Paramagnetismus, bei der Verdünnung von Hexaphenyläthanlösungen, läßt sich der Dissoziationsgrad dieser Verbindung in das freie Radikal Triphenylmethyl bestimmen. Das Tribiphenylmethyl $(C_6H_5C_6H_4)C^*$ zeigt auch in festem Zustand den Paramagnetismus von 1,73 Bohrschen Magnetonen und erweist sich dadurch als ein monomeres freies Radikal. Auch das Pentaphenylpentadienyl

zeigt im festen Zustand Radikalnatur, indem es den theoretisch zu erwartenden Wert von 1,73 Bohrschen Magnetonen aufweist.

Auf analoge Weise gelingt es durch den Wert von $\sqrt{2(2+1)}\,\beta = \sqrt{6}\,\beta = 2{,}45\,\beta$ Bohrschen Magnetonen, den Beweis für die Existenz von Biradikalen durch das Vorkommen von zwei unkompensierten Elektronen zu erbringen[1]. Dies ist im Schlenckschen Kohlenwasserstoff der Fall, welcher gemäß der Formel

---

[1] E. MÜLLER, Fortschritte der chemischen Forschung. Bd. I, 326 (1949).

ein echtes[1] Biradikal ist. Er ist paramagnetisch, mit dem für zwei ungepaarte Elektronen zu erwartenden Wert von 2,45 Bohrschen Magnetonen. Daß gerade dieser Stoff als Biradikal auftritt, hängt nicht zuletzt damit zusammen, daß eine Absättigung der zwei freien Elektronen zu einer metachinoiden Struktur führen würde, die bekanntlich nicht möglich ist, da Unstimmigkeiten mit den Wertigkeiten aufkommen würden. Noch bündiger gestaltet sich der Beweis durch Einführung von vier Cl-Atomen in o-Stellung im Kohlenwasserstoff von TSCHITSCHIBABIN. Das resultierende o-o'-Tetrachlor-p-p'-bisdiphenylmethyl-biphenyl:

$$(C_6H_5)_2C\!-\!\!\begin{array}{c}Cl\quad Cl\\ \diagup\!\!\!\diagdown\!\!-\!\!\diagup\!\!\!\diagdown\\ Cl\quad Cl\end{array}\!\!-\!C(C_6H_5)_2$$

(III)

ist paramagnetisch. Die vier o-ständigen Cl-Atome verhindern die komplanare Einstellung der beiden Phenylkerne, so daß die dazu notwendige Doppelbindung zwischen ihnen (Formel I) sich nicht bilden kann. Die zwei Elektronen bleiben ungepaart, so daß das Molekül eine Biradikalstruktur besitzt.

Eine sehr interessante Verbindung, die innerhalb gewisser Temperaturgrenzen als Biradikal auftritt, ist das von PILOTY[2] hergestellte Porphyridin. Bei tiefen Temperaturen ist das Porphyridin diamagnetisch, bei Zimmer- und höheren Temperaturen jedoch paramagnetisch. Diese Erscheinung kann durch ein temperaturabhängiges Gleichgewicht zwischen zwei Strukturformeln des Porphyridins erklärt werden (IV und V).

(IV) [Strukturformel] paramagnetisch

(V) [Strukturformel] diamagnetisch

---

[1] Vgl. die zusammenfassende Darstellung von E. MÜLLER Z. angew. Chem. **65**, 315 (1953).
[2] O. PILOTY u. W. VOGEL, B. **36**, 1283 (1903); R. KUHN, H. KATZ u. W. FRANKE, Naturwissenschaften **22**, 808 (1934); E. MÜLLER u. I. MÜLLER-RODLOFF, Liebigs Ann. **521**, 81 (1935).

§ 18 Molekularrefraktion, magn. Suszeptibilität u. chem. Bindung 121

Formel IV ist diamagnetisch, dagegen Formel V paramagnetisch, da an den zwei N-Atomen je ein ungepaartes Elektron vorhanden ist, das dem Molekül die Struktur eines Stickstoffbiradikals erteilt.

Auch bei den Metallketylen[1], die durch Anlagerung von Alkalimetallen an nicht enolisierbare Ketone entstehen

$$2\,(C_6H_5)_2-\overset{\cdot}{C}\diagdown^{OK} \rightleftarrows (C_6H_5)_2-\underset{\underset{OK}{|}}{C}-\underset{\underset{OK}{|}}{C}-(C_6H_5)_2$$

und deren Konstitution lange Zeit umstritten war, konnte durch Messung der magnetischen Suszeptibilität der Nachweis von Radikalen erbracht werden. Man kann an Hand der Dissoziationsfähigkeit der Metallketyle die Abhängigkeit der mesomeren Elektronenverschiebungen von der Natur der Substituenten verfolgen. Die Metallketyle treten unter gegenseitiger Absättigung der freien Valenz zu dimeren zusammen, die sich vom Pinakolin ableiten.

Der Dissoziationsgrad hängt von der Natur der Substituenten im Phenylkern ab. Während das Benzophenonkalium nur zu 70% als monomeres Radikal auftritt, verschiebt sich das Gleichgewicht durch Einführung zweier $(CH_3)_2N$-Gruppen in p-Stellung bis zu 100% nach der Seite des freien Radikals.

Es ist möglich, die Existenz von freien ungekoppelten Elektronen auch nach einer zweiten Methode nachzuweisen. Sie beruht auf der o-p-H_2-Umwandlung durch die Wirkung von Verbindungen mit radikalartigem Charakter, d. h. mit einem oder mehreren ungekoppelten Elektronen[2]. Bekanntlich tritt das Wasserstoffmolekül in zwei Modifikationen, dem o- und p-Wasserstoff, auf. Sie unterscheiden sich dadurch, daß die Kernspins und damit zusammenhängend die magnetischen Kernmomente sich in der o-Modifikation parallel, dagegen in der p-Modifikation antiparallel zueinander einstellen. Die zwei Arten der H_2-Moleküle stehen miteinander im Gleichgewicht, so daß bei gewöhnlicher Temperatur das Verhältnis o/p = 3/1 ist. Die Einstellung dieses Gleichgewichtes

---

[1] SCHLENK u. WEICKEL, B. **44**, 1182 (1911); SCHLENK u. THAL, B. **46**, 2840 (1913).
[2] L. FARKAS u. H. SACHSSE, Z. physik. Chem. (B) **23**, 19 (1933).

kann durch gewisse Stoffe wie aktive Kohle und durch paramagnetische Stoffe, wie H-Atome und freie Radikale, katalysiert werden. Bringt man die eine reine Modifikation in Berührung mit dem freien Radikal, so wird die an sich sehr langsame Gleichgewichtseinstellung beschleunigt. Diese katalytische Wirkung dient zum Nachweis des Paramagnetismus und somit auch zum Nachweis der Radikalnatur von Molekülen. So wirkt NO, das ein einsames ungekoppeltes Elektron besitzt, katalysierend auf die o-p-H_2-Umwandlung, und das gleiche beobachtet man an den typischen freien Radikalen Triphenylmethyl und Tribiphenylmethyl[1].

Bei gewissen Verbindungen stellen sich Diskrepanzen zwischen den Ergebnissen dieser Methode und der Bestimmung der magnetischen Suszeptibilität ein. Der oben besprochene Kohlenwasserstoff von TSCHITSCHIBABIN erweist sich zwar als diamagnetisch, wenn er mit Hilfe eines äußeren, magnetischen Feldes untersucht wird. Nach der o-p-H_2-Umwandlungsmethode muß er aber freie ungekoppelte Elektronen besitzen, da dieser Kohlenwasserstoff die Gleichgewichtseinstellung katalysiert. Der Grund für dieses scheinbar widerspruchsvolle Verhalten, kann darin zu suchen sein, daß bei der Methode der o-p-H_2-Umwandlung die H_2-Moleküle in der reaktionskinetischen Übergangsphase bis an die Stellen der Moleküle, die ungepaarte Elektronen besitzen, herangehen und diese durch ihre o-p-H_2-Umwandlung nachweisen. Die makroskopische magnetische Methode hingegen mittelt über das magnetische Verhalten des ganzen Moleküls, das durch innere Kompensation zweier entgegengesetzt gerichteter permanenter magnetischer Dipole diamagnetisch erscheinen kann[2]. Die Situation ist durchaus analog der inneren Kompensation von elektrischen Bindungsmomenten, z. B. beim p-Dichlorbenzol. Das gesamte Molekül erscheint elektrisch unpolar, trotz des Vorhandenseins von Teilmomenten, weil die beiden entgegengesetzt gerichteten C-Cl-Momente sich gegenseitig kompensieren.

---

[1] G. M. SCHWAB u. E. AGALLIDIS, Z. physik. Chem. (B) **41,** 59 (1938). Bezüglich des Nachweises von freien Radikalen durch die paramagnetische Resonanzabsorption von Mikrowellen siehe B. M. KOZYREV, J. Chim. physique **51,** 104 (1954).

[2] Zu derselben Kategorie von Erscheinungen muß auch die katalytische o-p-H_2-Umwandlung an diamagnetischer Kohle gerechnet werden. Bezüglich der Theorie siehe: F. KALCKAR u. E. TELLER, Proc. Roy. Soc. (Lond.) **A 150,** 520 (1935). — E. WIGNER, Z. physik. Chem. **B 23,** 28 (1938).

§ 19 Einfluß der Elektronenverschiebungen auf die Lage von chemischen Gleichgewichten

Die Elektronenverschiebungen innerhalb des Moleküls, die durch Induktion und Mesomerie verursacht werden, sind von entscheidendem Einfluß auf die Lage von Gleichgewichten, an welchen diese Moleküle beteiligt sind. Durch systematische Einführung von Substituenten, welche die Lage eines ins Auge gefaßten Gleichgewichtes beeinflussen, kann man das Auftreten dieser Verschiebungseffekte genau verfolgen.

Das Dissoziationsgleichgewicht organischer Säuren und Basen bildet ein sehr geeignetes Objekt, die Verschiebungseffekte zu studieren. Die Erforschung seiner Abhängigkeit von der Natur der Substituenten war Gegenstand ausführlicher Untersuchungen. Wenn man die Dissoziationskonstanten von Säuren bzw. Basen in Abhängigkeit von der chemischen Konstitution betrachten und sie in Beziehung zu den Mesomerie- und Resonanzerscheinungen setzen will, so muß man sich vor allem die energetischen Zusammenhänge zwischen den physikalischen Konstanten und den Verschiebungseffekten vor Augen halten. Die Dissoziations- oder auch Affinitätskonstante K stellt bekanntlich das Verhältnis der im Gleichgewicht vorhandenen Konzentrationen der dissoziierten (H^+) und (X^-) zu den undissoziierten Anteilen $[HX]$ der Säure bzw. Base dar:

$$K = \frac{[H^+][X^-]}{[HX]}. \tag{67}$$

Diese Konstante steht nach dem zweiten Hauptsatz mit der Änderung der freien Energie ΔF des Dissoziationsvorganges

$$\Delta F = - RT \ln K \tag{68}$$

im Zusammenhang. Die Stabilisierungsenergie der Dissoziationsprodukte andererseits ist ein Maß für die Änderung des Wärmeinhaltes ΔH des Systems bei der Elektronenverschiebung, wobei $\Delta H = \Delta E - p\, dv$ ist. Folglich ist ein Vergleich der Resonanzenergie mit der Gleichgewichtskonstante K nicht ohne weiteres zulässig, sondern nur unter Berücksichtigung ihres durch die Thermodynamik gegebenen Zusammenhanges:

$$\Delta F = \Delta H - T \Delta S \tag{69}$$

worin ΔS die beim Dissoziationsvorgang erfolgende Entropieänderung darstellt. Setzt man in Gleichung (68) die entsprechenden

Werte von Gleichung (69) ein, so erhält man für die Gleichgewichtskonstante die Beziehungen

$$ln\,K = \frac{\Delta S}{R} - \frac{\Delta H}{RT},$$

und daraus

$$K = e^{\frac{\Delta S}{R}} \cdot e^{-\frac{\Delta H}{RT}}. \tag{70}$$

Sie demonstrieren, daß die Säure bzw. Base um so stärker ist, je größer der Abfall des Wärmeinhaltes und je größer der Entropiezuwachs beim Dissoziationsvorgang ist. Wenn der Vergleich zwischen Säuren bzw. Basen angestellt wird, die konstitutionell nicht sehr voneinander verschieden sind, so kann man die Entropieänderungen beim Dissoziationsvorgang als gleich groß annehmen, so daß man für den Vergleich in erster Näherung die Dissoziationskonstanten mit der Änderung der Gesamtenergie und damit mit der Resonanzenergie in Beziehung setzen kann. Große Dissoziationskonstanten entsprechen großen Elektronenverschiebungsenergien. Bevor man jedoch den Einfluß dieser Verschiebungseffekte auf die Säurestärke behandelt, müssen einige elektrostatische Effekte, die einzelne geladene Gruppen aufeinander ausüben, besprochen werden.

Man hat in neuerer Zeit die alte Definition von Säuren und Basen als diejenigen Stoffklassen, welche in wäßriger Lösung H^+-Ionen bzw. OH^--Ionen abzudissoziieren imstande sind (ARRHENIUS), in solcher Art erweitert, daß sie in theoretischer Hinsicht einen besseren Überblick über die Ionengleichgewichte vermitteln. Nach LOWRY-BRØNSTED[1] sind Säuren Substanzen, die als Protonen-Donatoren und Basen als Protonen-Acceptoren aufzutreten imstande sind. Eine und dieselbe Substanz kann sowohl Säure als auch Base sein, je nach der Reaktion, an welcher sie beteiligt ist. An den folgenden Gleichgewichten:

	Säure	*Base*		*Säure*	*Base*
(1)	HCl	$+ H_2O$	$\rightleftarrows$	H_3O^-	$+ Cl^-$
(2)	HSO_4^-	$+ NH_3$	$\rightleftarrows$	NH_4^+	$+ SO_4^{--}$
(3)	$(C_6H_5)_3CH$	$+ NH_2^-$	$\rightleftarrows$	NH_3	$+ (C_6H_5)_3C^-$
(4)	H_2O	$+ H_2O$	$\rightleftarrows$	H_3O^-	$+ OH^-$

---

[1] T. M. LOWRY, Chemistry and Industry **42**, 43 (1923). — J. N. BRØNSTED, Rec. Trav. chim. **42**, 718 (1923).

§19 Einfluß der Elektronenverschiebungen auf chemische Gleichgewichte

sind die Moleküle HCl und H_3O^- Säuren, weil sie Protonen abgeben können, dagegen H_2O und Cl^- sind als Basen anzusehen, da sie Protonen aufnehmen können. Zu jeder Säure gehört eine konjugierte Base und umgekehrt. Eine und dieselbe Substanz, z. B. NH_3, fungiert in einem bestimmten Gleichgewicht (2) als Base, in einem anderen Gleichgewicht (3) jedoch als Säure. Konsequenterweise muß man bei der Selbstdissoziation des H_2O-Moleküls (Gleichgewicht (4) von links nach rechts) einem Wassermolekül Säure- und zweiten Baseneigenschaften zuschreiben.

Bei den zweibasischen Säuren hat man es entsprechend der zweistufigen Dissoziation mit zwei Konstanten zu tun. In der Regel ist die zweite Dissoziationskonstante kleiner als die erste, weil bei der ersten Stufe das Proton von einem einfach geladenen Anion zur Bildung der undissoziierten Säure, dagegen bei der zweiten Stufe, von einem doppelt geladenen Anion, zur Bildung des sauren Anions angezogen wird:

1. $H_2SO_4 \rightleftarrows H^+ + HSO_4^-$
2. $HSO_4^- \rightleftarrows H^+ + SO_4^{--}$.

Da bei der ersten Stufe zwei Möglichkeiten zur Abdissoziierung und nur eine Möglichkeit für das Einfangen eines Protons vorliegen, dagegen in der zweiten Stufe umgekehrt nur eine Möglichkeit zur Dissoziation eines Protons, und zwei Möglichkeiten für dessen Einfangen, ist das Verhältnis der a priori-Wahrscheinlichkeiten der Dissoziation der ersten zur zweiten Stufe 4:1. Dies müßte auch das Verhältnis der beiden Dissoziationskonstanten sein, d. h. $K_1 = 4K_2$. An den experimentellen Daten der zweibasischen Dicarbonsäuren des Typus

$$(CH_2)n \begin{matrix} \nearrow COOH \\ \searrow COOH \end{matrix}$$

stellt man fest, daß das Verhältnis der beiden Dissoziationskonstanten größer als dieser Faktor 4 ausfällt. Nach BJERRUM[1] ist es möglich, dieser Tatsache durch die elektrostatische Wirkung des einen Carboxylions auf die noch nicht dissoziierte zweite Carboxylgruppe Rechnung zu tragen. Er gelangt zur Gleichung

$$ln \frac{K_1}{4K_2} = \frac{Ne^2}{RTDr^2}, \tag{71}$$

---
[1] N. BJERRUM, Z. physik. Chem. **106**, 219 (1923).

worin r den Abstand der beiden Carboxylgruppen, D die Dielektrizitätskonstante des Mediums, N die Loschmidtsche Zahl und e die Elementarladung des Elektrons bedeuten. Daß diese Gleichung den Effekt der Anziehung über den a priori-Faktor 4 wiedergibt, ersieht man daraus, daß wenn $K_1 = 4 K_2$, der Effekt null wird, was bei einem unendlich großen Abstand der Carboxylgruppen $r = \infty$ erreicht wird. Die größte Schwierigkeit in der Auswertung dieser Gleichung besteht im Einsetzen des richtigen Wertes für die Dielektrizitätskonstante D. Der Wert 80 für Wasser gilt für einen makroskopischen Plattenabstand des Kondensators und darf nicht ohne weiteres auf zwei geladene Carboxylgruppen übertragen werden, deren Abstand von der Größenordnung von 10 Å ist. Wegen der starken Felder in der Nähe der Ionen, ist der größte Teil der Wassermoleküle bereits ausgerichtet, und die Dielektrizitätskonstante müßte für den in Frage kommenden Raum zwischen den Carboxylgruppen Werte von nur einigen Einheiten annehmen. In analoger Weise muß man nach A. EUCKEN[1] die Wirkung eines Substituenten, der ein Dipolmoment erzeugt, auf die Abdissoziation eines Protons berücksichtigt werden. Ist μ das Dipolmoment und Θ der Winkel, den dieser Vektor mit der Richtung der Carboxylgruppe bildet, so beträgt das Verhältnis der Dissoziationskonstanten der substituierten zu der unsubstituierten Säure

$$ln \frac{Ks}{K} = \frac{N e \mu \cos \vartheta}{R T D r^2}.$$ (72)

Die rechte Seite der Gleichung (72) unterscheidet sich von der Gleichung (71) durch den Faktor $\mu \cos \Theta$. An Stelle der Wirkung der gesamten Ladung e des Elektrons tritt die Ladung des Teilmomentes μ in Richtung der Carboxylgruppe $\mu \cos \vartheta$ auf.

Die Dissoziationskonstanten der aliphatischen Carbonsäuren haben nach den klassischen Arbeiten von W. OSWALD immer wieden den Gegenstand ausgedehnter Untersuchungen gebildet, wobei für die Abhängigkeit der Säurestärke von Natur und Stellung der Substituenten, dem jeweiligen Stand der Theorie entsprechend, verschiedene Interpretationen gegeben wurden. Will man den Einfluß der Elektronenverschiebungseffekte auf die Säurenatur von Wasserstoffverbindungen aufspüren, so beginnt man mit dem

---

[1] A. EUCKEN, Z. f. angew. Chem. **46**, 303 (1932).

§ 19 Einfluß der Elektronenverschiebungen auf chemische Gleichgewichte

Vergleich der Aciditäten isoelektronischer Verbindungen, wie beispielsweise der Reihe

$$\text{H:}\overset{\text{H}}{\underset{\text{H}}{\text{C}}}\text{:H} \quad , \quad \text{H:}\overset{\text{H}}{\underset{\text{H}}{\text{N}}}\text{:} \quad , \quad \text{H:}\overset{\text{H}}{\text{O}}\text{:} \quad , \quad \text{H:}\ddot{\text{F}}\text{:} \quad .$$

Der regelmäßige Anstieg des Säurecharakters der H-Atome ist bereits auf Seite 106 besprochen und gedeutet worden.

Der Übergang von einem Alkohol zu der entsprechenden Carbonsäure ist mit einer Erhöhung der Acidität verbunden. Diese Erhöhung wird auf die Stabilisierung des Carboxylions durch den mesomerischen Ladungsausgleich zwischen den beiden O-Atomen im Sinne der Gleichung

$$-\text{C}\overset{\text{O}}{\underset{\text{OH}}{\diagdown}} \rightleftarrows \left[-\text{C}\overset{\text{O}}{\underset{\text{O}^-}{\diagdown}} \leftrightarrow -\text{C}\overset{\text{O}^-}{\underset{\text{O}}{\diagdown}} \right] + \text{H}^+$$

zurückgeführt.

Tabelle 24. *Dissoziationskonstanten schwacher Säuren bei 25⁰*

HCOOH	17,8	10^{-5}	$C_6H_5CH_2COOH$	4,88	10^{-5}
CH_3COOH	1,8	10^{-5}	$C_6H_5CH_2CH_2COOH$	2,19	10^{-5}
$ClCH_2COOH$	1,5	10^{-3}	cis-		
$Cl_2CHCOOH$	5,0	10^{-2}	$C_6H_5CH=CHCOOH$	13,2	10^{-5}
			trans-		
Cl_3CCOOH	3,0	10^{-1}	$C_6H_5CH=CHCOOH$	3,65	10^{-5}
			trans-		
CH_3CH_2COOH	1,4	10^{-5}	$CH_3CH=CHCOOH$	2,03	10^{-5}
Buttersäure	1,5	10^{-5}	$CH_3C\equiv C-COOH$	2,22	10^{-3}
Valeriansäure	1,6	10^{-5}	CH_3OH		10^{-16}
α-Chlorbuttersäure	1,39	10^{-3}	C_2H_5OH		10^{-18}
β-Chlorbuttersäure	8,1	10^{-5}	Phenylfluoren		10^{-21}
γ-Chlorbuttersäure	3,0	10^{-5}	Fluoren		10^{-25}
C_6H_5OH	1,09	10^{-10}	$(C_6H_5)_2NH$		10^{-23}
p-$NO_2C_6H_4COOH$	7,6	10^{-4}	$C_6H_5NH_2$		10^{-27}
Pikrinsäure	1,6	10^{-1}	$(C_6H_5)_3CH$		10^{33}
C_6H_5COOH	6,27	10^{-5}			

Ersetzt man in einer aliphatischen Carbonsäure ein H-Atom durch einen elektronegativen Substituenten, z. B. *F, Cl, Br* oder *J*, so steigt die Acidität um so mehr an, je näher sich das Halogen an der Carboxylgruppe befindet, und je größer die Zahl der H-Atome ist, welche durch die elektronegativen Halogene ersetzt werden. Diese Regelmäßigkeit ist aus den Werten der Tabelle 24 ersichtlich.

Man erklärt diesen Anstieg durch den induktiven Abtransport negativer Ladung vom mesomeren Carboxylion zum elektronegativen Halogen. Die Carboxylgruppe wird positiver, wodurch die Abdissoziation des Protons gefördert wird. Die induktive Verschiebung pflanzt sich durch die Kette fort, ihre Wirkung nimmt erwartungsgemäß mit dem Abstand des Halogens von der Carboxylgruppe ab.

In der homologen Reihe der aliphatischen Carbonsäure findet ein sprunghafter Abfall der Säurestärke vom ersten Glied der Ameisensäure ($K = 17{,}72 \cdot 10^{-5}$), zur nächst höheren Säure der Essigsäure, auf den zehnten Teil ($K = 1{,}7 \cdot 10^{-5}$) statt. Mit weiter zunehmender Kettenlänge vermindert sich dieser Wert nur noch wenig und erreicht bald einen konstanten Grenzwert. Nach den bisher auseinandergesetzten Prinzipien der Elektronenverschiebungen muß man zur Erklärung dieses Abfalles der Säurestärke der CH_3-Gruppe eine geringere Elektronegativität als dem H-Atom zuschreiben. Die Methylgruppe besitzt Elektronen-Donator-Eigenschaften, welche wir auf Seite 84 besprochen haben. Der Ersatz des H-Atomes in der Ameisensäure durch eine Methylgruppe bedeutet eine Umwandlung der $1s$-sp^2-Bindung zu einer sp^3-sp^2-Bindung. Die trigonale sp^2-Struktur des C-Atomes der Carboxylgruppe rührt von der CO-Bindung her. Die kugelförmige $1s$-Wolkenverteilung des Elektrons im H-Atom wird durch das räumlich gerichtete sp^3-Hybrid der CH_3-Gruppe ersetzt, das wegen seiner Vektoreigenschaften an das nachbarliche, mesomer ausgeglichene Carboxylion negative Ladungsanteile überträgt. Die erhöhte negative Ladung der Carboxylgruppe verursacht einen Abfall der Säurestärke, da die Abdissoziierung des H^+-Ions nun elektrostatisch erschwert ist. Als einen zweiten Effekt, der hinzukommend in gleicher Richtung wirkt, müssen wir die Hyperkonjugation der CH_3-Gruppe ansehen

$$H_3 \equiv C \text{—} C \begin{smallmatrix} \nearrow O \\ \searrow O^- \end{smallmatrix} \longleftrightarrow H_3 \equiv C \text{—} C \begin{smallmatrix} \nearrow O^- \\ \searrow O \end{smallmatrix}$$

Die Einführung einer Doppelbindung in die Nachbarschaft der Carboxylgruppe wirkt im gleichen Sinne wie ein elektronegatives Halogen durch einen positiven Induktionseffekt $+J$ erhöhend auf die Stärke der Säure. Die Propionsäure $CH_3\,CH_2\,COOH$ hat eine

Dissoziationskonstante von $1,4 \cdot 10^{-5}$, während die Acrylsäure $CH_2 = CH — COOH$ eine 4mal stärkere Säure ($K = 5,56 \cdot 10^{-5}$) ist. Der Grund für die scheinbar größere Elektronegativität der Doppelbindung liegt im Ersatz der (sp^3-sp^2) Bindung zwischen der COOH-Gruppe und der CH_2-Gruppe durch eine (sp^2-sp^2)-Bindung. Letztere hat einen prozentual höheren s-Charakter, der wegen der Kugelsymmetrie der Ladungsverteilung eine größere Tendenz hat, die Elektronen festzuhalten. Die benachbarte Carboxylgruppe wird positiver, was eine Erleichterung der Dissoziation des H^+ und damit eine Erhöhung der Dissoziationskonstante zur Folge hat. Für einen induktiven Einfluß der Doppelbindung spricht auch die abnehmende Wirkung der Doppelbindung auf die Dissoziation der Säure, mit zunehmendem Abstand von der Carboxylgruppe.

In dieselbe Kategorie von Erscheinungen gehören auch die Abstufungen der Säurestärke mit einem Phenylrest in der Kette. Die Phenylgruppe übt einen positiven induktiven Effekt auf die COOH-Gruppe aus, wie der Vergleich der Dissoziationskonstante der Benzoesäure C_6H_5-COOH ($6,27\ 10^{-5}$) mit der vollständig hydrierten Cyclohexanbarbonsäure C_6H_{11}-COOH ($1,34\ 10^{-5}$) zeigt. Durch die Hydrierung ist ebenfalls eine (sp^2-sp^2)- zu einer (sp^3-sp^2)-Bindung verwandelt worden, was aus den oben auseinandergesetzten Gründen einen Abfall der Säurestärke mit sich bringt. Durch Einschalten von CH_2-Gruppen zwischen dem Phenylrest und der Carboxylgruppe nimmt die Säurestärke graduell ab, was ebenfalls für den induktiven Charakter des Effektes spricht.

Der Vergleich der Dissoziationskonstanten der drei Säuren Buttersäure CH_3–CH_2–CH_2COOH ($1,50\ 10^{-5}$), Krotonsäure CH_3— $CH = CH \cdot COOH$ ($2,03\ 10^{-5}$) und Methylpropiolsäure CH_3—$C \equiv C$ —COOH ($222,8\ 10^{-5}$) zeigt, daß durch den Ersatz einer (sp^2-sp^2)- durch eine (sp-sp^2)-Bindung ein starker Anstieg der Säurestärke um das 100fache erfolgt. Auch hier findet, durch die Einführung der Dreifachbindung, eine prozentuale Zunahme des s-Charakters der genannten Bindung statt. Der Abtransport von negativer Ladung von der COOH-Gruppe erfolgt rein induktiv, wie die graduelle Abnahme des Effektes durch das sukzessive Einschalten mehrerer CH_2-Gruppen beweist.

Neben diesem induktiven Effekt existiert jedoch ein mesomerer Effekt, welcher bei unmittelbarer Nachbarschaft der Doppel- bzw. Dreifachbindung mit der COOH-Gruppe auf der Ausbreitung und gegenseitigen Überlappung der π-Elektronen beruht. Seine Wirkung ist der des induktiven Effektes entgegengesetzt, d. h. er verursacht eine Schwächung des Säurecharakters, weil ein Fließen von Ladung von der Doppelbindung zu der Carboxylgruppe stattfindet. Was man beim Übergang zur ungesättigten Säure als Anstieg der K beobachtet, ist die Differenz dieser beiden Effekte. Der Induktionseffekt ist stärker als der Mesomerieeffekt. Letzterer wird überdies bereits durch Einschalten einer CH_2-Gruppe, wegen Aufhebung der Konplanarität des Moleküls, vollständig unterbunden. In den Vergleichsreihen der aliphatischen und aromatischen Alkohole und Amine laufen beide Effekte gleichsinnig. Während der Methylalkohol CH_3OH eine Dissoziationskonstante (in CH_3O^- und H^+) von 10^{-16} aufweist, erhöhen sich die sauren Eigenschaften beim Phenol C_6H_5OH bis zu einer Dissoziationskonstante von $1,06 \cdot 10^{-10}$. Dieser sprunghafte Anstieg rührt vom Zusammenwirken beider oben genannter Effekte her. Neben dem Ersatz der (sp^3-$2p$)-Bindung zwischen C- und O-Atomen beim CH_3OH durch eine (sp^2-$2p$) beim Phenol (der einen negativierenden Einfluß auf den Sauerstoff hat), findet durch mesomere Ausbreitung der einsamen Elektronen des O-Atoms über die π-Elektronen des Phenylkernes ein weiterer Abtransport von negativer Ladung nach den Phenylkernen hin statt. Es handelt sich somit um einen Effekt, der durch die Formel

dargestellt wird.

Durch Einführung eines Elektronenacceptors in den Phenylkern, wie z. B. der NO_2-Gruppe, wird der —M-Effekt noch verstärkt, wie der weitere Anstieg der Dissoziationskonstante im p-Nitrophenol ($5,6 \cdot 10^{-8}$) zeigt. Die gleichen Gesetzmäßigkeiten beobachtet man in der Aminreihe, aus welcher die einsamen Elektronen des Stickstoffs in Wechselwirkung mit den π-Elektronen des Phenylkerns treten. Ihr Abtransport vom Stickstoff zum Phenylkern (+ M-Effekt) erschwert die Anlagerung von HCl nach dem Schema:

so daß die Basizität des Anilins kleiner ausfällt als die eines Alkylamins CH_3NH_2. Während die Einführung von Methylgruppen, durch die Elektronen-Donatoreigenschaften derselben, eine Erhöhung der Basizität der Alkylamine mit sich bringt, verursacht der

§19 Einfluß der Elektronenverschiebungen auf chemische Gleichgewichte

sukzessive Ersatz der H-Atome durch Phenylreste eine Verringerung der Basizität, die so weit geht, daß das Triphenylamin $(C_6H_5)_3N$ nicht mehr imstande ist HCl anzulagern. Parallel dazu geht eine Erhöhung der Acidität der am Stickstoff gebundenen Wasserstoffatome. Das Diphenylamin $(C_6H_5)_2NH$ vermag seinen Wasserstoff gegen metallisches Kalium auszutauschen.

Die gleiche Azidtätszunahme stellt man in der Reihe Pyrol ⟨NH⟩, Indol ⟨NH⟩, Carbazol ⟨NH⟩ fest, da hier das einsame Elektronenpaar des Stickstoffes mit einer zunehmend größeren Zahl der π-Elektronen in Wechselwirkung tritt, und der Abtransport der Ladung mit steigender Zahl der Phenylreste größer wird. Auch die H-Atome der CH_3-Gruppe erlangen saure Eigenschaften und können als Protonen abgegeben werden, wenn durch Einführung von starken Elektronenacceptoren eine Verarmung der CH-Bindung an bindenden Elektronen erfolgt. Dies läßt sich in der Reihenfolge Toluol $C_6H_5CH_3$, Diphenylmethan $(C_6H_5)_2CH_2$, Triphenylmethan $(C_6H_5)_3CH$ verfolgen. Letztere Verbindung fungiert als sehr schwache Säure mit der Dissoziationskonstante 10^{-33}, und das Wasserstoffatom des Methyls ist durch Kalium ersetzbar. Noch stärker werden die sauren Eigenschaften dieses Kohlenwasserstoffes, wenn in p-Stellung eine Nitrogruppe eingeführt wird, die ein starker Elektronenacceptor ist. Das p-Trinitrotriphenylmethan bildet eine Kaliumverbindung (p-NO_2-$C_6H_4)_3CK$, die durch Alkohol nicht zersetzt wird.

Der mesomere Elektronenausgleich zwischen Carboxylgruppe und einer unmittelbar benachbarten doppelten oder dreifachen Bindung ($+M$-Effekt), der dissoziationsschwächend wirkt, ist nur dann möglich, wenn Carboxylgruppe und doppelte Bindung in einer Ebene liegen. Dies läßt sich an den Dissoziationskonstanten von raumisomeren cis- und trans-Carbonsäuren verfolgen. Man findet, daß die substituierten Äthylencarbonsäuren einen Anstieg ihrer Stärke zeigen, so bald die Raumerfüllung die Substituenten aus der durch die Äthylendoppelbindung festgelegten Ebene herausgedrängt werden, und das Molekül nicht mehr eben ist. Die cis-Dimethyläthylencarbonsäure

$$\begin{array}{c} CH_3-C-H \\ \| \\ CH_3-C-COOH \end{array}$$

ist schwächer (0,9 10⁻⁵) als die trans-Verbindung

$$\begin{array}{c} H-C-CH_3 \\ \| \\ CH_2-C-COOH \end{array}$$

(5,1 10⁻⁵), und denselben Abstufungen begegnet man bei den cis-trans-Isomeren des Chloräthylens und der Phenylcarbonsäure.

Der beschriebene Einfluß der hybridischen Bindung auf die Abdissoziation von H^+ sollte nicht so verstanden werden, als ob auch die Bindung des H-*Atoms* geringer ist. Vielmehr ist das Gegenteil der Fall, wie der Vergleich der Acidität der Kohlenwasserstoffe CH_4, $CH_2 = CH_2$ und $HC \equiv CH$ mit den Überlappungsintegralen der sp^3-, sp^2- und sp-Hybride mit dem $1s$-Elektron des Wasserstoffes zeigt. Letztere Größe $S_{AB} = \int \psi_A \psi_B \, d\tau$ ist, wie wir gesehen haben, ein Maß für die Bindungsstärke der beiden Atome, zu welcher die genannten Elektronen gehören. Die Werte für diese Überlappungsintegrale sind 0,72 für die C-H-Bindung im CH_4, 0,74 im Äthylen und 0,76 im Azetylen[1]. Sie entsprechen den Abstufungen der Dissoziationsenergien dieser Kohlenwasserstoffe in Wasserstoffatome und Radikale, z. B. $CH_4 \rightarrow CH_3 + H$ und zeigen, daß die Wasserstoffatome im Azetylen stärker gebunden sind als im Methan.

Demgegenüber hat gerade das Acetylen die Fähigkeit, seine Wasserstoffatome als Ionen abzugeben. Die im Vergleich zu $CH_2 = CH_2$ und CH_4 erhöhte Acidität entspricht dem Vorgang $HC \equiv CH \rightarrow HC \equiv C^- + H^+$. Sie kommt in der leichten Ersetzbarkeit dieses Wasserstoffes durch Metalle (Kupferacetylen, $HC \equiv CCu$) zum Ausdruck. Wenn man sich vor Augen hält, daß sich das Überlappungsintegral letzten Endes auf die Elektronenwolken der C- bzw. H-Atome bezieht und die Festigkeit ihrer Bindung angibt, so erscheint die damit parallel gehende Abdissoziierung eines elektronenlos gewordenen Wasserstoffes (H^+) plausibel.

Es ist HAMMETT[2] gelungen, die Donator- bzw. Acceptorwirkung von Substituenten in Bezug auf den Phenylkern in quantitativer Weise zu erfassen und zahlenmäßige Angaben über ihre Fähigkeit,

---

[1] R. S. MULLIKEN, J. Amer. chem. Soc. **72**, 4493 (1950). — A. D. WALSH, Disc. Faraday Soc. **2**, 18 (1947). L. PAULING, „The Nature of the Chemical Bond". Cornell Univ. Press, 1940. — Über eine wellenmechanische Berechnung der Polarisationseffekte der Ionen siehe KIRKWOOD, Phys. Z. **33**, 259 (1932).

[2] L. P. HAMMETT, Chem. Rev. **17**, 125 (1935); Trans. Faraday Soc. **34**, 156 (1938).

§ 19 Einfluß der Elektronenverschiebungen auf chemische Gleichgewichte 133

Elektronen aufzunehmen oder abzugeben, zu machen. Er hat im Jahre 1935 festgestellt, daß zwischen der Änderung der freien Energie von physikalisch-chemischen Gleichgewichten, durch die Einführung von Substituenten, und der Elektronenaffinität derselben eine lineare Abhängigkeit existiert. Denn es zeigt sich, daß, wenn der $lg\,K_1$ eines bestimmten Gleichgewichtes gegen den $lg\,K_2$ eines zweiten Gleichgewichtes für eine Substanzreihe aufgetragen wird, die man durch Variation der Substituenten erhält, eine gerade Linie resultiert. Vor allem bei den p- und m-Benzolderivaten stellt sich eine scharfe Linearität ein, die HAMMETT durch die Formel

$$lg\,K_1 = \varrho\,lg\,K_2 + C \qquad (73)$$

wiedergibt. Die Neigung der Kurve ϱ stellt die Änderung der freien Energie des Gleichgewichtes, beim Übergang von einem Substituenten zum anderen dar. Wenn man die Gleichgewichtskonstanten der nichtsubstituierten Verbindungen für zwei Gleichtgewichte mit K_0 bzw. K_0' und die der Substituierten mit K_s bzw. K_s' bezeichnet, so gelangt man durch Substitution zur Gleichung

$$lg\,\frac{K_s'}{K_0'} = \varrho\,lg\,\frac{K_s}{K_0}. \qquad (74)$$

Auf Grund dieser Formel kann ein beliebiges Gleichgewicht als ein normales Gleichgewicht ausgewählt werden, mit welchem alle anderen verglichen werden. Als solches ist das Dissoziationsgleichgewicht der substituierten Benzoesäuren festgesetzt worden (Abb. 24). Man hat dem Verhältnis $lg\,\frac{K_s}{K_0}$ die Bezeichnung σ gegeben, welche somit das Verhältnis der Dissoziationskonstante der substituierten Benzoesäure zu der Benzoesäure selbst, in logarithmischem Maßstab, darstellt. Gleichung (74) läßt sich in der Form

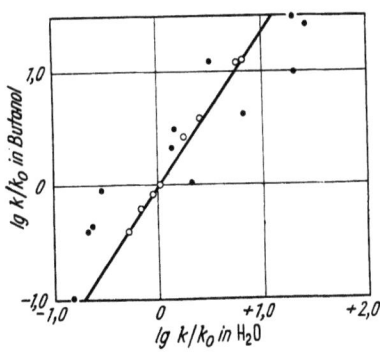

Abb. 24. Dissoziationskonstanten in verschiedenen Lösungsmitteln

$$lg\,K_s' \mid K_0' = \varrho\,\sigma \qquad (75)$$

schreiben, worin ϱ und σ Konstanten sind. Die Konstante σ, die auch Hammettsche Konstante genannt wird, stellt die, durch den

Substituenten verursachte Änderung der Stärke der Benzoesäure, dar. Sie wird letzten Endes auf die Veränderung der Ladungsdichte an der Dissoziationsstelle, durch die Wirkung des Substituenten zurückgeführt. Die Konstante ϱ ist anderseits ein Maß für die Ansprechbarkeit des jeweils ins Auge gefaßten Gleichgewichtes bei Änderung der Ladungsdichte.

Die Ermittelung der σ-Werte für eine Reihe von Substituenten, die eine große Zahl von Untersuchungen ergeben hat, zeigt, daß sie in zwei Klassen eingeordnet werden können, die eine mit positiven und die andere mit negativen Vorzeichen. Tabelle 25 enthält die σ-Werte einer Reihe von Substituenten. Man kann aus ihr entnehmen, daß Substituenten mit negativen σ-Werten Elektrodonatoren sind, während Substituenten mit positiven σ-Werten zu den Elektroacceptoren gehören, wenn man von den Halogenen absieht, bei welchen Induktions- und Mesomerieeffekte entgegenläufigen Sinn haben können.

Tabelle 25

Substituent	σ-Wert	Substituent	σ-Wert
p-O⁻....	−1,00	m-Cl...	+0,372
m-O⁻....	−0,71	p-Br...	+0,232
p-NH$_2$...	−0,66	m-Br...	+0,931
m-NH$_2$...	−0,161	p-J...	+0,276
p-CH$_3$...	−0,170	m-J	+0,352
m-CH$_3$...	−0,069	p-NO$_2$	+0,778
p-OH...	−0,357	m-NO$_2$	+0,710
m-OH...	−0,002	p-CF$_3$	+0,551
p-OCH$_3$...	−0,268	m-CF$_3$...	+0,415
p-F...	+0,062	p-CN...	+0,628
m-F...	+0,337	m-CN...	+0,678
p-Cl...	+0,228	m-OCH$_3$...	+0,115

Der NH$_2$-Gruppe beispielsweise kommt in p-Stellung der σ-Wert −0,66 zu. Das bedeutet, daß der lg der Dissoziationskonstante der p-NH$_2$-C$_6$H$_4$-COOH um 0,66 kleiner ist, als der lg der Dissoziationskonstante der Benzoesäure selbst. Die NH$_2$-Gruppe in p-Stellung schwächt demnach die Säurestärke um 0,66 logarithmische Einheiten. Man findet den Wert $K = 1,34 \cdot 10^{-5}$ im Vergleich zu den $K_0 = 6,27 \cdot 10^{-5}$ der Benzoesäure. Die NO$_2$-Gruppe mit dem positiven σ-Wert +0,77 erhöht dagegen den Säurecharakter um den genannten Betrag. Die Erhöhung bzw. Verminderung der

Säurestärke beruht, wie man leicht ableiten kann, auf der Acceptoreigenschaft der NO_2- bzw. der Donatorwirkung der NH_2-Gruppe.

Da die Elektronenverschiebungen in zwei Kategorien zerfallen, in die induktiven $\pm I$ und in die mesomeren $\pm M$, könnte man versucht sein, die σ-Werte in zwei Bestandteile, in den induktiven σ_I- und den mesomeren σ_M-Anteil aufzuspalten. Eine Möglichkeit dazu bietet die Beobachtung, wonach die σ-Werte in m-Stellung immer positiver ausfallen als die in p-Stellung. Im Falle der OCH_3-Gruppe beobachtet man sogar eine Umkehrung des Vorzeichens des σ-Wertes von $-0{,}268$ zu $+0{,}115$. Man schreibt den Einfluß der Substituenten in m-Stellung ausschließlich einem induktiven Effekt zu, weil, wie bereits auseinandergesetzt, es nicht möglich ist, eine m-chinoide Struktur aufzubauen[1].

Eine andere Methode zur Aufspaltung der σ-Werte in σ_I und σ_M ist von ROBERTS[2] vorgeschlagen worden. Sie benutzt den Einfluß der Substituenten einer völlig hydrierten Carsäure der 4-R-bicyclo-(2,2,2)-octan-1-carbonsäure:

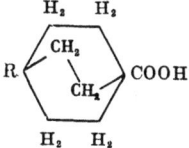

als Maß für den induktiven Effekt. Die Wahl gerade dieser etwas kompliziert erscheinenden Verbindung geschah wahrscheinlich aus der Überlegung heraus, eine evtl. Feldwirkung des Substituenten R auf die Carboxylgruppe durch Vorbau von drei Cyclohexanringen auszuschließen und überdies die Flexibilität der einfacheren Cyclohexancarbonsäure (Sessel- und Wannenform), welche vom Standpunkt der Eliminierung der Doppelbindungen genügt hätte, aufzuheben. Die Ergebnisse dieser beiden Methoden, sowie einer dritten von TAFT[3] angegebenen, decken sich nicht immer in allen numerischen Werten. Es muß diesbezüglich auf die Originalliteratur verwiesen werden.

---

[1] Vgl. Die Unveränderlichkeit des Absorptionsspektrum von Polyphenylen in m-Stellung Seite 141.

[2] J. D. ROBERTS and W. T. MORELAND, J. Amer. chem. Soc. **75**, 2167 (1953).

[3] R. W. TAFT jr., Newman's Steric Effects in Org. Chemistry 559 (1956).

Es war zunächst überraschend festzustellen, daß die Hammettsche Gleichung (74) in analoger Weise für den Einfluß von Substituenten auf die Reaktionsgeschwindigkeiten Geltung hat. Man hat in den genannten Gleichungen die Gleichgewichtskonstanten K durch die Reaktionsgeschwindigkeitskonstanten k zu ersetzen, um zu einer linearen Abhängigkeit zwischen dem Logarithmus des Verhältnisses der Reaktionsgeschwindigkeitskonstanten von substituierten zu den nicht substituierten Benzolen und den σ-Werten der Substituenten zu gelangen (Abb. 25). Sie erlaubt unbekannte Reaktionsgeschwindigkeitskonstanten vorauszuberechnen[1]. Auf die Erklärung dieser Tatsachen soll im Kapitel über Reaktionskinetik eingegangen werden.

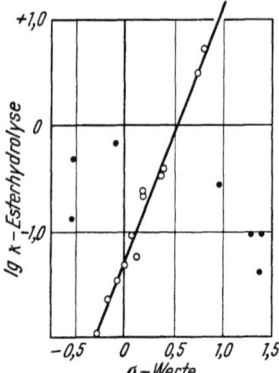

Abb. 25. Abhängigkeit einer Reaktionsgeschwindigkeitskonstante von der Hammettschen Konstante

Für die o-substituierten Benzolderivate findet man keine einfache lineare Beziehung im Sinne der Hammettschen Gleichung. Der Grund hierfür liegt in dem eingangs behandelten thermodynamischen Zusammenhang zwischen Affinitätskonstante und Resonanzenergie. Nur im Falle, daß die Entropieänderungen in den zu vergleichenden Substanzen die gleichen sind, ist eine derartige Beziehung zu erwarten. Bei den o-Derivaten scheint diese Voraussetzung, weil die Ordnungszustände verschieden ausfallen, nicht erfüllt zu sein.

§ 20 Farbe, chemische Konstitution und Mesomerie

Eines der physikalisch-chemischen Probleme, welches seit je her das rege Interesse der Forschung auf sich gelenkt hat, ist das Problem der Beziehungen zwischen Farbe und chemischer Konstitution. Eine Verbindung erscheint farbig, wenn sie das Licht selektiv absorbiert, d. h. wenn ein gewisser Bereich des sichtbaren Spektrums durch die Verbindung absorbiert, und die dazu komplementäre

---

[2] Nach H. H. JAFFÉ, Chem. Revs. **53** (1953), ist es möglich, auf Grund der bisher bestimmten σ- und ϱ-Konstanten circa 42000 Gleichgewichts- bzw. Geschwindigkeitskonstanten vorauszuberechnen.

§ 20 Farbe, chemische Konstitution und Mesomerie

Farbe unverändert hindurchgelassen wird. Die Frage nach dem Zusammenhange zwischen Farbe und chemischer Konstitution reduziert sich daher auf die Frage nach der Abhängigkeit der Lage des Absorptionsspektrums von der chemischen Natur der Verbindung.

Die daran anknüpfenden Theorien haben zwar sehr wechselvolle Wandlungen erfahren, führen aber in konsequenter Entwicklung zu den heutigen Anschauungen über die Farbigkeit von Substanzen, welche detaillierte Angaben über die mit der Lichtabsorption verbundenen Elektronenvorgänge in Zusammenhang mit ihrer Konstitution machen.

Im Jahre 1868 erkannten GRÄBE und LIEBERMANN, daß mit steigender Zahl von Doppelbindungen auch die Farbigkeit der organischen Verbindungen zunimmt, und acht Jahre später prägte WITT zum ersten Male den Begriff der chromophoren, d. h. der farbentragenden Gruppen, die notwendigerweise in einer Substanz vorkommen müssen, damit sie farbig erscheint. Solche Gruppen sind die mit doppelter und dreifacher Bindung, wie $C=O$, $—C≡N$, $—N=N—$, $N=O$, NO_2 und andere. Gleichzeitig machte WITT die Beobachtung, daß eine andere Reihe von Gruppen, wie $NH_2—$, $CH_3—$, $OH—$, $CH_3O—$, welche an sich im Sichtbaren nicht absorbieren, die Wirkung von chromophoren Gruppen verstärken. Er führte für sie die Bezeichnung auxochrome (farbenverstärkende) Gruppen ein. Mit diesen beiden Begriffen war das Wesentlichste erfaßt, was in qualitativer Hinsicht über die Farbeigenschaften gesagt werden konnte. Die später von ARMSTRONG, BAYER, WILLSTÄTTER geäußerte Ansicht, daß die chinoide und merichinoide (halbchinoide) Struktur die Träger der Farbeigenschaften der Triphenylmethanfarbstoffe sind, ist gleichzusetzen mit der Auffindung eines bis dahin nicht beachteten chromophoren Komplexes. DILTEY (1920) löste die Chromophorgruppen in Atome auf, nachdem ein Jahrzehnt früher PFEIFFER (1910) die koordinative Ungesättigtheit als notwendig für das Zustandekommen der chromophoren Eigenschaften postulierte. An dieser Vorstellung weiterbauend, führte WIZINGER den Begriff der antiauxochromen Gruppen ein, d. h. solcher Gruppen, die in bestimmter Kombination den auxochromen entgegenwirken und damit die Farbigkeit vermindern.

Die Versuche, die moderne Elektronentheorie organischer Verbindungen auf die Farbstoffe anzuwenden, datieren erst seit dem

Jahre 1932, als PAULING einen Zusammenhang zwischen der durch das Zusammenwirken der Valenzstrukturen hervorgerufenen Resonanzstabilisierung und Farbigkeit herzustellen versucht hat. ARNDT und EISTERT[1] führten den Mesomeriebegriff in die Chemie der Farbstoffe ein. Diese Anschauung geriet jedoch in Schwierigkeiten und wurde durch die Vorstellung abgelöst, daß die Differenz der Resonanzenergien des Grundzustandes, von der des angeregten Zustandes, die Farbe bestimmt. Diese Differenz ist in vielen Fällen, sowohl nach der v.b.-Methode (SKLAR[2], FÖRSTER[3], SEEL[4] und andere) als auch nach der Methode der molecular orbitals (HÜCKEL[5], MULLIKAN[6]), in Anlehnung an empirische Daten berechnet worden.

Eine Vorausberechnung der Lage einer Absorptionsbande organischer Verbindungen gelang jedoch zuerst im Jahre 1948, als H. KUHN und andere die in mesomeren Molekülen vorkommenden delokalisierten Elektronen wie ein Elektronengas behandelten und auf sie die Sommerfeldsche Elektronentheorie der Metalle anwandten.

Der den Chemiker interessierenden Absorption im Sichtbaren und nahen Ultraviolett liegt eine Hebung der Elektronen vom normalen auf ein höheres Energieniveau zugrunde. Dieser elektronischen Anregung entspricht energetisch eine diskrete Wellenlänge $\Delta E = h\nu$, welche jedoch im flüssigen oder gelösten Zustand infolge der Wirkung von Nachbarmolekülen meistens soweit verbreitet ist, daß sie als eine mehr oder minder breite kontinuierliche Absorptionsbande mit einem ausgeprägten Maximum erscheint. Zu ihrer Charakterisierung genügt die Angabe zweier Größen, der Wellenlänge des genannten Maximum λ_{max} und der Stärke der Absorption, durch Angabe des Absorptionskoeffizienten ε_{max} bei der gleichen Wellenlänge. Diese is definiert durch die Gleichung:

$$I = I_0 e^{-\varepsilon \cdot c \cdot d},$$

---

[1] B. EISTERT, Chemismus und Konstitution (1948).

[2] A. L. SKLAR, J. chem. Phys. **5,** 669 (1937); Rev. mod. Phys. **14,** 232 (1942).

[3] TH. FÖRSTER, Z. physik. Chem. B **41,** 287 (1938); Z. f. Elektrochem. **45,** 548 (1939).

[4] F. SEEL, Naturwissenschaften **34,** 124 (1947). Z. Naturforsch. **3a,** 180 (1948).

[5] E. HÜCKEL, Z. physik. Chem. B **34,** 339 (1936); Z. Elektrochem. **43,** 752 (1937).

[6] R. S. MULLIKEN and C. A. RIEKE, Rep. prog. Phys. **8,** 231 (1941).

§ 20 Farbe, chemische Konstitution und Mesomerie

Hierin bedeuten I_0 die Anfangsintensität des einfallenden Lichtstrahles, I die Intensität nach dem Durchgang durch die Schichtdicke d (in cm) einer Lösung der Konzentration c und ε den für die jeweilige Substanz charakteristischen Absorptionskoeffizienten, der durch diejenige Schichtdicke dargestellt wird, welche bei der Konzentration c die Intensität des Strahles I_0 auf den e-ten Teil abschwächt. Ihr numerischer Wert kann bis zu 40000 ansteigen und hängt außerordnetlich stark von der Wellenlänge ab.

Wir wollen an einigen Beispielen die Variation dieser beiden Größen λ_{max} und ε_{max} mit der chemischen Konstitution verfolgen, wobei unser Augenmerk auf die Art der chemischen Bindung in der bisher gegebenen Klassifikation gerichtet sein wird.

Wie die Lage der Absorption der gesättigten Paraffine, welche nur σ-Bindungen enthalten, zeigt, sind σ-Bindungen schwer anregbar, denn sie absorbieren im weiten Ultraviolett, unterhalb von 1500 Å. Der Ersatz von H-Atomen durch CH_3-Gruppen verursacht jedoch eine Verschiebung der Lichtabsorption nach längeren Wellen. Man nennt solche Substituenten, deren Wirkung an den verschiedensten Atomgruppen verfolgt werden kann, bathychrome[1], d. h. farbvertiefende. Das Wasser absorbiert im äußersten Ultraviolett, und diese Absorption ist der Hebung eines der Oktettelektronen des O-Atoms auf ein höheres Energieniveau zuzuschreiben. Wird durch Abdissoziierung eines H^+ der OH-Gruppe eine negative Ladung erteilt, so beobachtet man eine Rotverschiebung, die Absorption rückt bis zu 1860 Å für das OH^--Ion, wofür die Auflockerung des Oktettes durch die negative Ladung verantwortlich zu machen ist. Man begegnet den gleichen Erscheinungen durch Bereicherung des O-Oktettes an negativer Ladung beim Ersetzen des H-Atoms durch die elektronenspendenden CH_3-Gruppen. Der Ersatz der zwei ($1s$-$2p$)-Bindungen im H_2O durch zwei (sp^3-$2p$)-Bindungen im Dimethyläther, bringt eine negative Ladungsverschiebung von den CH_3-Gruppen zum O-Atom mit sich und ist von einer Rotverschiebung der Absorption bis zu 1900 Å begleitet.

Analoge Gesetzmäßigkeiten findet man bei den Schwefel- und Stickstoffverbindungen. Die Dissoziation des H_2S zum sauren Anion HS^- ist mit einer Verschiebung der Absorption von 1890 Å

---

[1] Das Wort bathychrome ($\beta\alpha\vartheta\acute{v}\chi\varrho\omega\mu\sigma\varsigma$), welches in diesem Buch durchweg benutzt wird, ist sprachlich richtiger als das allgemein verwandte bathochrom.

nach 2270 Å bei ungefähr gleichbleibender Absorptionsstärke, $lg\,\varepsilon_{max} = 3{,}5$ verbunden, und in gleicher Richtung verschiebt die Elektronendonatorgruppe CH_3- das Absorptionsmaximum. Wird hingegen an dem einsamen Elektronenpaar des Stickstoffs im Ammoniak oder einem Amin ein Proton angelagert, so erfährt das N-Elektronenoktett durch die positive Ladung eine Kontraktion und Verfestigung, und das Absorptionsmaximum verschiebt sich nach kürzeren Wellenlängen. Man nennt diese Wirkung des Substituenten eine hypsochrome Wirkung. Die Methylgruppe wirkt auch hier bathychrom, wie der Übergang von Ammoniak zu den Methylaminen oder von den Halogenwasserstoffen HCl, HBr, HJ zu den Methylhalogeniden zeigt.

Eine Doppelbindung besteht, wie wir gesehen haben, aus einer σ- und einer π-Bindung. Da die Raumverteilung der π-Elektronen derart ist, daß sie im Mittel weiter von dem positiv geladenen C-Rumpf entfernt sind als die Elektronen einer σ-Bindung, besitzen die π-Elektronen eine weit größere Verschiebbarkeit. Dies zeigen unter anderem auch die Doppelbindungsinkremente der Molekularrefraktion. Die lockere Bindung der π-Elektronen bedeutet, daß ihre Anregung zu einer höheren Energiestufe eine geringere Energie erfordert. Ihr erstes Absorptionsmaximum liegt bei längeren Wellenlängen als bei den gesättigten Verbindungen, wie das große Material der Absorptionsspektren ungesättigter Verbindungen demonstriert.

Die Feststellung, daß mit der Zahl der Doppelbindungen sich die Farbe vertieft, ist eine der frühesten Beobachtungen auf dem Forschungsgebiet über die Farbigkeit organischer Substanzen. Ein zusätzlicher bathychromer Effekt tritt auf, wenn die Doppelbindungen in Konjugation zueinander stehen. Die Absorptionsmaxima der Diphenylpolyene[1] rücken mit steigender Gliedzahl gesetzmäßig nach längeren Wellen, was durch die empirische Beziehung $\lambda_{max} = K_1 \sqrt{n} + K_2$, worin n die Zahl der Doppelbindungen und K_1 und K_2 Konstanten sind, angegeben wird.

Als einen selbständigen Chromophor muß man die Phenylgruppe betrachten. Die Art der Verknüpfung von Phenylresten zu höheren Kohlenwasserstoffen ist ausschlaggebend für die Farbe der resultierenden Verbindungen. Während ihre m-ständige Vereinigung

---

[1] R. KUHN und Mitarbeiter, Z. physik. Chem. (B) **29**, 391 (1935).

auf die Lage des ersten Absorptionsmaximums keinen Einfluß hat[1], übt ihre p-ständige Verknüpfung eine entschieden bathychrome Wirkung aus. Man stellt eine Verschiebung des Absorptionsmaximums vom Biphenyl (2500 Å) zum Sexiphenyl (3180 Å) fest. Daß bei engerer Koppelung der Phenylkerne, wie sie bei kondensierten Phenylkernen vorliegt, deren Komplanarität sichergestellt ist, eine stärkere Rotverschiebung, d. h. eine geringere Anregungsenergie für die delokalisierten π-Elektronen erforderlich ist, beweist die Farbe der Acene. Auffallenderweise ist die Farbvertiefung durch Aneinanderreihung von Phenylkernen weniger ausgeprägt, wenn unter ihnen eine Winkelung vorkommt. Während das Tetracen

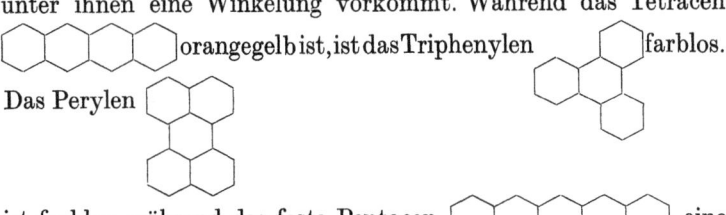

orangegelb ist, ist das Triphenylen farblos. Das Perylen

ist farblos, während das feste Pentacen eine intensiv violette Farbe besitzt.

In analoger Weise kann man mit den chromophoren Eigenschaften anderer Elemente fortfahren und den bathychromen bzw. hypsochromen Einfluß der verschiedenen Substitutionsarten qualitativ verfolgen. Zwei durch eine Doppelbindung verknüpfte Stickstoffatome stellen ein stärkeres Chromophor dar, als eine C=C-Doppelbindung. Der Grund dafür ist darin zu erblicken, daß hier außer den σ- und π-Bindung auch je ein einsames Elektronenpaar existiert, dessen Vorhandensein, wie wir gesehen haben, (S. 139) eine Verschiebung des ersten Absorptionsmaximums nach längeren Wellen bedingt. Die Azoverbindungen absorbieren bereits bei 3500 Å, während die entsprechenden C=C-Verbindungen erst unterhalb 2000 Å zu absorbieren beginnen. Noch weiter nach Rot wird das Spektrum verschoben, sobald die Doppelbindung zwei verschiedenartige Atome verbindet wie N und O. Die Nitrosoverbindungen sind dafür ein Beispiel; das Trimethylnitrosomethan

$$\begin{array}{c} CH_3 \diagdown \quad \diagup CH_3 \\ C \\ CH_3 \diagup \quad \diagdown NO \end{array}$$

---

[1] Vgl. die Aufspaltung der Hammettschen σ-Werte in σ_I und $\sigma_{\overline{M}}$ auf Grund der σ-Konstanten der m-Derivate S. 135.

absorbiert bei 6660 Å, eine Lage, die vor allem durch die Elektronen-Donatorwirkung der drei CH_3-Gruppen an den NO-Rest mitbedingt sein dürfte. Die gleichen Erscheinungen beobachtet man bei Ketonen. Während das Aceton CH_3-CO-CH_3 bei 2730 Å absorbiert, verursacht der Ersatz der sechs H-Atome durch sechs CH_3-Gruppen eine Rotverschiebung um 220 Å. Eine unmittelbare Aneinanderreihung von Keto-Gruppen vertieft die Farbe erheblich, wie die orangerote Farbe des Triketopentans

$$CH_3-\underset{\underset{O}{\|}}{C}-\underset{\underset{O}{\|}}{C}-\underset{\underset{O}{\|}}{C}-CH_3$$

zeigt. Sind jedoch die Ketogruppen durch CH_2-Gruppen getrennt, so geht die Absorption auf die des Acetons CH_3COCH_3 zurück. Wir müssen die hypsochrome Wirkung der CH_2-Gruppe auf die Aufhebung der Konjugation und Komplanarität der $C=O$-Gruppen zurückführen, eine Erscheinung, die sich bei den verschiedenartigsten Atomzusammenstellungen in gleichsinniger Weise wiederholt. Das Biphenyl z. B. zeigt eine vom Benzolspektrum verschiedene Absorption, die jedoch verschwindet, indem das Benzolspektrum wieder erscheint, sobald eine CH_2-Gruppe eingeschoben wird (Diphenylmethan). Auch am Spektrum des Diphenylamins sind die Konturen des Benzolspektrums (Abb. 12 u. 13) nicht mehr zu erkennen. Das Molekül hat die Form einer sehr flachen Pyramide, so daß die π-Elektronen der Phenylgruppen und das einsame Elektronenpaar des Stickstoffs fast in einer Ebene liegen und in Resonanz zu einander treten können. Die konplanare Einstellung der beiden Phenylkerne kann nicht nur durch Zwischenschaltung einer CH_2-Gruppe aufgehoben werden, sondern, wie anläßlich der Besprechung der Dipoldaten auseinandergesetzt wurde, auch durch o-ständige CH_3-Gruppen.

Die bathychrome Wirkung einer Aneinanderreihung von Benzolkernen bei den Acenen kann durch Hydrierung eines mittelständigen Benzolkerns unterbunden werden. Hydriert man das Hexacen an den Stellen 6 und 15, so wird die Konjugation über das gesamte Molekül aufgehoben, das jetzt in ein Anthracen- und ein Naphthalinmolekül geteilt wird. Sie sind durch zwei CH_2-Gruppe miteinander verbunden.

Im Absorptionsspektrum erscheint das 6—15 Dihydrohexacen wie eine Mischung aus Naphthalin und Anthracen. Unter dem gleichen Gesichtspunkt der Aufhebung der Konjugation und Konplanarität muß der Übergang der Verbindung

$$\begin{array}{c}CH_3\\ \\ CH_3\end{array}\!\!>\!N\!-\!\!\bigcirc\!\!-\!N=N\!-\!\!\bigcirc\!\!-\!\!\bigcirc\!\!-\!N=N\!-\!\!\bigcirc\!\!-\!N\!<\!\!\begin{array}{c}CH_3\\ \\ CH_3\end{array}$$

in

$$\begin{array}{c}CH_3\\ \\ CH_3\end{array}\!\!>\!N\!-\!\!\bigcirc\!\!-\!N=N\!-\!\!\bigcirc\!\!-\!CH_2\!-\!\!\bigcirc\!\!-\!N=N\!-\!\!\bigcirc\!\!-\!N\!<\!\!\begin{array}{c}CH_3\\ \\ CH_3\end{array}$$

und die dazu parallel einhergehende Änderung der Absorptionsspektren betrachtet werden. Die Tatsache, daß der Kautschuk, obwohl er ein Hochpolymeres mit einer großen Zahl von Doppelbindungen ist, keine Farbe zeigt, beruht auf dem Fehlen einer Konjugation durch das Einschalten von CH_2-Gruppen.

Alle diese rein qualitativen Abstufungen lassen nur in beschränktem Maße Gesetzmäßigkeiten erkennen, die in keiner Weise eine quantitative Voraussage der Frequenzlage der Absorptionsmaxima einer Substanz, auf Grund ihrer chemischen Zusammensetzung, zu machen gestatten. Sie müssen jedoch als Grundlage für jede Theorie dienen, die nach den tieferen Ursachen der Farbbeeinflussung durch Substituenten fragt.

Als einen ersten diesbezüglichen Versuch müssen wir die Theorien von SLATER-PAULING-HÜCKEL ansehen. Sie führen die als Lichtabsorption zum Vorschein kommenden Energiedifferenzen zwischen Grundzustand und angeregtem Zustand auf die energetischen Unterschiede zwischen den Resonanzhybriden in diesen beiden Zuständen zurück. Wie auf Seite 62 auseinandergesetzt wurde, wird als Resonanzenergie die Energiedifferenz zwischen dem durch Valenzausgleich hervorgerufenen Hybrid und der energetisch tiefst gelegenen kanonischen Struktur definiert. Die Resonanzenergie ist um so größer, je größer die Anzahl der kanonischen Strukturen ist, die beim Entstehen des Hybrides zusammenwirken. Daß die Farbe mit der Resonanzenergie des Grundzustandes allein nichts zu tun hat, kann man an einer Reihe von Beispielen unschwer erkennen. Die Resonanzenergie des Benzols beträgt 40 kcal/Mol, die des Fulvens, $\bigcirc\!\!=\!CH_2$ berechnet nach der MO-Methode, 27 kcal/Mol. Trotzdem absorbiert letzteres[1] im Sichtbaren, das Benzol

---

[1] Das unsubstituierte Fulven ist nur als gelbes, unbeständiges Öl bekannt.

hingegen erst bei 2500 Å. Analog liegen die Verhältnisse beim Naphthalin und dem isomeren Azulen, ⟨◯⟩, das eine blaue Farbe hat, obwohl seine Resonanzenergie kleiner ist als die des farblosen Naphthalins.

Man hat sich nach der genannten Theorie vorzustellen, daß auch der angeregte Zustand, der durch die Lichtabsorption entsteht, durch Resonanz stabilisiert wird, wobei hier polare Grenzstrukturen eine bevorzugte Rolle spielen. Der Grund für letztere Tatsache ist, darin zu erblicken daß die Lichtabsorption mit einer Ladungsverschiebung und somit mit der Entstehung von Polaritäten verbunden ist. Nach diesem Erklärungsschema gelingt es, wenigstens bei einfachen konjugierten Kohlenwasserstoffen, die bathychrome Wirkung, welche die steigende Zahl der Doppelbindungen auf die Farbe ausübt, zu beschreiben. Mit zunehmender Zahl der Doppelbindungen nimmt die Resonanzenergie sowohl des Grund- als auch des angeregten Zustandes zu. Weil aber im angeregten Zustand die Zahl der polaren Strukturen mit steigender Zahl der Doppelbindungen rascher wächst, nimmt die Resonanzenergie des angeregten Zustandes viel schneller zu als die des Grundzustandes. Folglich nimmt die Energiedifferenz zwischen Grundzustand und angeregtem Zustand mit steigender Zahl der Doppelbindungen ab, was eine Rotverschiebung des ersten Absorptionsmaximums bedeutet. Dies sei an einigen Beispielen demonstriert.

Das Äthylen $CH_2=CH_2$, beispielsweise, enthält in angeregtem Zustand zwei polare Strukturen gleicher Energie, welche zu einem Hybrid zusammenwirken:

$$\overset{+}{C}H_2-\overline{C}H_2 \longleftrightarrow \overline{C}H_2-\overset{+}{C}H_2.$$

Beim Butadien steigt die Zahl dieser polaren Strukturen bereits auf 6 im Vergleich zu nur 2 kanonischen Grenzstrukturen im Grundzustand:

Grundzustand

$$CH_2=C-C=CH_2$$
$$H\updownarrow H$$
$$CH_2-C=C-CH_2$$
$$HH$$

§ 20 Farbe, chemische Konstitution und Mesomerie 145

Angeregter Zustand

$\overset{\mp}{C}H_2-\overset{\pm}{C}H-CH=CH_2 \leftrightarrow CH_2=CH-\overset{\mp}{C}H-\overset{\pm}{C}H_2$

$\overset{\pm}{C}H_2-CH=CH-\overset{\mp}{C}H_2$

Die Resonanzstabilisierung des angeregten Hybrides ist größer als die des Grundzustandes, und das gleiche wiederholt sich in verstärktem Maße bei den Kohlenwasserstoffen mit einer größeren Anzahl von konjugierten Doppelbindungen. Die Energiedifferenz der beiden Hybride muß ständig abnehmen. Abb. 26 veranschaulicht die gegebene Erklärung des *bathychromen Effektes der* konjugierten Doppelbindungen nach SLATER-PAULING. Auf diese Weise gelangt man zu den Abstufungen des ersten Absorptionsmaximums der Diene vom Äthylen (1600 Å) zum Oktatrien (3000 Å).

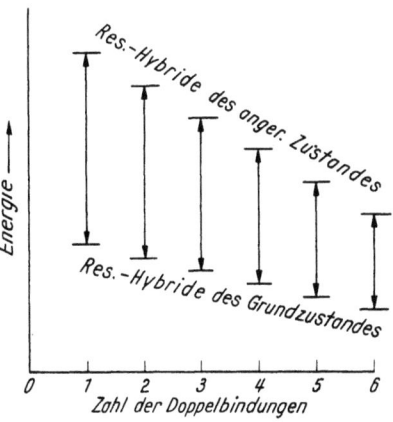

Abb. 26. Erklärung des bathychromen Effektes konjugierter Doppelbindungen

Versucht man jedoch dieses Prinzip auf komplizierte Verbindungen anzuwenden, so stößt man auf Widersprüche und Unstimmigkeiten. Denn es müßte, bei Abwesenheit von sterischer Hinderung, mit der Vergrößerung der Moleküldimensionen, wegen der raschen Zunahme der Anzahl der polaren Strukturen (für Benzol allein lassen sich 172 polare Strukturen niederschreiben), ständig eine Rotverschiebung des ersten Absorptionsmaximums zu beobachten sein. Demgegenüber liegen die Absorptionsspektren von Benzofulven und Dibenzofulven im Vergleich zum Fulven weiter im Ultraviolett und zeigen somit nicht die geforderte Rotverschiebung. Noch ausgesprochener äußert sich diese Diskrepanz beim Übergang des Porphyrins zum Dihydroporphyrin.

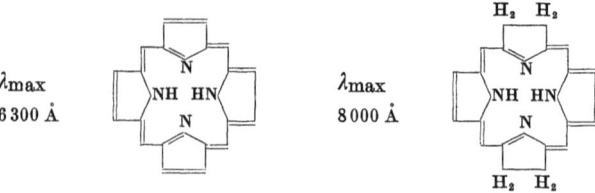

Das hydrierte Produkt absorbiert langwelliger als das nicht hydrierte. Da durch die Hydrierung die Zahl der möglichen kanonischen Formeln und die damit verbundene Zahl der polaren Strukturen abnimmt, muß hier offenbar ein prinzipieller Mangel in der Argumentierung liegen.

MULLIKEN[1] ordnete dem langwelligsten Absorptionsmaximum einen Elektronenübergang, von dem höchsten bindenden zu dem tiefsten nicht bindenden Energieniveau, zu. Die Energiezustände werden nach der Methode der M.O. berechnet und können für ein Molekül mit π-Elektronen durch die Gleichung

$$E = Q + m\gamma \tag{75a}$$

ausgedrückt werden. Sie ist der Gleichung (55) analog gebaut, indem Q die Coulombsche Anziehungsenergie, γ das Resonanzintegral und m einen Koeffizienten bedeuten. Hierbei erweist sich als notwendig, wegen der angeregten Zustände, das Überlappungsintegral S zu berücksichtigen. Die Folge hiervon ist, daß die bindenden und nichtbindenden Elektronenzustände nicht mehr symmetrisch zu der Nullinie ($m = o$) liegen. Die nichtbindenden Zustände nehmen relativ höhere Niveaus ein. Wegen rechnerischer Schwierigkeiten wird der Parameter γ aus empirischen Daten abgeleitet und in die Gleichungen eingesetzt, wobei für jede homologe Reihe ein eigener γ-Wert notwendig ist.

In Abb. 27 sind die Energieniveaus für die bindenden und nicht bindenden Zustände der Verbindungen Äthylen, Butadien und Hexatrien aufgetragen. Man erkennt, daß die Rotverschiebung des ersten Absorptionsmaximums mit zunehmender Zahl der konjugierten Doppelbindungen richtig wiedergegeben wird. Die Energiedifferenzen von den höchsten bindenden zu den tiefsten nichtbindenden Zuständen, die von MULLIKEN N→V Übergänge genannt werden, nehmen in der Reihenfolge Äthylen, Butadien, Hexatrien ab.

---

[1] R. S. MULLIKEN and C. A. RIEKE, Rep. prog. Phys. **8,** 231 (1941).

§ 20 Farbe, chemische Konstitution und Mesomerie

Aus den Energieniveaus der substituierten Fulvene (Abb. 28) (Fulven I, Benzofulven II, Dibenzofulven III und Dinaphthofulven IV) entnimmt man ohne weiteres, daß zwischen der Größe

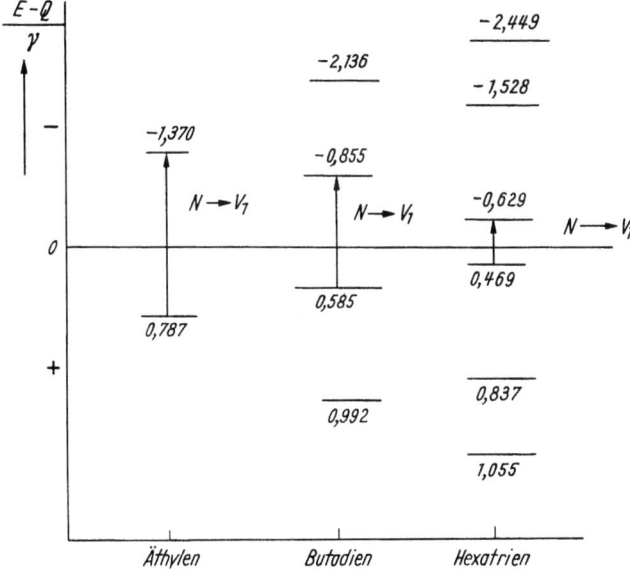

Abb. 27. Energieterme der bindenden und nicht bindenden Zustände

des konjugierten Doppelbindungssystems und seiner langwelligsten Absorptionsstelle kein einfacher Zusammenhang existiert, wie die oben auseinandergesetzte qualitative Ableitung auf Grund der Zahl der kanonischen Struktur fordert. Das Schema zeigt, daß die erste Absorptionsstelle des Dibenzofulvens am kurzwelligsten liegt, im Vergleich zu den übrigen Fulvenen in Übereinstimmung mit der Beobachtung.

Die beschriebenen $N \to V$-Übergänge sind nicht immer die langwelligsten Absorptionen. Bei den Carbonyl- und Thiocarbonylverbindungen kennt man Absorptionen, welche auf den Übergang eines der Elektronen des einsamen Elektronenpaares des O- bzw. S-Atomes auf das nicht bindende π^*- bzw. σ^*-Niveau zurückgeführt werden. Sie werden $N \to A\text{-}(2p \to \pi^*)$

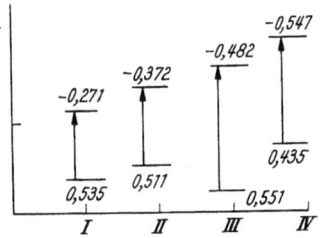

Abb. 28. Energieterme der bindenden und nicht bindenden Zustände

bzw. $N \to B\text{-}(2p \to \sigma^*)$ Übergänge genannt. Die Berechtigung einer solchen Zuordnung liefert die experimentelle Feststellung[1], daß das erste Ionisationspotential dieser Verbindung zahlenmäßig mit diesen Übergängen übereinstimmt.

Sterische Faktoren können nicht nur die Lage der Absorptionsmaxima, sondern auch deren Höhe stark beeinflussen. Einige interessante Fälle, über die PICKETT und RODEBUSCH (1940) berichtet haben, sollen hier besprochen werden. Die genannten Autoren stellten folgende Reihenfolge der Absorptionshöhe und Lage der substituierten Benzaldehyde bzw. Benzophenone fest.

λ_{max} in Å = 2420	2510	2510	2510
ε_{max} = 14000	15000	13000	12000

λ_{max} in Å = 2410	2430	2410	2410
ε_{max} = 13000	15500	8500	5500

Sowohl in der Benzaldehyd- als auch in der Benzophenonreihe ändert sich die Lage des Absorptionsmaximums kaum mit der Stellung der eingeführten CH_3-Gruppen. Die Absorptionsintensität jedoch fällt ständig ab, je näher die CH_3-Gruppe der Aldehyd- bzw. Ketogruppe rückt. Für die o-disubstituierten Methylderivate ist der Abfall am stärksten. Die Absorptionshöhe beträgt bei den Aldehyden nur $3/4$, bei den Ketonen ca. $1/3$ der Absorption der Verbindungen mit p-ständigen CH_3-Gruppen. Es handelt sich hier um einen sterischen Effekt der ortho-ständigen CH_3-Gruppen, der sich in einer etwas komplizierten Weise auf die Intensität der Absorption auswirkt.

Die dafür von BRAUDE[2] gegebene Erklärung bewegt sich auf folgenden Linien: Die Abnahme der Intensität ist auf einen

---

[1] R. S. MULLIKEN, J. chem. Phys. **3**, 504 (1935).
[2] E. A. BRAUDE u. a., J. chem. Soc. 1890 (1949), 3754 (1955). L. H. SCHWARTZMANN u. B. B. CORSON, J. Amer. chem. Soc. **76**, 781 (1954). G. D. HEDDEN u. W. G. BROWN, ibid. **75**, 3744 (1953). Vgl. jedoch die Darstellung von R. B. TURNER u. D. W. VOITLE, J. Am. Chem. Soc. **73**, 1403 (1951).

§ 20 Farbe, chemische Konstitution und Mesomerie 149

verhinderten Elektronenübergang zwischen einer nicht ebenen Anordnung der Phenyl- und Carboxylgruppe im Grundzustand und einer ebenen Anordnung im angeregten Zustand zurückzuführen. Die Phenylebene und die C=O-Ebene sind bestrebt, auf Grund der Mesomerie sich konplanar einzustellen, andererseits führen sie im Grundzustand wegen der freien Drehbarkeit der σ-Bindung Torsionsschwingungen um diese Achse aus. Im angeregten Zustand ist die freie Drehbarkeit weitgehend behindert, weil ein Elektronenübergang wahrscheinlich von der Phenyl- zur Carboxylgruppe stattgefunden hat, der eine quasi-doppelte Bindung zwischen diesen Gruppen herstellt. Diese verkleinert indes die Amplitude der Torsionsschwingung. Noch wesentlich geringer ist die Ausschwingung um die Verbindungsachse wegen räumlicher Hinderung, wenn in o-Stellung zwei CH_3-Gruppen stehen. Diese Verhältnisse übersieht man am besten an der graphischen Darstellung des Potentialverlaufes des Moleküls während der Torsionsschwingung im Elektronen-Grundzustand und im angeregten Zustand. In Abb. 29 ist als Ordinate die potentielle Energie, als Abszisse die Winkel Θ, welche Phenyl- und Carboxylgruppe miteinander bilden und um welche die Torsionsschwingungen erfolgen, aufgetragen. Man entnimmt aus der Abbildung, daß Kurve (a) höher liegt als Kurve (g), daß sie nach kleineren Winkeln verschoben und überdies schmaler ist, entsprechend der geschaffenen quasi-Doppelbindung und den daraus resultierenden kleineren Amplituden der Torsionsschwingungen. Letztere Tatsache ist von entscheidendem Einfluß auf die Intensität der Absorption. Als Maß der Absorptionsstärke mag die Anzahl der vertikalen Linien dienen, welche die Schwingungsstufen des Grundzustandes mit den Schwingungs-

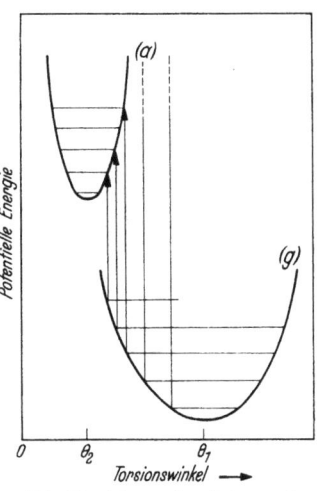

Abb. 29. Veranschaulichung des Franck-Condon-Prinzipes

stufen des angeregten verbinden. Diese Verbindungslinien dürfen nur vertikal sein, weil das Molekül während eines Elektronenüberganges (ca. 10^{-8} sec) keine Zeit hat, mit seinen mehr als 2000mal trägeren

Massen Schwingungen auszuführen (Franck-Condon-Prinzip)[1]. Diese Einschränkung geschieht folglich nur, weil die schweren Atommassen der schnelleren Elektronenbewegung nicht folgen können. Je schmaler die obere Potentialkurve ist, um so geringer ist die Zahl der Schwingungszustände im Grundzustand, die ihr Gegenüber im angeregten Zustande finden. Das bedeutet eine Abnahme der Intensität, die um so größer ausfallen muß, je mehr die Raumbeanspruchung der o-ständigen CH_3-Gruppe die Torsionsamplitude des Phenylrestes gegen die CO-Gruppe verkleinert.

Als einen entschiedenen Fortschritt in der Richtung einer quantitativen Berechnung und Voraussage der Lage des Absorptionsmaximums organischer Verbindungen müssen wir die Anwendung der Elektronentheorie der Metalle (SOMMERFELD) auf die wie ein Elektronengas zu behandelnden π-Elektronen eines mesomeren Moleküls durch H. KUHN[2] und andere betrachten. Der Zustand des Elektronengases kommt dadurch zustande, daß die delokalisierten π-Elektronen als frei beweglich innerhalb des Molekülgerüstes betrachtet werden, dessen Grenzen sie wegen hoher Potentiale nicht überschreiten können. Die Berechnung des ersten Absorptionsmaximums für ein vereinfachtes eindimensionales Elektronengasmodell geschieht in folgenden allgemein skizzierten Zügen:

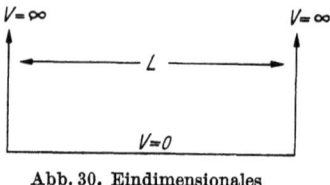

Abb. 30. Eindimensionales Elektronenkastenmodell

Die Wellengleichung eines Elektrons, das sich innerhalb einer Strecke der Länge L frei bewegen kann, an deren Enden das Potential V den Wert unendlich annimmt (Abb. 30), kann in der folgenden Form niedergeschrieben werden:

---

[1] J. FRANCK, Trans. Faraday Soc. **21**, 536 (1926); E. U. CONDON, Phys. Rev. **28**, 1182 (1926); **32**, 858 (1928).

[2] H. KUHN, Helv. chim. Acta **31**, 1441 (1948); J. chem. Phys. **16**, 287 (1948). — N. S. BAYLISS, J. chem. Phys. **16**, 287 (1948). — W. T. SIMPSON, J. chem. Phys. **16**, 1124 (1948). — I. R. PLATT, J. chem. Phys. **17**, 484 (1949). — Die Arbeiten von OTTO SCHMIDT, Z. Elektrochem. angew. physikal. Chem. **43**, 238 (1937); Z. physik. Chem. (B) **39**, 76 (1938); **42**, 83, 106 (1939); **44**, 194 (1939). Ber. **73**, 97 (1940) (zusammenfassend), über das „Kastenmodell" der B-Elektronen müssen als ein Wegweiser und vorbereitender Beitrag zur Behandlung der π-Elektronen als entartetes Elektronengas angesehen werden.

§ 20 Farbe, chemische Konstitution und Mesomerie

$$\frac{d^2\psi}{ds^2} + \frac{8\pi^2 m}{h^2}(E - V_s)\psi = 0. \tag{76}$$

Als Randbedingung für die potentielle Energie gilt:

$V = 0$ für $0 < s < L$
$V = \infty$ für $L < s$ und $s < 0$.

Dies besagt soviel, daß das Elektron innerhalb des linearen Kastens die potentielle Energie (V) null besitzt, während außerhalb desselben ($s > L$) den Wert unendlich annehmen würde. Das Elektron ist praktisch im Kasten eingeschlossen. Unter Einhaltung dieser Randbedingungen findet man für die Wellenfunktionen ψ die Lösungen:

$$\psi_n = \sqrt{\frac{2}{L}} \sin \frac{\pi s}{L} n, \tag{77}$$

worin n eine Quantenzahl darstellt, welche nur die ganzen Zahlenwerte 1, 2, 3... annehmen kann. Die Eigenwerte der Energie E_n, welche für diese Gleichung endliche, stetige und eindeutige Lösungen sind, werden durch den Ausdruck wiedergegeben:

$$E_n = \frac{h^2 n^2}{8 m L^2}. \tag{78}$$

Man beachte, daß die Länge des Kastens L, d. h. die Dimensionen des Moleküls, in die Energiegleichung eingeht. Gleichung (78) gibt die Lage der diskreten Energiezustände an, unabhängig davon, ob sie wirklich mit Elektronen besetzt sind oder nicht.

Führt man jetzt diesem Kasten eine gewisse Anzahl N von Elektronen zu, so können nach dem Paulischen Ausschließungsprinzip in jedem Energiezustand nur zwei Elektronen vorkommen, die sich im Umdrehungssinn des Spins unterscheiden. Ein drittes hinzukommendes Elektron muß notwendigerweise auf eine höhere Energiestufe gesetzt werden. Konsequenterweise wird die größte im Elektronengas vorkommende Quantenzahl n gleich der Hälfte der Zahl der frei sich bewegenden π-Elektronen d. h. $N/2$ sein. Die Energiegleichung (78) gewinnt nach Einführung des Paulischen Prinzipes das Aussehen:

$$E_n = E_{\frac{N}{2}} = \frac{h^2}{8 m L^2}\left(\frac{N}{2}\right)^2. \tag{79}$$

Der Vorgang der Lichtabsorption besteht im Übergang eines π-Elektrons von der höchsten besetzten Energiestufe $E_{\frac{N}{2}}$ in die

§ 20 Farbe, chemische Konstitution und Mesomerie

nächste höhere, jedoch unbesetzte oder halbbesetzte Stufe $E_{\frac{N}{2}+1}$.
Die Energiedifferenz dieser Stufen ΔE würde dem absorbierten Lichtquant $h\nu$ entsprechen. Man gelangt damit zur Gleichung:

$$\Delta E = h\nu = E_{\frac{N}{2}+1} - E_{\frac{N}{2}} = \frac{h^2}{8mL^2}(N+1). \tag{80}$$

Ersetzt man die Länge des Kastens L durch die Länge eines linearen Moleküls mit konjugierten Doppelbindungen, so muß man schreiben: $L = N \cdot l$, wobei l den Abstand zwischen zwei C-Atomen und N die Zahl der C-Atome darstellen. Letztere ist gleich der Zahl der π-Elektronen, da auf ein C-Atom ein frei bewegliches π-Elektron kommt. Gleichung (80) erhält, gelöst nach der Wellenlänge λ des absorbierten Lichtes, die endgültige Form:

$$\lambda_{\max} = \frac{8mc}{h} \frac{N^2 l^2}{N+1}. \tag{81}$$

Das wichtige Ergebnis dieser einfachen Berechnung eines absorbierenden Moleküls ist, daß zum ersten Mal das $\lambda_{\max}$, d. i. die Farbe des Moleküls, in eine zahlenmäßige Beziehung zu der Zahl der Elektronen und den Atomabständen, zwischen welchen diese Elektronen frei zirkulieren, gebracht wurde.

Man erkennt ohne weiteres, daß Gleichung (81) die eingangs behandelte bathychrome Wirkung einer zunehmenden Zahl von konjugierten Doppelbindungen in Übereinstimmung mit dem Experiment gut wiedergibt. Denn mit zunehmendem N wächst auch $\lambda_{\max}$, d. h. das Absorptionsspektrum verschiebt sich nach längeren Wellen.

Tabelle 26

N	λ theor.	λ exp.
10	5750	5900
12	7060	7100
14	8340	8200
16	9590	9300

Tabelle 26 enthält einen Vergleich der berechneten mit den experimentell gefundenen Lagen der Absorptionsmaxima als Funktion der Zahl der π-Elektronen N.

Als chemisches Beispiel für das eindimensionale Elektronengasmodell können die Cyaninfarbstoffe dienen, bei welchen zwei Ringsysteme durch eine Polymethinkette von variabler Länge verbunden sind. Innerhalb dieser Kette sind die Atomabstände durch die Delokalisierung der π-Elektronen ausgeglichen. Für den Abstand der C-Atome, zwischen welchen die π-Elektronen frei zirkulieren, setzt man den Wert 1,39 Å ein, entsprechend dem Bindungsgrad 1,5 zwischen den C-Atomen der Polymethinkette. Nach Messungen von BROOKER[1]) liegt das Absorptionsmaximum bei 4450 Å, in guter Übereinstimmung mit der Rechnung, die zur Wellenlänge 4530 Å führt.

Der Einfluß der endständigen Phenylkerne wird hier in besonderer Weise berücksichtigt. Da die π-Elektronen der Phenylgruppen polarisierbar sind, ist der Potentialverlauf nach den Enden der Kette zu weniger steil als beim idealisierten Kastenmodell, bei welchem die Potentialwände senkrecht ansteigen. Der sanftere Anstieg läuft auf eine Verlängerung der Kette hinaus. H. KUHN ermittelt diese Verlängerung empirisch zu $^2/_3\, l$, indem er die Absorptionsstelle des ersten Gliedes der Polymethinkette zugrunde legt und daraus rückwärts die Lage L berechnet. Dadurch wird bei den höheren Gliedern eine bessere Übereinstimmung erzielt.

Der Einfluß einer p-ständigen NO_2-Gruppe, die als Elektronenacceptor fungiert, wird ebenfalls durch eine Verlängerung der Kette um l berücksichtigt, indem die Kastenlänge zu $L = (N + 1) \cdot l$ angesetzt wird. Die Übereinstimmung von Rechnung und Messung für die Reihe

$$O_2N-\underset{\underset{C_2H_5}{|}}{\bigcirc}\underset{N}{\overset{S}{\diagdown}}C=C-\cdots=C-C\underset{\underset{C_2H_5}{|}}{\overset{S}{\diagup}}\underset{+}{N}-\bigcirc-NO_2$$

ist aus Tabelle 27 ersichtlich.

Wollte man diese Absorptionsmaxima nach der Approximation von SKLAR berechnen, so müßte man für die Cyaninfarbstoffe unwahrscheinlich hohe Resonanzenergien annehmen. Auch nach der Molekularbahnmethode von MULLIKEN erhält man bezüglich der Lage der Absorptionsmaxima keine gute Übereinstimmung.

Um die Neuartigkeit der Gesichtspunkte, welche durch die Quantenmechanik in die Farbstoffchemie eingeführt worden sind, zu demonstrieren, sei die Variation der Lichtabsorption einer Polymethinkette durch verschiedene Substituenten

Tabelle 27

N	ber.$_{max.}$	exp.$_{max.}$
6	4460	4500
8	5740	5800
10	7010	6800

---

[1] L. C. S. BROOKER, Rev. mod. Phys. **14**, 275 (1942).

besprochen. Wenn in die konjugierte Kette —C=C—C=C—C=C···
ein Heteroatom, wie beispielsweise Stickstoff, eingeführt wird, erfährt das Elektronengas eine Störung, die sich auf die Lichtabsorption auswirkt. Der Einbau eines N-Atoms in eine Polymethinkette

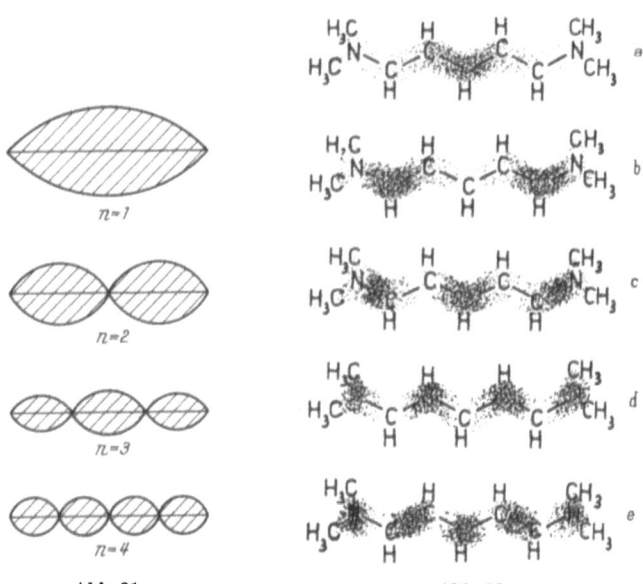

Abb. 31   Abb. 32

Abb. 31. Verlauf der ψ-Funktion eines Elektrons im eindimensionalen Kasten für $n = 1, 2, 3$ und 4

Abb. 32. Elektronendichteverteilung in einer konjugierten Kette für $n = 1, 2, 3, 4$ und 5

verursacht eine Rot- oder eine Violettverschiebung des ersten Absorptionsmaximums, je nachdem die Kette eine gerade oder eine ungerade Zahl von Doppelbindungen enthält. Außerdem hängt die Art der Verschiebung von der Stelle in der Kette ab, an welcher das N-Atom eingeführt wurde. Um diesen Zusammenhang zunächst qualitativ abzuleiten, sei ein symmetrisches Polymethin der Struktur

$$\begin{array}{c} CH_3 \\ CH_3 \end{array} \!\!\!\! >\!\! N\!\!-\!\!\underset{H}{C}\!\!=\!\!\underset{H}{C}\!\!-\!\!\underset{H}{C}\!\!=\!\!\underset{H}{C}\!\!-\!\!\underset{H}{C}\!\!=\!\!\overset{+}{N}\!\!<\!\!\!\! \begin{array}{c} CH_3 \\ CH_3 \end{array} \quad \longleftarrow \longrightarrow$$

$$\begin{array}{c} CH_3 \\ CH_3 \end{array} \!\!\!\! >\!\! \overset{+}{N}\!\!=\!\!\underset{H}{C}\!\!-\!\!\underset{H}{C}\!\!=\!\!\underset{H}{C}\!\!-\!\!\underset{H}{C}\!\!=\!\!\underset{H}{C}\!\!-\!\!N\!\!<\!\!\!\! \begin{array}{c} CH_3 \\ CH_3 \end{array}$$

betrachtet. Seine 8 π-Elektronen besetzen die vier untersten Energiezustände des eindimensionalen Elektronengasmodelles. Die

§ 20 Farbe, chemische Konstitution und Mesomerie

Elektronenverteilung auf den erlaubten diskreten Zuständen ergibt sich durch Auswertung von Gleichung (79) unter Einführung der Randbedingungen und zwar für die ersten 5 Quantenzustände ($n = 1, 2, 3, 4$ und 5), durch die Schwingungsbilder der Abb. 31 u. 32 dargestellt.

Die Zahl der Knotenstellen ist gleich ($n-1$), nimmt also mit steigender Quantenzahl n zu, wobei an den Enden der Strecke, weil dort $V = \infty$ ist, ebenfalls Schwingungsruhe herrscht. Die 8 π-Elektronen besetzen die vier untersten Energiezustände, da in jedem Zustand nur zwei Elektronen mit entgegengesetztem Spin vorkommen dürfen. Der Vorgang der Lichtabsorption entspricht dem Übergang eines Elektrons vom 4quantigen, vollbesetzten, in den 5quantigen, unbesetzten Zustand. Wenn nun in der Mitte der Kette eine CH-Gruppe durch ein N-Atom ersetzt wird, erfährt das Elektronengas eine Störung, welche durch die, im Vergleich zu den Nachbaratomen

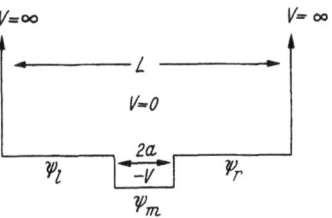

Abb. 33. Modell eines eindimensionalen Elektronenkastens mit Störstelle

größere Elektronegativität des Stickstoffes bedingt ist. Das Potential hat nunmehr einen anderen, durch Abb. 33 idealisiert gezeichneten Verlauf. In der Mitte des eindimensionalen Kastens hat das Potential längs der Strecke $2a$, die gleich dem Wirkungsdurchmesser des Stickstoffatomes gesetzt wird, einen negativen Wert -V. Im Gegensatz zum Potentialverlauf der ungestörten Kette, bei welcher ständig der Wert Null herrscht. Die Randbedingungen für die Differentialgleichung würden in diesem Falle lauten:

$$V_\infty \text{ für } 0 > s > L, \quad V_0 \text{ für } 0 < s < \frac{L}{2}-a \text{ und } \frac{L}{2}+a < s < L,$$

$$-V_1 \text{ für } \frac{L}{2}-a < s < \frac{L}{2}+a.$$

Bei der Integration der Differentialgleichung:

$$\frac{d^2\psi}{ds^2} + \frac{8\pi^2 m}{h}(E-V_s)\psi = 0 \tag{76}$$

muß beachtet werden, daß an den Übergangsstellen der CH-Gruppen zum N-Atom sowohl die ψ_l, ψ_m, ψ_r-Funktionen als auch die Differentialquotienten $\dfrac{d\psi_l}{ds}$, $\dfrac{d\psi_m}{ds}$, $\dfrac{d\psi_r}{ds}$ wegen der Stetigkeitsbedingungen einander gleich sein müssen. Auf Grund dieser und der Normierungsbedingung, wonach das ψ^2 integriert über die ganze L-Strecke gleich 1 sein muß, läßt sich der Satz der Energieeigenwerte ermitteln. Die Energiedifferenzen $(E_{n+1} - E_n)$ stellen die Absorptionsstellen dar, und man kann die Änderung der Absorption der Polymethinkette beim Ersatz der CH-Gruppe durch ein N-Atom auf die Formel bringen:

$$\frac{1}{\lambda_N} = \frac{1}{\lambda_{CH}} \pm \frac{4\,\nu_a}{h \cdot c\,L}. \tag{82}$$

Das $+$-Zeichen gilt für eine gerade Zahl von Doppelbindungen und bedeutet eine Verschiebung des λ_{max} nach Violett, während das $-$-Zeichen für eine ungerade Zahl steht, welche daher eine Rotverschiebung verursacht.

Man kann sich an Hand der Schwingungsbilder (Abb. 34 u. 35) eine qualitativ anschauliche Vorstellung über das Zustandekommen dieser Verschiebungen machen. Ist das N-Atom an Stelle der CH-Gruppe in der Mitte der Kette mit einer ungeraden Zahl von C-Atomen getreten, so wird der 4quantige *Grund*zustand durch die größere Elektronegativität des N nicht wesentlich geändert. Der unbesetzte 5quantige Zustand aber hat gerade in der Mitte der

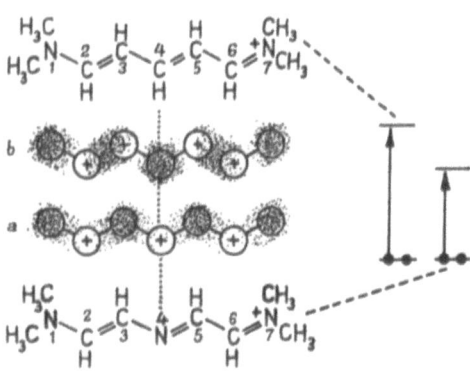

Abb. 34. Frequenzerniedrigung der Lichtabsorption beim Ersatz einer CH-Gruppe durch N in einer geradezahligen Kette

Kette einen Schwingungsbauch, was eine Elektronenanhäufungsstelle bedeutet. Dieser 5quantige Zustand wird daher wegen der Elektronegativität des N bevorzugt, was den Elektronenübergang von der Stufe $n = 4$ zur Stufe $n = 5$ erleichtert. Dies ist aber nichts anders, als eine Rotverschiebung des ersten Absorptionsmaximums beim Ersatz der CH-Gruppe durch ein N-Atom. Ist die Zahl der

C-Atome in der Kette gerade, so hat die Kettenmitte im Grundzustand einen Schwingungsbauch, d. h. dort ist die Aufenthaltswahrscheinlichkeit für die Elektronen groß. Der erste angeregte Zustand weist hingegen eine Knotenstelle auf. Tritt hier an Stelle der CH-Gruppe das elektronegative N-Atom, so ist der Grundzustand vor dem angeregten bevorzugt, der Elektronenübergang ist erschwert

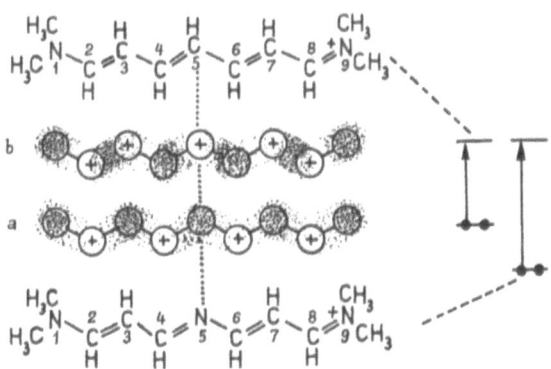

Abb. 35. Frequenzerhöhung der Lichtabsorption beim Ersatz einer CH-Gruppe durch N in einer ungeradezahligen Kette

und erfordert größere Energie. Das bedeutet, daß beim Ersatz einer CH-Gruppe durch ein N-Atom, in einer Kette mit gerader C-Zahl, eine Verschiebung des ersten Absorptionsmaximums nach kürzeren Wellen erfolgen muß.

Durch analoge Überlegungen kann man die Richtung voraussagen, in welche das Absorptionsmaximum verschoben wird, wenn eine CH-Gruppe durch ein Stickstoffatom an einer anderen Stelle als gerade in der Mitte der Kette ersetzt wird.

Die auf Grund der abgeleiteten Gleichung berechnete Verschiebung beträgt ca. 1000 Å. Die Übereinstimmung dieses Ergebnisses mit der Erfahrung soll an einigen Beispielen demonstriert werden[1]. Das symmetrische Cyanin absorbiert bei 5240 Å und die entsprechende N-Verbindung bei 4240 Å.

---

[1] H. KUHN, Helv. chim. Acta **34**, 2371 (1951).

§ 20 Farbe, chemische Konstitution und Mesomerie

Auch bei den analogen Schwefelverbindungen ist der Ersatz der CH-Gruppe durch ein N-Atom von einer Verschiebung von 4220 Å nach 3680 Å begleitet. In beiden Fällen ist die Zahl der in geradliniger Konjugation zueinander stehenden Doppelbindungen eine gerade, und die Verschiebung des Absorptionsspektrums geschieht in Übereinstimmung mit obiger Ableitung nach kürzeren Wellenlängen. Dagegen bei Farbstoffen mit ungerader Zahl von konjugierten Doppelbindungen erfolgt beim gleichen Ersatz eine Verschiebung der Absorption nach Rot, wie das Beispiel zeigt:

$(CH_3)_2N-\langle\rangle-\underset{H}{C}=\langle\rangle=\overset{+}{N}(CH_3)_2 \longrightarrow (CH_3)_2N-\langle\rangle-N=\langle\rangle=\overset{+}{N}(CH_3)_2$

5030 Å Mischlers Hydrolblau   7250 Å Binschedlers Grün

Die gleiche Gesetzmäßigkeit beobachtet man beim Übergang von Methylenrot (I) zu Methylenblau (II) und bei den Verbindungen der Acridinreihe (III—VI)

I   II

5645 Å   6680 Å

III   IV

4910 Å   5645 Å

V   VI

5495 Å   6655 Å

wobei immer der Sprung im Absorptionsmaximum ca. 1000 Å beträgt.

Die quantitative Erfassung des zweiten für den Absorptionsvorgang charakteristischen Parameters, der Absorptionsintensität, durch Berechnung der Übergangswahrscheinlichkeit des

Elektrons vom Grundzustand zu den angeregten Zuständen, kann hier nicht wiedergegeben werden. Es muß diesbezüglich auf die Originalarbeiten verwiesen werden[1].

§ 21 Die chemische Reaktivität vom Standpunkt der Elektronentheorie

Es ist möglich, die fast unübersehbare Zahl organischer Reaktionen auf einige wenige Typen, je nach der Art der Abgabe bzw. Aufnahme von Elektronen unter den reagierenden Molekülarten, zurückzuführen. Man unterscheidet nichtpolare oder Radikalreaktionen, bei welchen keine Elektronenübergänge stattfinden, sondern einzig neutrale Atome bzw. Atomgruppen am Reaktionsspiel teilnehmen, und polare Reaktionen, welche mit einer relativen Aufnahme bzw. Abgabe von Elektronen unter den Reaktionspartnern verbunden sind. Die polaren Reaktionen werden in zwei Untergruppen eingeteilt, die Elektrophilen und die Nucleophilen.

Obwohl es keine scharfen Grenzen zwischen diesen Reaktionsklassen gibt, da Reaktionen existieren, die auf einer Zwischenstufe stehen, kann man einige allgemeine Charakteristiken als Zugehörigkeitskriterien zu einer bestimmten Klasse aufstellen. Als ein typisches Verhalten der polaren, kryptoionischen Reaktionen[2] ist ihre oft vorkommende Katalysierbarkeit durch Säuren oder Basen. Ihr Geschwindigkeitsablauf ist ganz allgemein beeinflußbar durch polare Lösungsmittel. Dagegen haben Licht, Sauerstoff und Peroxyde nur geringen Einfluß auf ihre Geschwindigkeit. Im allgemeinen setzen die polaren Reaktionen sogleich ein, d. h. sie zeigen keine Induktionsperiode und spielen sich meistens in flüssigem oder gelöstem Zustand und nur sehr selten in der Gasphase ab.

Demgegenüber zeigt die Klasse der Radikalreaktionen eine mehr oder minder lange Induktionsperiode, die von einem Kettenablauf gefolgt ist. Radikalreaktionen sind sehr oft durch Licht, Sauerstoff und Peroxyde beeinflußbar. Viele Stoffe, die einen Kettenabbruch bewerkstelligen und als Inhibitoren bekannt sind, wirken hemmend auf den Ablauf der Radikalreaktionen. Ihre Gegensätzlichkeit zu den polaren Reaktionen erstreckt sich auch über die anderen Merkmale, da die Radikalreaktionen durch Säuren bzw. Basen kaum zu

---

[1] H. KUHN, l. c. siehe Fußnote S. 150.
[2] H. MEERWEIN, Lieb. Ann. **455**, 227 (1927).

katalysieren sind und auch dem Einfluß polarer Lösungsmittel nicht unterliegen.

Zum besseren Verständnis des Einteilungsprinzipes der Reaktionen seien auch einige neue Bezeichnungen für die reagierenden Atomgruppen vorangestellt. Man hat die Agentien in nucleophile, elektrophile und in Radikale eingeteilt. Man nennt sie nucleophil, d. h. kernliebend, wenn sie Elektronendonatoren sind. Durch die Abgabe von Elektronen verwandeln sie sich zu Kernen, oder sie suchen Kerne auf, an welche sie unter Anlagerung ihre Elektronen ganz oder teilweise abgeben können. Sie heißen auch Anionoide, da sie Anionen erzeugen. Unter diese Bezeichnung kommen die verschiedenartigsten Gruppen zu stehen. Das NH_3 ist ein nucleophiles Agens, weil es durch teilweises Abgeben seines einsamen Elektronenpaares an ein Molekül mit einer Elektronenlücke, wie etwa BF_3 oder $AlCl_3$, reagieren kann. Metalle, wie Na, K, Ca, wären wegen ihrer Fähigkeit, Elektronen ganz abzugeben, als nucleophile Agenzien zu bezeichnen und in analoger Weise die Anionen OH^-, CN^- usw.

Man sieht, daß man unter der Bezeichnung nucleophile Agenzien recht heterogene Stoffe zusammenfaßt, welche zu chemischen Vorgängen befähigt sind, wie etwa die Oxydation des Sn^{++} zu Sn^{++++}, der Übergang eines Metalles in den Ionenzustand ($Na \rightarrow Na^+$), die Neutralisierung des OH^- mit NH_4^+ unter Bildung von H_2O und NH_3, die Anlagerung von NH_3 an BF_3 unter Komplexbildung usw. Alle diese Vorgänge haben ein gemeinsames Merkmal, nämlich die vollständige Abgabe an einen oder das Teilen von Elektronen mit einem elektronenaufnehmenden Partner.

In analoger Weise bezeichnet man als elektrophile Agentien „elektronenliebende" Atome oder Atomgruppen, Acceptoren, die von anderen Atomen bzw. Atomgruppen entweder vollständig Elektronen aufnehmen oder sich an elektronenreichen Stellen (einsamen Elektronenpaaren) anlagern und somit an deren Elektronen anteilig werden. Elektrophile Agentien sind demnach Gruppen wie: NO_3, SO_3^-, RCO^+, $AlCl_3$, BF_3 usw. Schließlich nennt man in konsequenter Folge Radikale solche Atome bzw. Atomgruppen, die beim chemischen Umsatz ihre Elektronenzahl nicht verändern.

Von diesen Agenzienbezeichnungen stammen die Unterteilung der Reaktionen in nucleophile und elektrophile Reaktionen. Bei einer Reaktion unterscheidet man zwischen einem Substrat und einem Reagens, wobei die Unterscheidung rein konventionell ist und nicht immer möglich. Man ist nun übereingekommen, den Namen des Reagens auf die ganze Reaktion zu übertragen. So nennt man eine Substitution eine nucleophile Substitution, wenn die als Reagenz fungierende Substanz nukleophiler Natur ist. Die Anlagerung von CH_3J an $(CH_3)_3N$ unter Bildung eines Ammoniumions ist eine nucleophile Substitution, da das nucleophile $(CH_3)_3N$ als das Reagens aufgefaßt wird.

$$CH_3J + (CH_3)_3N \rightarrow [(CH_3)_4N]^+ + J^-.$$

Ist dagegen das Reagens eine elektrophile Substanz, so heißt auch der gesamte Reaktionsverlauf elektrophil. Die Nitrierung von Benzol beispielsweise ist eine elektrophile Substitution, weil das als Reagens aufgefaßte NO_2^+ elektrophil ist:

$$NO_2^+ + C_6H_5H \rightarrow C_6H_5NO_2 + H^+.$$

Tabelle 28 zeigt eine Reihe von nucleophilen und elektrophilen Substitutionsreaktionen. An welchen Stellen des Substrates der

Tabelle 28. Elektrophile Substitutionen

$C_6H_5H + NO_2^+ \rightarrow C_6H_5NO_2 + H^+$
$(CH_3)_2NH + NO_2^+ \rightarrow (CH_3)_2N{-}NO_2 + H^+$
$C_6H_5OH + RCO^+ \rightarrow C_6H_5O{-}COCH_3 + H^+$
$C_6H_5H + Cl^+ \rightarrow C_6H_5Cl + H^+$
$C_6H_5N_2^+ + CH_3OH \rightarrow CH_3ON_2 + C_6H_5 + H^+$

Nucleophile Substitutionen

$C_2H_5Br + CN^- \rightarrow C_2H_5CN + Br^-$
$C_2H_5J + (C_2H_5)_2S \rightarrow (C_2H_5)_3S^+ + J^-$
$(C_2H_5)_3N + C_2H_5J \rightarrow (C_2H_5)_4N^+ + J^-$
$(R_3S)^+ + NR_3 \rightarrow R_4N^+ + R_2S$
$R_4N^+ + OH^- \rightarrow ROH + R_3N$
$C_2H_5O^- + C_2H_5Cl \rightarrow (C_2H_5)_2O + Cl^-$

Angriff eines nucleophilen bzw. elektrophilen Reagens ansetzen *kann*, wird durch die relative Elektronendichte im Molekül bestimmt. Diese wird am besten, wenn sie bekannt ist, durch die sogenannten Moleculardiagramme wiedergegeben, in welchen man graphisch gleichzeitig Bindungsgrad, relative elektrische Ladungsverteilung, d. h. Ladungsdichte und freie Valenz niederschreibt. Diese drei Größen sind maßgebend für die drei Typen chemischer Reaktionen. Die Additionsreaktionen werden durch den Bindungsgrad, die Substitutionsreaktionen durch die Elektronendichte und die Radikalreaktionen durch die freie Valenz im wesentlichen bestimmt.

Sowohl die v.b.- als auch die M.O.-Theorie gestatten, Molekulardiagramme zu konstruieren, in welche für die Struktur der Moleküle charakteristische Größen aufgenommen werden. In diesen werden die berechneten Bindungsgrade, die von einem Atom ausgehende freie Valenz und die Ladungsdichte in der Nachbarschaft der einzelnen Atome registriert.

Die v.b.-Methode berechnet den Bindungsgrad, welcher im allgemeinen keine ganze Zahl ist, aus den Gewichten der kanonischen Strukturen, die in den Resonanzhybriden enthalten sind. Der prozentische Gehalt einer C-C-Bindung an Doppelbindung wird dadurch ermittelt, daß man das Gesamtgewicht aller Strukturen bestimmt, in welchen die genannte C-C-Bindung als Doppelbindung auftritt. Im Falle des Benzols sind eine Kekulésche und eine Dewarsche Struktur, die mit 39% und 7% im Resonanzhybrid vertreten sind, in Rechnung zu setzen. Folglich hat im Benzol jede C-C-Bindung nach der Delokalisation der π-Elektronen 46% Doppelbindungscharakter. Der gesamte Bindungsgrad, der sowohl durch die σ- als auch durch die π-Elektronen zustande kommt, ist 1,46. Hiervon kommt der σ-Bindung der Bindungsgrad 1,00 und der π-Bindung 0,46 zu. In analoger Weise müßten beim Naphthalin die 42 Strukturen berücksichtigt werden, wobei die einzelnen Gewichte das Endresultat bestimmen.

Nach der Methode der molecular orbitals geschieht die Berechnung des Bindungsgrades in anderer, etwas komplizierterer Weise. Es wird zuerst der Bindungsgrad zwischen zwei C-Atomen, der auf die beweglichen π-Elektronen zurückzuführen ist, dadurch ermittelt, daß man als partialen Bindungsgrad eines jeden orbitals das Produkt der Koeffizienten c_1, c_2, mit welchen die atomic orbitals ψ_1 und ψ_2 in die Gleichung (52) der linearen Kombination eingehen, ansetzt. Alsdann werden die partialen Bindungsgrade aller molecular orbitals summiert, wobei berücksichtigt wird, daß jeder molecular orbital mit zwei Elektronen besetzt ist. Auf diese Weise errechnet sich für das Benzol der durch den Ausgleich der sechs π-Elektronen bedingte Bindungsgrad zu 0,667 und damit der Gesamtbindungsgrad zwischen zwei C-C--Atomen zu 1,667.

Für das freie Kohlenstoffatom läßt sich die maximale Zahl der Elektronen, die es aufnehmen kann, zu

§ 21 Die chemische Reaktivität vom Standpunkt der Elektronentheorie 163

$$N_{\max} = 3 + \sqrt{3} = 4{,}732$$

berechnen[1]. Wenn von dieser maximalen Zahl der Bindungsgrad abgezogen wird, resultiert eine Zahl, die ein Maß für die von jedem C-Atom ausgehende freie Valenz ist. In den folgenden Diagrammen sind die gesamten Bindungsgrade und an den Enden der Pfeile die freien Valenzen angegeben, wie sie sich aus der M.O.-Methode ergeben. Die beiden Methoden liefern zahlenmäßig etwas verschiedene Resultate, welche jedoch innerhalb eines Moleküls übereinstimmende Abstufungen ergeben.

Aus dem Diagramm des Butadiens kann man ableiten, daß die drei Bindungen zwischen den Kohlenstoffatomen weitgehend ausgeglichen sind und daß freie Valenzen, besonders an den endständigen Atomen C_1 und C_4 mit dem Betrag 0,838 auftreten. Dies erklärt die bekannte 1-4-Addition von Brom an Butadien und das Überspringen der Doppelbindung in die 2-3-Stellung nach dem Schema

$$Br_2 + CH_2{=}C{-}C{=}CH_2 \rightarrow H_2C{-}C{=}C{-}CH_2$$
$$\phantom{Br_2 + CH_2{=}}|\phantom{{-}C{=}}|Br\phantom{C{-}}|\phantom{{=}C{-}}|Br$$
$$\phantom{Br_2 + CH_2{=}C}H\ HH\ H$$

Am Naphthalindiagramm erkennt man, daß der Bindungsgrad zwischen der α- und β-Stellung am größten ist, während die freie Valenz in der α-Stellung einen maximalen Wert erreicht. Im Anthracen wiederum ist die Stelle 9 des Moleküls, die mit der größten Zahl der freien Valenz ausgezeichnet ist, und diese Stelle ist zugleich die reaktionsfähigste bezüglich Anlagerungsreaktionen.

Die Ladungsverteilung im Molekül wird ebenfalls in den Molekulardiagrammen aufgenommen und gestattet bei chemischen

---
[1] Für die Ableitung dieser Formel siehe W. E. MOFFIT, Trans. Faraday Soc. **45**, 373 (1949). Vgl. E. HÜCKEL, Z. für Elektrochemie **61**, 883 (1957).

Reaktionen die Angriffsstellen für Anionen bzw. Kationen vorauszusagen, obwohl im aktivierten Komplex auch Kräfte nicht elektrostatischer Art auftreten können. Nach der M.O.-Methode ist die freie Ladung an einem beliebigen Atom r definiert auf Grund der Gleichung:

$$q_r = \sum_{i=1}^{l} n_i (c_r^i)^2 \qquad (82\,\mathrm{a})$$

als die Summe der Quadrate der Koeffizienten der atomic orbitals, aus welchen die ψ_i-Funktion konstituiert ist, wobei die Besetzungszahl der einzelnen orbitals mit 0, 1 oder 2 Elektronen erfolgt[1]. Diese Gleichung gilt unter der Annahme, daß die atomic orbitals-Funktionen orthogonal zueinander sind, d. h. daß das Überlappungsintegral S den Wert Null besitzt. Es kann gezeigt werden, daß die Ladung q an einem Atom r gleich der Änderung der Gesamtenergie des Moleküls E durch das Coulombsche Integral des betreffenden Atomes Q_r ist, d. h.

$$q_r = \frac{\partial E}{\partial Q_r}. \qquad (82\,\mathrm{b})$$

Ähnlich läßt sich für den Bindungsgrad p_{rs} zwischen zwei Atomen r und s ableiten, daß er gleich der Änderung der Gesamtenergie E, nach dem Resonanzintegral β_{rs}, zwischen beiden Atomen r und s ist, d. h.

$$p_{rs} = \frac{1}{2} \frac{\partial E}{\partial \beta_{rs}}. \qquad (82\,\mathrm{c})$$

Im folgenden ist die Ladungsverteilung einzelner Moleküle wiedergegeben.

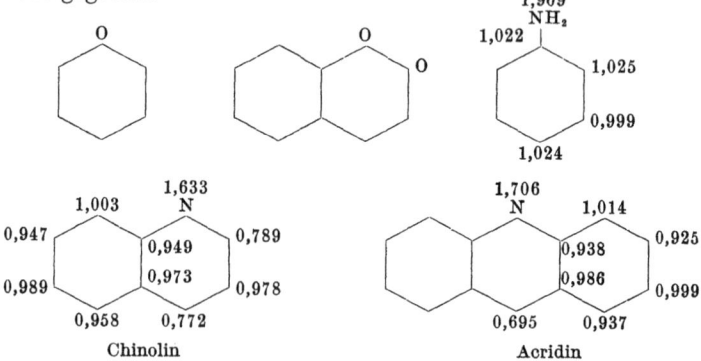

Chinolin Acridin

---

[1] B. H. CHIRGWIN u. C. A. COULSON, Proc. roy. Soc. A **201**, 197 (1950).

Die Kohlenwasserstoffe Benzol, Naphthalin, Anthracen usw. weisen eine gleichmäßige Ladungsverteilung auf. Aus dem Diagramm des Anilins ist zu entnehmen, daß eine Elektronenverschiebung von der Aminogruppe zum Phenylkern stattgefunden hat, derart, daß die o- und p-Stellungen gegenüber der m-Stellung negativ aufgeladen sind. Wie wir sehen werden, erklärt diese Ladungsverteilung die o-p-dirigierende Wirkung der Aminogruppe für elektrophile Substitutionen. Analoges läßt sich aus der Ladungsverteilung im Chinolin und Acridin sagen. Der Ersatz einer CH-Gruppe durch einen Stickstoff im Naphthalin-, bzw. Anthracen-Molekül, hebt die symmetrische Ladungsverteilung in einer Weise auf, wie sie aus den Zahlen im Diagramm abgelesen werden kann. Es ist interessant, den Abfall der Basizität des Stickstoffes in der Reihe Anilin, Diphenylamin, Triphenylamin an Hand der Ladungsverteilung in den Moleküldiagrammen zu verfolgen.

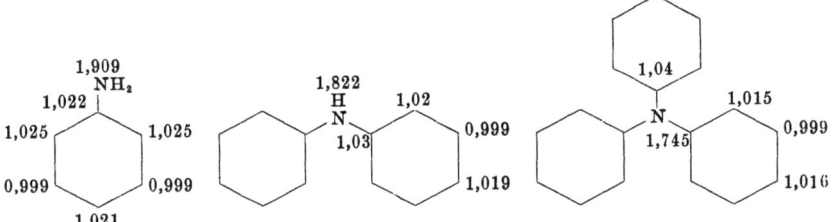

Die Ladung des einsamen Elektronenpaares am Stickstoffatom wird in der oben gegebenen Reihenfolge in zunehmendem Ausmaße über die Phenylkerne verteilt. Das Triphenylamin hat die Fähigkeit zur Bildung von Salzen, wofür eine Anlagerung eines H^+ an das einsame Elektronenpaar notwendig ist, eingebüßt.

Es wurde oben der Vorbehalt gemacht, daß gewisse ausgezeichnete Reaktionsstellen im Moleküldiagramm als Angriffsstellen der elektrophilen, bzw. nucleophilen Reagentien, dienen *können*, jedoch nicht unbedingt für die entstehenden Endprodukte maßgeblich sein müssen. Der Grund dafür liegt in der Tatsache, daß die miteinander reagierenden Substanzen notwendigerweise einen sogenannten „Übergangszustand" durchlaufen müssen,[1] in welchem, wegen der Bildung eines aktivierten Komplexes, Umstellungen und

---

[1] PELZER u. WIGNER, Z. physik. Chem. B **15**, 445 (1932). EYRING, J. chem. Phys. **3**, 107 (1935). EVANS u. POLANY, Trans. Farad. Soc. **31**, 875 (1935).

Umgruppierungen vor sich gehen können. In welcher Weise dieser Übergangszustand entsteht und die Resonanzerscheinungen zu seiner relativen Stabilisierung beitragen, soll am Umsatz

$$Br^- + CH_3Br \rightarrow BrCH_3 + Br^-$$

erläutert werden.

Will man dem Br^- die Rolle des Agens, dem CH_3Br die Rolle des Substrates zuerteilen, so ist obige Reaktion, da das Br^- nucleophil ist, als eine nucleophile Substitution zu bezeichnen. Ihr zeitlicher Ablauf kann, da der Ausgangszustand mit dem Endzustand chemisch identisch ist, entweder dadurch verfolgt werden, daß man als angreifendes Br^- ein radioaktives Isotop verwendet und die Aktivität mißt, die als Funktion der Zeit in den organischen Teil CH_3Br eingeht, oder dadurch, daß man ein asymmetrisches, optisch aktives, trisubstituiertes Alkyl, wie etwa

$$\begin{array}{c} CH_3 \diagdown \quad \diagup H \\ \quad C \\ C_2H_5 \diagup \quad \diagdown \end{array},$$

zur Reaktion bringt und den zeitlichen Abfall der optischen Aktivität mißt. Wie aus den weiter unten gegebenen Darlegungen hervorgeht, muß wegen des Durchlaufens des Übergangszustandes, eine Racemisierung stattfinden.

Man hat durch Vereinigung und Kombination beider Methoden die Racemisierung des optisch aktiven 2-Oktyljodids durch radioaktives Jod verfolgt und festgestellt[1], daß für jedes in das organische Molekül eintretende Jod auch ein Molekül aktiven Oktyljodids racemisiert wird. Diese Tatsachen lassen sich nur so deuten, daß man sich den Angriff des nucleophilen Agens von der entgegengesetzten Seite des Halogenides nach dem Vorbild

$$J^- + \begin{array}{c} H \diagdown \\ \quad C-J \\ H \diagup \\ \quad H \end{array} \rightarrow \left[J^- \cdots \begin{array}{c} H \diagdown \\ \quad C \cdots J \\ H \diagup \\ \quad H \end{array} \leftrightarrow J \cdots \begin{array}{c} H \diagdown \\ \quad C \cdots J^- \\ H \diagup \\ \quad H \end{array} \right] \rightarrow J \cdot CH_3 + J^-$$

Aktivierter Komplex

erfolgend vorstellt, derart, daß in dem Zwischenstadium des aktivierten Komplexes beide Jodatome gleichen Abstand vom C-Atom haben. Gerade dieser Übergangszustand, bei welchem die beiden

---

[1] E. D. HYGHES, F. JULIUSBERGER, S. MASTERMANN, B. TOPLEY u. J. WEISS, J. chem. Soc. 1525 (1935).

§ 21 Die chemische Reaktivität vom Standpunkt der Elektronentheorie 167

J-Atome gleichwertig geworden sind und die Ladung von einem zum anderen überspringen kann, bietet Gelegenheit für das Einsetzen eines Resonanzvorganges, welcher durch die freiwerdende Resonanzenergie den Komplex relativ stabilisiert. Die Stabilisierungsenergie wirkt in der Richtung, daß die zur Reaktion notwendige Aktivierungsenergie vermindert wird.

Das in Abb. 36 wiedergegebene Diagramm veranschaulicht diese Verhältnisse durch den Verlauf des Energieinhaltes eines AB-Moleküls bei der Annäherung eines Atoms C und zugleich die des BC-Moleküls bei Annäherung des A-Atoms. Die beiden Achsen stellen den AB- bzw. BC-Abstand dar, welcher durch die Annäherung des C- bzw. A-Atoms verändert wird. Die Energiekurven müssen als Kurven gleicher Höhe eines Gebirges vorgestellt werden, das auf der Papierebene als Basis steht. Sie verlaufen symmetrisch bezüglich der Ebene, die den Achsenwinkel halbiert. Geht man vom BC-Molekül aus mit dem A-Atom im unendlichen Abstand,

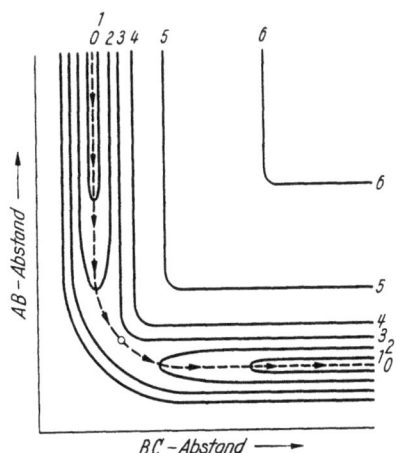

Abb. 36. Sattelfläche der potentiellen Energie beim Reaktionsverlauf AB + C → A + BC

so befindet man sich auf der Null-Energielinie links oben im Diagramm. Durch Annäherung des A-Atoms an das BC-Molekül vergrößert sich der BC-Abstand, während die Höhenlinien (Energielinien) 2 und 3 überschritten werden. Man steigt in einer Paßhöhe längs der gestrichelten Kurve bis zum Punkte, der mit einem kleinen Kreis (bei etwa 3,5) verzeichnet ist, um wieder in symmetrischer Weise herabzusteigen. Man gelangt zu der Null-Energielinie rechts unten, welche dem AB-Molekül, mit dem C-Atom in unendlichem Abstand, entspricht.

Der auf diese Weise erfolgte Übergang des BC-Moleküls zum AB geschah mit dem kleinsten möglichen Aufwand an Aktivierungsenergie. Dies wurde erreicht durch die Resonanzstabilisierung des Übergangskomplexes (A ... B ... C), bei welchen die Abstände von A und C vom B gleich geworden sind. Dieser Punkt ist der auf dem Diagramm mit einem kleinen Kreis verzeichnete Punkt und liegt auf einem relativen Minimum im Potentialgebirge.

Die oben beschriebene Art der nukleophilen Substitution ist eine Reaktion zweiter Ordnung, da sie proportional sowohl der J^--, als auch der CH_3Br-Konzentration ist. Sie wird durch die Abkürzung S_{N2} (nucleophile Substitution 2. Ordnung) symbolisiert und ist von einer stereochemischen Inversion des Moleküls begleitet, wie eine große Reihe von Beispielen beweist. Es seien die Racemisierungen von sekundärem Butylalkohol, Menthol, α-Phenyläthylalkohol, Methylcyclohexanol durch die Wirkung von starken „Basen", d. h. nucleophilen Agentien erwähnt.

In den homologen Reihen der Alkylhalogenide beobachtet man einige interessante Gesetzmäßigkeiten. Die Geschwindigkeitskonstante k_0 der S_{N2}-Reaktion nimmt mit zunehmender Kettenlänge ab, wofür man in erster Linie sterische Gründe verantwortlich machen muß. Denn je länger die Kette wird, desto kleiner ist die Wahrscheinlichkeit dafür, daß der Zusammenstoß an der Stelle erfolgt, die zur Umsetzung führt. Gleichzeitig stellt man eine Zunahme der Aktivierungsenergie fest, die man mit der Abnahme der Hyperkonjugation, wegen der zunehmenden Entfernung der CH_3-Gruppe von der Reaktionsstelle, erklärt. Wenn der Umsatz der Alkylhalogenide in Lösungsmitteln vorgenommen wird, die als schwache „Basen" wirken, wie Wasser, Alkohol usw., so verwandelt sich der Reaktionstypus von S_{N2} zu S_{N1}, d. h. die Reaktion wird erster Ordnung, da sie nur von der Konzentration des Alkalihalogenides abhängt. Das mitreagierende Lösungsmittel ist in großem Überschuß vorhanden, und somit seine Konzentration während der Umsetzung als konstant anzusehen. Die Reaktion ist eine monomolekulare, oder besser, eine pseudomonomolekulare geworden, die, weil das Lösungsmittel eine entscheidende Rolle spielt, auch Solvolyse genannt wird.

Betrachtet man die Anlagerung von Halogenwasserstoffen oder ganz allgemein von protonenliefernden HX-Verbindungen an ein unsymmetrisches Olefin, so stellen sich Gesetzmäßigkeiten ein, die bereits von MARKOWNIKOFF[1] beobachtet wurden und in der nach ihm benannten Regel zusammengefaßt worden sind. Nach dieser Regel findet die Anlagerung des HX an das Olefin immer derart statt, daß das H-Atom das wasserstoffreichere C-Atom aufsucht. Die

---

[1] W. MARKOWNIKOFF, Ann. **153**, 256 (1870).

§ 21 Die chemische Reaktivität vom Standpunkt der Elektronentheorie 169

Anlagerung von HBr an Propylen, beispielsweise, führt nicht zum normalen Propylbromid, sondern nach der Formel

$$CH_3-\underset{\underset{H}{|}}{C}=CH_2 + HBr \rightarrow CH_3-\underset{\underset{H}{\diagup}\underset{Br}{\diagdown}}{C}-CH_3$$

zum Isopropylbromid.

Die Erklärung dieser Gesetzmäßigkeit kann auf Grund der bisher geschilderten Elektronenverschiebungseffekte gegeben werden. Die Methylgruppe wirkt, wie wir gesehen haben, als ein Elektronendonator, so daß das Propylen eine Polarität in dem Sinne aufweist, daß das C_3 negativ gegenüber dem C_2 erscheint:

$$\overset{\frown}{CH_3}-\overset{+}{\underset{\underset{H}{|}}{C}}=\overset{\frown}{CH_2}$$
(1) (2) (3)

Der elektrophile Teil der Verbindung HX, im Falle von HBr das H^+, wird sich somit an das C^- (3), hingegen der nucleophile Teil Br^- an das C (2) anzulagern bestrebt sein.

Betrachtet man die Anlagerung von HCl am Vinylchlorid

$$CH_2=\underset{\underset{Cl}{|}}{\overset{H}{C}}-Cl,$$

so befremdet zunächst die Tatsache, daß das Chlor an demselben C-Atom angelagert wird, an welchem bereits ein Chloratom sitzt. Man wäre eher geneigt, wegen der Abstoßung zweier gleichartiger Atome, die Anlagerung des zweiten Chlors am entferntesten C-Atom anzunehmen, wobei ein symmetrisches Dichloräthan entstehen würde. Dies ist jedoch nicht der Fall, es entsteht das unsymmetrische

$$CH_3-C\underset{\diagdown Cl}{\overset{\diagup H}{\diagdown Cl}}$$

Dichloräthan. Seine Bildung ist in erster Linie durch die Wirkung des Induktionseffektes des Halogenatoms zu erklären. Dieser entzieht dem Nachbar-C-Atom Elektronen, wodurch es eine positive Ladung an nimmt und somit zur Anlagerungsstelle für das nucleophile Cl^- wird:

$$CH_2=\underset{\underset{\rightarrow}{}}{\overset{H}{C}}-Cl \rightarrow CH_2=\underset{+}{\overset{H}{C}}-\underset{-}{Cl} + HCl \rightarrow CH_3-C\underset{\diagdown Cl}{\overset{\diagup H}{\diagdown Cl}}.$$

Wenn immer Abweichungen von dieser Regel beobachtet wurden, konnte nachgewiesen werden, daß es sich um eine Änderung des Reaktionsmechanismus handelt, bei welchem natürlich ganz andere Faktoren reaktionsbestimmend sind. In Gegenwart von Sauerstoff oder von Peroxyden findet die Halogenaddition nicht im Sinne der Markownikoffschen Regel am wasserstoffärmsten C-Atom, sondern gerade am wasserstoffreicheren statt, so daß sich bei obiger Reaktion das normale Bromid bildet. Der Reaktionsmechanismus ist in diesem Falle ein anderer. Durch Einwirkung des Sauerstoffes oder des Peroxydes auf das HBr entsteht atomares Brom:

$$HBr + O_2 \rightarrow (HO_2) + Br$$

das nach der allgemeinen Art von Radikalen an der Stelle mit der höchsten freien Valenz angreift. Das ist im Falle des Propylens das Kohlenstoffatom 3

$$CH_3-CH=CH_2 + Br \rightarrow CH_3\overset{\bullet}{C}H-CH_2Br$$

Das intermediär entstehende freie Radikal reagiert mit dem HBr unter Neubildung von Br-Atomen

$$CH_3-\underset{\bullet}{\overset{H}{C}}-CH_2Br + HBr \rightarrow CH_3-CH_2-CH_2Br + Br,$$

die entweder erneut mit dem Propylen reagieren, wodurch die Reaktionskette weiter erhalten bleibt, oder sich miteinander unter Bildung eines Br_2-Moleküls vereinigen, wodurch die Kette abbricht.

Auch das Vinylchlorid

$$CH_2=CHCl$$

addiert Säuren in Gegenwart von Sauerstoff oder von Peroxyden unter Bildung des symmetrischen Dihalogenides, und das Gleiche stellt man mit der Anlagerung des Merkaptans C_6H_5SH fest:

$$CH_3-\underset{H}{C}=CH_2 + C_6H_5SH \xrightarrow{O_2} CH_3-CH_2-CH_2-S-C_6H_5.$$

Hingegen gelingt es nicht, die Anlagerung von HCl und HJ mit Hilfe von O_2 bzw. Peroxyden umzuleiten. Sie findet immer im Sinne der Markownikoffschen Regel statt.

Ist das angreifende Agens elektrophil, so nennt man die gesamte Reaktion elektrophile Reaktion, und zwar elektrophile Substitution, wenn ein Atom oder eine Atomgruppe des Substrates

§ 21 Die chemische Reaktivität vom Standpunkt der Elektronentheorie 171

gegen das angreifende Agens ausgetauscht wird. Sie wird mit dem Symbol S_{E1} bzw. S_{E2}, je nachdem sie eine elektrophile Substitution erster oder zweiter Ordnung ist, bezeichnet.

Eine elektrophile Substitution ist eine Nitrierung von aromatischen Kohlenwasserstoffen mit konzentrierter Salpetersäure. Das angreifende Agens ist das Nitroniumion, entstanden aus:

$$HONO_2 \rightleftarrows NO_2{}^+ + OH^-$$

und die Nitrierung kann wie folgt formuliert werden:

$$C_6H_5H + NO_2{}^+ \to C_6H_5NO_2 + H^+.$$

Auch die Chlorierung des Benzols mit unterchloriger Säure HOCl läuft auf eine elektrophile Substitution hinaus, wenn sie in stark saurer Lösung vorgenommen wird:

$$C_6H_5H + \overset{-}{H}\overset{+}{O}\overset{-}{Cl} \to C_6H_5Cl + \overset{+}{H}\overset{-}{OH}.$$

Im Gegensatz zu den gesättigten Kohlenwasserstoffen, bei welchen nur σ-Bindungen vorkommen, und die nur sehr ungern polare Reaktionen eingehen, unterliegen die aromatischen Kohlenwasserstoffe wegen der größeren Beweglichkeit der π-Elektronen leichter elektrophilen Reaktionen. Die Chlorierung von Benzol mit gasförmigem Cl_2 in Gegenwart von $FeCl_3$, als Katalysator, ist eine elektrophile Substitution, im Gegensatz zur Chlorierung der Paraffine bei höheren Temperaturen, die der Gegenwart von Cl-Atomen bedarf. Diese erweist sich somit als eine nicht polare Radikalreaktion. Das Gleiche gilt für die Nitrierung der Paraffine.

Oft begegnet man Reaktionen, die ihren Charakter, je nach den äußeren Bedingungen, ändern. Die Bromierung des Naphthalins bei Temperaturen unterhalb 400° ist hauptsächlich eine elektrophile Substitution, die sich an der heterogenen Phase des zugegebenen Katalysators abspielt. Bei höheren Temperaturen jedoch verwandelt sie sich zu einer homolytischen Reaktion, weil thermisch erzeugte Br-Atome zum angreifenden Agens werden und als Radikale mit dem Substrat reagieren. Auch sonstige Reaktionsbedingungen, die zu Bildung freier Halogenatome führen, wie etwa die Einwirkung von Licht, leiten einen Radikalmechanismus ein.

Die unten angegebenen Reaktionsgleichungen beziehen sich auf weitere elektrophile Substitutionen, unter welchen die Friedel-Crafts-Reaktion und die Kuppelung mit Diazoniumionen hervorgehoben seien:

$C_6H_5H + SO_3 = C_6H_5SO_3^- + H^+$
$C_6H_5H + Cl-SO_3H = C_6H_5SO_3^- + H^+ + HCl$
$C_6H_5H + CH_3CO^+ = C_5H_6COCH_3 + H^+$
$C_6H_5H + CH_3-COCl + AlCl_3 = C_6H_5COCH_3 + H^+ + AlCl_4^-$
$RC_6H_4H + C_6H_5N_2^+ = RC_6H_4N = NC_6H_5 + H^+$.

Additionsreaktionen an einer doppelten oder dreifachen Bindung können sowohl nucleophil als auch elektrophil sein. Letztere Reaktionsart ist die üblichere und erfolgt in Anwesenheit von polaren Reagenzien. Hingegen sind die Additionen von Halogenen an eine doppelte Bindung in der Gasphase, oder die Lichtreaktion, eine Reaktion mit freiem Radikalen.

Es gibt Gründe, anzunehmen[1], daß die polare Addition von Halogenen an die Doppelbindung, über das Halogenkation, als eine geschwindigkeitsbestimmende Stufe führt:

$$CH_2 = CH_2 + \overset{+}{Br} - \overset{-}{Br} \rightarrow \underset{\underset{+}{Br}}{CH_2 - CH_2} + \overset{-}{Br}.$$

Nimmt man nämlich die Addition des Halogens in Gegenwart von Cl^-- bzw. NO_3^--Ionen vor, so entsteht neben dem Dibromid auch $BrCH_2-CH_2Cl$ bzw. $BrCH_2-CH_2-ONO_2$. Beide Nebenprodukte lassen sich nur unter der Annahme einer intermediären Bildung von Carboniumionen C^+ erklären, indem die Addition der Halogenatome auf jeden Fall nicht gleichzeitig erfolgt. Man würde obigen Reaktionsmechanismus als eine elektrophile Addition bezeichnen, weil die primäre Anlagerung des elektrophilen Br^+ die gesamte Reaktiongeschwindigkeit bestimmt. In analoger Weise müssen die Anlagerungen von H_2O, H_2SO_4, HCl, $NOCl$ usw. an eine Doppelbindung als elektrophile Additionsreaktionen formuliert werden, für welche man die Bezeichnung Ad_E eingeführt hat. Die Carboniumionen wurden zuerst von H. MEERWEIN[2] bei Umlagerungsreaktionen in der Campherreihe postuliert und bald darauf durch den Begriff der kryptoionischen Reaktionen verallgemeinert. Ihr intermediäres Auftreten ist durch neue Untersuchungen in zahlreichen Fällen erwiesen[3].

---

[1] Vgl. die zusammenfassenden Darstellungen: HUGHES and INGOLD, Trans. Faraday Soc. **37**, 603 (1941). V. FRANZEN u. H. KRAUCH, Chem. Ztg. **79**, 243 (1955). E. DÖRING u. T. C. ASCHNER, J. Amer. chem. Soc. **75**, 393 (1953).

[2] H. MEERWEIN, B **55**, 2500 (1922). — Lieb. Ann. **455**, 227 (1927).

[3] H. MEERWEIN u. Mitarbeiter, Z. angew. Chem. **67**, 374 (1955).

Dagegen ist die Anlagerung von Ammoniak an einen Aldehyd eine nucleophile Additionsreaktion (Bezeichnung Ad_N), da sie nach dem Schema erfolgt:

$$R-\underset{H}{\overset{H}{C}}{=}O + :\underset{H}{\overset{H}{N}}H \rightarrow R-\underset{H}{\overset{NH_2}{\underset{|}{C}}}-OH$$

Wegen der Elektronegativität des Sauerstoffes, findet eine Ladungsverschiebung vom C zum Sauerstoff statt, so daß ersteres positiv geladen erscheint. Das nucleophile Ammoniak lagert sich mit seinen einsamen Elektronen an den positiven Kohlenstoff an, während das Proton an die negativen Stellen des Sauerstoffatoms wandert.

Nucleophile Additionsreaktionen finden vorzugsweise dann statt, wenn intermediär ein negatives Kohlenstoffion, d. i. ein Carbanion, gebildet wird, analog zu den elektrophilen Additionen, für deren Eintreten die intermediäre Bildung eines positiven Carboniumions verantwortlich gemacht wird. Die Anlagerung von Alkoholen an α, β-ungesättigte Carbonylverbindungen ist ein Beispiel einer nucleophilen Addition unter intermediärer Bildung eines Carbanions nach dem Schema:

$$CH_3\bar{O} + CH_2{=}\underset{H}{\overset{|}{C}}-\underset{H}{\overset{|}{C}}{=}O + H^+ \rightarrow CH_3OCH_2-\overset{-}{C}H-\underset{H}{\overset{|}{C}H}{=}O + H^+$$
$$\rightarrow CH_3OCH_2CH_2C{=}O.$$

Diese Formulierung erklärt die Addition des elektronegativen Restes CH_3O^- an der β-Stellung, wie sie tatsächlich beobachtet wird. In dieselbe Kategorie müssen wir die Polymerisationsreaktion von Olefinen unter der Einwirkung von $NaNH_2$ einordnen. Das in der ersten Stufe gebildete Carbanion

$$\overset{-}{N}H_2 + CH_2{=}\overset{H}{\underset{|}{C}}-C_6H_5 \rightarrow NH_2-CH_2-\overset{|}{C}H-\overset{-}{C}H-C_6H_5$$

ist befähigt, weitere Olefine nach dem Schema

$$NH_2-CH_2-\overset{-}{C}H-C_6H_5 + C_6H_5CH{=}CH_2$$
$$\rightarrow NH_2-CH_2-\underset{\underset{C_6H_5}{|}}{CH}-CH_2-\overset{-}{C}H-C_6H_5 \cdots \text{usw.}$$

174 § 21 Die chemische Reaktivität vom Standpunkt der Elektronentheorie

zu addieren, so daß langkettige Reaktionsprodukte entstehen können[1]. Zu den nucleophilen Reaktionen müssen wir die Eliminierungsreaktionen rechnen, bei welchen unter Abspaltung von HX ein Olefin entsteht. Ein Beispiel für diese Art von Reaktionen, die mit E_N bezeichnet werden, wäre die Bildung von Propylen aus Isopropylbromid und Natriumalkoholat:

$$C_2H_5O + (CH_3)_2\underset{Br}{\overset{H}{C}} \rightarrow C_2H_5OH + CH_3-CH=CH_2,$$

oder die Abspaltung von HBr aus Isobutylbromid mit Hilfe von Wasser

$$H_2O + (CH_3)_3CBr \rightarrow H_3O^+ + (CH_3)_2C=CH_2 + \overset{-}{Br}$$

zu nennen. Die entstehende Doppelbindung braucht nicht zwischen zwei C-Atomen, sondern kann zwischen Heteroatomen auftreten, wofür die Umkehrung der Reaktion, die zur Aldolkondensation führt, oder die Umkehrung der Michael-Reaktion gute Beispiele sind.

Die Gesetzmäßigkeiten, die bei der Einführung von Substituenten in den Benzolkern beobachtet werden, können auf die Ladungsverteilung im Benzolmolekül zurückgeführt werden und auf Grund der Elektronentheorie unter einheitlichen Gesichtspunkten gedeutet werden. Durch die klassischen Untersuchungen von HOLLEMAN (1910) wissen wir, daß die Substituenten je nach ihrer orientierenden Wirkung in zwei Klassen eingeteilt werden[2]. Die

Tabelle 29. *Elektrophile Substitutionen*

Klasse I Substituenten dirigieren hauptsächlich nach *o-, p*-Stellung	Klasse II Substituenten dirigieren hauptsächlich nach *m*-Stellung
—Cl —Br	—NO$_2$ —CO
—J	$-\overset{H}{C}=O$
—CH$_3$, —C$_2$H$_5$	$-C\overset{\diagup O}{\diagdown OH}$, $-C\overset{\diagup O}{\diagdown OR}$
—OH$_2$, —OCH$_3$ —NH$_2$	$-C\overset{\diagup O}{\diagdown NH_2}$ —SO$_3$H, CN $^+$N(CH$_3$)$_3$

---

[1] W. C. F. HIGGINSON and N. S. WOODING, J. chem. Soc. **760**, 1178 (1952).
[2] Vergleiche die zusammenfassende Darstellung L. N. FERGUSON, Chem. Rev. **50**, 47 (1952).

§ 21 Die chemische Reaktivität vom Standpunkt der Elektronentheorie 175

Substituenten erster Ordnung dirigieren eine zweite einzuführende Gruppe in ortho-para-Stellung, während die Substituenten zweiter Ordnung vorzugsweise die meta-Stellung des Benzolmoleküls aktivieren. Die Betrachtung der Tabelle 29, welche die nach o-p- bzw. m-Stellung dirigierenden Substituenten enthält, lehrt, daß die erste Gruppe Elektronendonatoren enthält, hingegen die zweite Elemente und Gruppen umfaßt, welche zu den Akzeptoren gehören. Die Donatorwirkung des Substituenten beeinflußt die einzelnen Stellen des Benzolkerns nicht in gleicher Weise. Das Molekulardiagramm des Anilins beispielsweise zeigt, daß die Elektronendichte in den o-p-Stellungen gegenüber der m-Stellung erhöht ist. Die Ladungsverteilung zeigt einen alternierenden Verlauf, für welchen eine quantenmechanische Begründung erbracht werden kann[1].

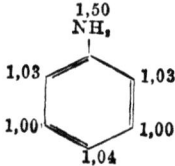

Reagiert nun Anilin mit einem elektrophilen Reagens, wie etwa dem NO_2^+-Ion, das bei der Nitrierung aktiv auftritt, so werden vorzugsweise die o-p-Stellungen, da sie elektronegativ sind, angegriffen, so daß o- und p-Derivate entstehen. Ist im Benzol ein Substituent der zweiten Gruppe, d. h. ein Elektronenacceptor vorhanden, so werden wiederum die gleichen Stellen o- und p- am meisten betroffen, jedoch in diesem Falle in umgekehrtem Sinn. Sie verarmen an negativer Ladung, so daß sie gegenüber der meta-Stellung positiv geladen erscheinen. Ein elektrophiles Agens wird demnach nach der meta-Stellung geleitet und dort festgehalten. Der Elektronenzufluß bzw. der Elektronenabzug an der o- und p-Stellung ergibt sich aus der alternierenden Ladungsverteilung im Molekül. Diese läßt sich außer der erwähnten wellenmechanischen Ableitung auch nach der Vorstellung der Valenzstrukturen anschaulich darstellen, indem man einsieht, daß eine Ladungsverschiebung im Benzolmolekül unter Bildung einer ortho- bzw. para-chinoiden Struktur erfolgen kann:

---

[1] C. A. COULSON u. H. C. LONGUET-HIGGINS, Proc. Roy. Soc. (London) A **191**, 39 (1947), A **192**, 16 (1948), A **193**, 447 (1948). R. G. PARR u. R. S. MULLIKEN, J. chem. Phys. **18**, 1338 (1950). H. H. JAFFÉ, J. chem. Phys. **20**, 280 (1952).

dagegen nicht in Richtung eines meta-Chinons, welches valenzmäßig nicht möglich ist. Es muß jedoch betont werden, daß die Substitution an allen freien Stellen des Benzolmoleküls erfolgt, da nur relative Unterschiede der Reaktionsgeschwindigkeiten an den o-p- bzw. m-Stellungen existieren.

Die Richtigkeit der gegebenen Erklärung der Substitutionsregeln des Benzols läßt sich experimentell schrittweise verfolgen. Im Phenyltrimethylammoniumion dirigiert das positive $(CH_3)_3N^+$-Ion wegen seiner Elektronenacceptoreigenschaft ein elektrophiles Agens in die meta-Stellung. So entsteht bei der Nitrierung hundertprozentig das m-Nitroderivat. Wird jedoch zwischen dem positiven $(CH_3)_3N^+$-Ion und dem Phenylkern eine CH_2-Gruppe eingeschaltet, so fällt der prozentuale Anteil des m-Derivates auf 88%, indem nunmehr zu 12% die o-p-Nitroderivate gleichzeitig entstehen. Die weitere Entfernung der m-dirigierenden $(CH_3)_3N^+$-Gruppe vom Phenylkern durch mehrere CH_2-Gruppen bringt einen weiteren Abfall des m-Anteils und einen Anstieg der Ausbeute an o-p-Derivaten, so daß die Kette $CH_2\text{-}CH_2\text{-}CH_2\text{-}N^+(CH_3)_3$ nunmehr zu einer o-p-dirigierenden Gruppe geworden ist. Sie nähert sich mit zunehmender Kettenlänge langsam den Eigenschaften der CH_3-Gruppe im Toluol, welche, da sie eine Elektronendonatorgruppe ist, nach o-p dirigiert.

In analoger Weise kann man einen in die o-p-Stellung dirigierenden Substituenten durch Änderung seines Elektronenzustandes zu einem meta-dirigierenden Substituenten verwandeln. Die CH_3-Gruppe im Toluol ist wegen des Hyperkonjugationseffektes eine Donatorgruppe und dirigiert ein elektrophiles Agens demnach in die o-p-Stellung. Wenn aber die H-Atome sukzessive durch das elektronegative Cl ersetzt werden, so verschiebt sich der Anteil des m-Derivates auf Kosten der o-p-Derivate, so daß das Trichloromethylbenzol ⟨ ⟩CCl_3 zu 64% in m-Stellung nitriert wird.

Es ist festgestellt worden, daß die Substituenten 1. Ordnung die Reaktionsgeschwindigkeiten im Vergleich zum Benzol erhöhen, während die Substituenten 2. Ordnung dieselben erniedrigen. Die am Toluol bzw. Benzoesäureethylester angeschriebenen Zahlen stellen das Verhältnis der Nitrierungsgeschwindigkeit an der betreffenden Molekülstelle zu der Nitrierungsgeschwindigkeit des Benzols dar.

```
        CH₃                           COOC₂H₅
   42  ╱══╲  42              0,0026  ╱══╲  0,0026
      │    │                         │    │
   2,5 ╲══╱ 2,5              0,0079  ╲══╱  0,0079
        58                           0,0009
```

Aus ihnen ist in anderer Weise auch die o-, p- bzw. m-dirigierende Wirkung der beiden Substituenten zu entnehmen.

Genaue Messungen zeigen, daß o- und p-Stellung nicht gleichwertig sind, wie bisher angenommen wurde. Die induktive Wirkung eines Substituenten auf die Ladungsverteilung im Phenylkern betrifft stärker die zwei benachbarten o-Stellungen als die p-Stellung, wofür der kürzere Abstand der o-Stellung vom induzierenden Substituenten verantwortlich zu machen ist. Hingegen beeinflußt der Konjugationseffekt die p-Stellung stärker als die o-Stellungen. Dies hängt, valenzstrukturmäßig gesprochen, mit der größeren Stabilität der p-chinoiden gegenüber der o-chinoiden Struktur zusammen. In der Sprache der v.b.-Theorie besagt dieses, daß die p-chinoide polare Struktur I im Resonanzhybrid mit einem größeren Gewicht vertreten ist als die o-chinoide polare Struktur II

```
       R⁺              R⁺
      ╱══╲            ╱══╲
     │    │          │    │ H
      ╲══╱            ╲══╱  ─.
       H ─
        I               II
```

Die Verschiedenheit der Gewichte rührt davon her, daß zur Schaffung einer o-chinoiden eine Doppelbindung, dagegen für die p-chinoide Formel zwei Doppelbindungen delokalisiert werden müssen.

Man kann an Hand des Verhältnisses der o / p Ausbeuten das Zusammenwirken bzw. den Antagonismus von Induktions- und Mesomerieeffekt gut verfolgen. In der Reihenfolge C_6H_5F, C_6H_5Cl, C_6H_5Br, C_6H_5J nimmt das o/p-Verhältnis des Mononitroderivates vom Wert 1/8 bis fast zum Wert 1 zu. Diese Reihenfolge ist die Reihenfolge fallender Elektronegativität und steigender Konjugationswirkung des Halogens. Es ist auffallend, daß das voluminösere

J nicht etwa den Eintritt der NO_2-Gruppe in die o-Stellung verhindert, ein Effekt, welchem man bei anderen Gruppen begegnet. So läßt sich der sterische Einfluß der bereits vorhandenen Substituenten an Hand der Nitrierungsausbeuten an o- und p-Derivaten in der Reihe

$$\langle\bigcirc\rangle CH_3, \quad \langle\bigcirc\rangle CH_2CH_3, \quad \langle\bigcirc\rangle-C{<}^{CH_3}_{CH_3}{}^H, \quad \langle\bigcirc\rangle C{<}^{CH_3}_{CH_3}{}^{CH_3}$$

nachweisen. Die Ausbeute an o-Nitroderivaten fällt in der gegebenen Reihenfolge ständig ab, während die der p-Derivate entsprechend ansteigt. Das Verhältnis o/p durchläuft die Werte von 1,4 bis 0,15 in der Richtung zunehmenden Volumens der Seitenkette.

Wenn mehr als ein Substituent im Phenylkern vorhanden ist, so ist es nicht immer einfach vorauszusagen, welche Stelle eine neu einzuführende Atomgruppe besetzen wird. So wird sowohl das m-Nitroanisol als auch der m-Nitrobenzaldehyd wider alle Erwartung an der Stelle 2 nitriert. Ähnliche Unstimmigkeiten beobachtet man, wenn zwei verschiedene Halogenatome im Benzol vorhanden sind. Hier kommt es auf die sehr feine Abwägung von $\pm$ Induktions- und $\pm$ Mesomerieeffekten an, welche den schließlichen, nicht immer bekannten Ladungszustand des Moleküls bestimmen, der für die dirigierende Wirkung ausschlaggebend ist.

Wenn durch Anhängen von starken Elektronenacceptoren, wie NO_2-Gruppen, der Phenylkern an Elektronen verarmt ist, so wird er leicht Stellen aufweisen, die nucleophile Agentien anziehen. Das 1-Brom-2,4-dinitrobenzol tauscht verhältnismäßig leicht das Bromatom gegen eine Methoxygruppe nach dem nucleophilen Reaktionsschema aus:

$$O_2N\langle\bigcirc\rangle^{NO_2}Br + \bar{O}CH_3 \rightarrow O_2N-\langle\bigcirc\rangle^{NO_2}-OCH_3 + Br^-$$

Für die nucleophilen, aromatischen Substitutionen muß die dirigierende Wirkung der Substituenten gerade umgekehrt gerichtet sein, wie im obigen Fall der Nitrierung, welche, wie erwähnt, eine elektrophile Substitution ist. Als Beispiel dafür sei eine Reaktion besprochen, die eingehend untersucht worden ist. Sie besteht in der Einführung von Halogenionen in den Benzolkern durch Zersetzung der entsprechenden Diazoniumsalze. Sie verläuft nach dem Schema:

$$\langle\!\!\bigcirc\!\!\rangle\text{N}_2^+ + \text{J}^- \rightarrow \langle\!\!\bigcirc\!\!\rangle\text{J} + \text{N}_2$$

und ist eine S_{N1}-Reaktion, d. h. sie ist eine nucleophile Substitution erster Ordnung. Der Reaktionsablauf ist darum monomolekular, weil die Zersetzung des Diazoniumions,

$$\langle\!\!\bigcirc\!\!\rangle\text{N}_2^+ \rightarrow \langle\!\!\bigcirc\!\!\rangle^+ + \text{N}_2$$

die wahrscheinlich allein von der Diazoniumionen-Konzentration abhängt, die langsamste Reaktionsstufe und darum geschwindigkeitsbestimmend ist. Die darauf folgende Vereinigung des positiven Phenylions mit den Halogenionen

$$\langle\!\!\bigcirc\!\!\rangle^+ + \text{J}^- \rightarrow \langle\!\!\bigcirc\!\!\rangle\text{J}$$

verläuft unmeßbar rasch. Man hat nun den Einfluß verschiedener Gruppen in m-Stellung auf die Zersetzungsgeschwindigkeit dieser Diazoniumsalze, d. h. auf eine nucleophile Substitution, untersucht[1] und gefunden, daß Gruppen, die einen $+M$-Effekt aufweisen, d. h. konjugativ an den Phenylkern Ladungen abgeben, die Zersetzungsgeschwindigkeit des Diazoniumions bis auf das 10fache erhöhen. Das bedeutet, daß sie die m-Stellung für eine nucleophile Substitution aktivieren. Der Befund steht in Übereinstimmung mit obigem, für die elektrophilen Substitutionen abgeleiteten, Orientierungsmechanismus. Dagegen verlangsamen Elektronenacceptoren wie COOH, NO_2, SO^-_3, Cl in m-Stellung die Zersetzungsgeschwindigkeit. Das bedeutet, daß die m-Stellung relativ zu o- und p-Stellungen negativ geladen ist und damit die nucleophile Substitution erschwert. Versucht man aber dieselben Erklärungsprinzipien auf die o- bzw. p-substituierten Diazoniumsalze auszudehnen, so stößt man auf erhebliche Unstimmigkeiten, deren Beseitigung bis heute noch nicht vollständig geglückt ist.

Eine besondere Stellung unter den chemischen Reaktionen nehmen die molekularen Umlagerungen ein. Schon im Jahre 1885

---

[1] E. A. MOELWYN-HUGHES and P. JOHNSON, Trans. Faraday Soc. **36**, 948 (1940).

180 § 21 Die chemische Reaktivität vom Standpunkt der Elektronentheorie

ist C. LAAR[1] aufgefallen, daß derselben Substanz unter verschiedenen Bedingungen verschiedene Strukturformeln zukommen können, wenn man dafür ihr reaktives Verhalten als Kriterium zugrunde legt. Die faktisch vorhandenen Strukturen können ineinander übergeführt werden. Diese Erscheinung ist Tautomerie genannt worden. Man lernte zwei Klassen von Umwandlungen unterscheiden, die zu den tautomeren Produkten führen: die anionotropen und die kationotropen oder prototropen Umlagerungen. Wir wissen heute, daß diese Art von Umlagerung nur als spezielle Fälle der allgemeinen Strukturverschiebungen aufzufassen sind, die man als nucleophile bzw. elektrophile Umlagerungen bezeichnet.

Bei den nucleophilen Umlagerungen entsteht primär ein Anion, während das entsprechende Kation isomere Strukturverschiebungen erleidet. In der zweiten Phase wird das Anion an einer anderen Stelle des Molekülkations angelagert. Zu den nukleophilen, anionotropen Umlagerungen gehören z. B. die Wagner-Meerweinsche Umlagerung von Isobornylchlorid in Kamphenhydrochlorid,

$$\text{Isobornylchlorid} \longrightarrow \text{Kation} + \overline{\text{Cl}} \longrightarrow \text{Kamphenhydrochlorid}$$

die Umwandlung von Ketoximen in substituierte Säureamide (Beckmannsche Umlagerung).

$$\underset{\text{NOH}}{\overset{\text{R}-\text{C}-\text{CH}_3}{\|}} \longrightarrow \underset{\text{N}+}{\overset{\text{R}-\text{C}-\text{CH}_3}{\|}} + \overline{\text{OH}} \longrightarrow \underset{\text{N}-\text{CH}_3}{\overset{\text{R}-\text{C}+}{\|}} + \overline{\text{OH}} \longrightarrow$$

$$\underset{\text{N}-\text{CH}_3}{\overset{\text{R}-\text{C}-\text{OH}}{\|}} \longrightarrow \underset{\text{NH}_{\text{CH}_3}}{\overset{\text{R}-\text{C}-\text{O}}{\|}}$$

die Umlagerung von Phenylhydroxylamin in p-Aminophenol

$$\text{C}_6\text{H}_5\text{-}\overset{\text{H}}{\text{N}}\text{-OH} \rightarrow \text{C}_6\text{H}_5\text{-}\overset{+}{\text{NH}} + \overline{\text{OH}} \rightarrow \text{+C}_6\text{H}_4\text{NH}_2 + \overline{\text{OH}} \rightarrow \text{HO-C}_6\text{H}_4\text{-NH}_2$$

Als Beispiele elektrophiler Umlagerungen seien angeführt, die Claisensche Umlagerung, die in der Umgruppierung eines Aryl-allyläthers in ein o-Allylphenolderivat besteht,

---

[1] C. LAAR Ber. dtsch. chem. Ges. 18, 652 (1885).

und die Benzidinumlagerung, d. i. die durch Säure erfolgende Umwandlung des Diphenylhydrazins in p-Diaminodiphenyl

§ 22 Magnetische Kernresonanz und chemische Konstitution

Wir sind dem Kernspin, d. h. dem Drehimpuls eines Atomkernes bei der Besprechung der zwei Wasserstoffmodifikationen, des o- und p-Wasserstoffes, begegnet. (S. 121) Wir sahen, daß die verschiedene gegenseitige Orientierung der Kernspins zu verschiedenen Auswahlregeln der Rotationsquantelung führt, so daß die spezifischen Wärmen der beiden H_2-Modifikationen sich bei tiefen Temperaturen erheblich unterscheiden. Nun spielt das durch diesen Drehimpuls entstehende magnetische Moment der Atomkerne auch bei sonstigen organischen Verbindungen eine große Rolle, so daß die Ermittelung ihrer Größe durch F. BLOCH[1] einerseits und E. M. PURCELL[2] andererseits der Forschung einen Antrieb in neue Richtungen gegeben haben.

Das magnetische Moment eines Atomkernes wird in Kernmagnetonen ausgedrückt

$$\mu_K = \frac{e\,h}{4\pi m \cdot c}, \qquad (83)$$

wobei 1 Kernmagneton gleich 5,05 10^{-24} erg./Gauß ist. Wird ein Atomkern mit magnetischem Moment in ein magnetisches Feld gebracht, so wird es ausgerichtet, indem es gleichzeitig mit einer bestimmten Geschwindigkeit auf einer Kegelfläche von bestimmter Öffnung um die Richtung des angelegten magnetischen Feldes präzediert. Diese Präzessionsfrequenz, die sog. Larmor-Frequenz ω, ist gegeben durch:

$$\omega = 2\pi\nu = \frac{2\pi\mu H_0}{I\,h}, \qquad (84)$$

---

[1] F. BLOCH W. W. HANSEN u. M. E. PACKARD, Phys. Rev. **69**, 127 (1946).
[2] E. M. PURCELL, H. C. TORREY, R. V. POUND, Phys. Rev. **69**, 37 (1946).

worin μ das magnetische Moment, H_0 die magnetische Feldstärke und die Spinquantenzahl des Kernes bedeuten. Das Verhältnis des magnetischen Momentes zum Kernspin $\gamma = \frac{\mu}{J}$ wird gyromagnetisches Verhältnis genannt. Die Bewegung des Kernkreisels kann in einer geschlossenen Spule einen Induktionsstrom erzeugen, weil sich die Zahl der magnetischen Kraftlinien, welche diese Spule durchschneiden, wegen der genannten Präzessionsbewegung zeitlich ändert. Dieser Strom ist unter normalen Bedingungen jedoch nicht nachzuweisen, weil die Vielzahl der kreisenden Atomkerne zwar die gleiche Frequenz besitzt, jedoch mit verschiedenen Phasen um die Feldrichtung präzessieren, so daß sie sich in der Gesamtwirkung gegenseitig aufheben. Wenn aber, nach dem Vorschlag von BLOCH, senkrecht zu dem äußeren konstanten, magnetischen Feld H_0, welches die Präzession der Atomkerne erzeugt, ein magnetisches *Wechsel*feld der Stärke H_1 und von gleicher Frequenz wie die Larmor-Frequenz überlagert wird, so zwingt man die Kernkreisel zu Phasengleichheit. Die Induktionsstöße der einzelnen Kerne addieren sich und rücken damit in den Bereich der Nachweisbarkeit.

Die experimentelle Ermittlung dieser Larmor-Frequenz, welche für die einzelnen Atomkerne, entsprechend den verschiedenen μ- und J-Werten, an verschiedenen Spektrallagen erscheinen, geStellen des Spektrums aufheben, geschieht entweder durch Variation der äußeren magnetischen Feldstärke H_0, unter Konstanthaltung der Wechselfrequenz, welche die Synchronisierung hervorruft, oder durch Veränderung der Wechselfrequenz bei konstant gehaltenem magnetischen Feld. In beiden Fällen wird in einer Spule, die senkrecht zur Spule des Wechsel-

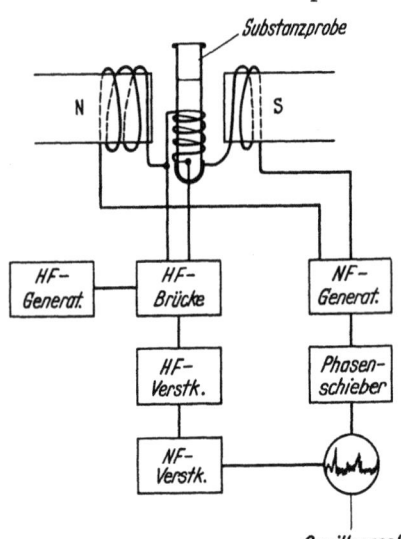

Abb. 37. Schematische Darstellung einer Apparatur zur Beobachtung der kernmagnetischen Resonanz

§ 22 Magnetische Kernresonanz und chemische Konstitution 183

feldes steht, wenn die Larmor-Frequenz mit der Wechselfrequenz zusammenfällt, d. h. im Resonanzfall, ein Strom induziert, der nach geeigneter Verstärkung registriert wird. Auf diese Weise entsteht für eine Reihe von Larmor-Frequenzen das sog. Kernresonanzspektrum.

Das skizzierte Prinzip der Entstehung der Kernresonanzspektren wird durch Abb. 38 veranschaulicht. Das magnetische Kernmoment μ präzediert um die Richtung des Magnetfeldes H_0 in solchen Winkeln, daß eine Projektion des Drehimpulses auf die Richtung des H_0 immer ganze Vielfache von $\frac{h}{2\pi}$ annimmt. Es stellen sich somit nicht alle möglichen Präzessionskegel ein, sondern nur bestimmte, diskret von einander sich unterscheidende, die durch die magnetische Quantenzahl m_I bestimmt werden. Sie kann ganz- oder halbzahlige Werte annehmen.

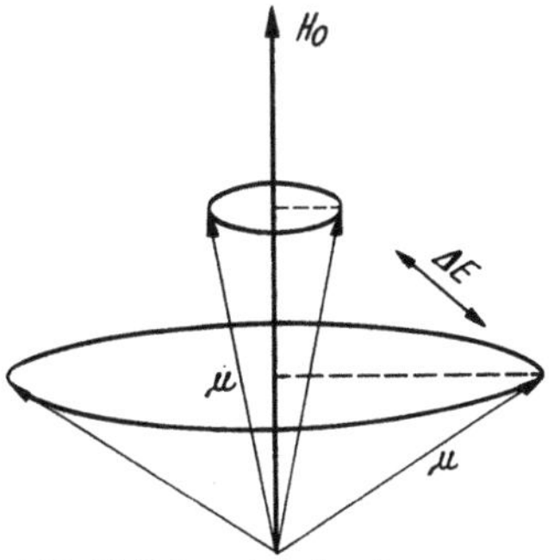

Abb. 38. Präzession eines kernmagnetischen Momentes um die Richtung des äußeren magnetischen Feldes

Die dadurch sich einstellenden diskreten Energiezustände, welche sich von einander um den Betrag μH_0 unterscheiden, sind im thermodynamischen Gleichgewicht mit Besetzungszahlen belegt, die nach der Bolzmannschen Verteilung vom magnetischen Kernmoment μ, von der Stärke des magnetischen Feldes H_0 und von der Temperatur abhängen. Durch Strahlungsabsorption aus dem hochfrequenten Wechselfeld H_1 im Resonanzfall findet ein Übergang von einem Energieniveau in das andere statt, wobei die absorbierte Energie der Energiedifferenz zweier Zustände gleich ist. Da die Energie eines jeden magnetischen Zustandes gegeben ist durch

$$E_{m_I} = -\frac{\mu}{I} H_0 m_I, \tag{85}$$

ist die Differenz zweier um die magnetische Quantenzahl verschiedener Energiezustände gleich:

$$\Delta E = \frac{\mu}{I} H_0 \Delta m_I = h\nu. \tag{86}$$

Nach den Auswahlregeln darf die Änderung Δm_I entweder $+1$ oder -1 sein. Man erkennt, daß die Frequenz der absorbierten

Strahlung gleich der mechanischen Präzessionsfrequenz ist, welche durch Gleichung (84) gegeben wird, da $\omega = 2\pi\nu$ ist. Dies ist ein wesentlicher Unterschied zwischen den kernmagnetischen und den elektronischen Übergängen bei den Spektren im Sichtbaren und Ultraviolett. Bei letzteren existiert keine Gleichheit zwischen emittierter Frequenz und Umlauffrequenz des Elektrons, die erst bei sehr kleinen Quanten zustandekommt, wie das Korrespondenzprinzip zum Ausdruck bringt.

Die in Gleichung (84) angeführte Präzessionsfrequenz gilt für ein vollkommen isoliert gedachtes resonanzfähiges Kernmoment, ohne die umgebende Elektronenhülle und ohne die gegenseitige Beeinflussung durch benachbarte Kernmomente. Beide Umstände jedoch rufen Änderungen der Larmor-Frequenz hervor, welche gerade zur Beantwortung von chemischen Konstitutionsfragen dienen können.

Die den Kern umkreisenden Elektronen bewirken eine Abschirmung des angreifenden magnetischen Feldes. Die am Orte des Kernspins effektiv wirkende Feldstärke H_{eff} ist um den Betrag αH_0 kleiner als die makroskopische Feldstärke H_0, d. h.

$$H_{\text{eff}} = H_0 - \alpha H_0$$

worin α die diamagnetische Abschirmungskonstante bedeutet. Sie hängt von der Elektronendichte um den Kernspin ab. Die durch die diamagnetische Abschirmung hervorgerufenen Verschiebungen der Resonanzfrequenzen geben über die Elektronendichte und folglich über den Bindungsgrad der Atome Auskunft. Je nach der

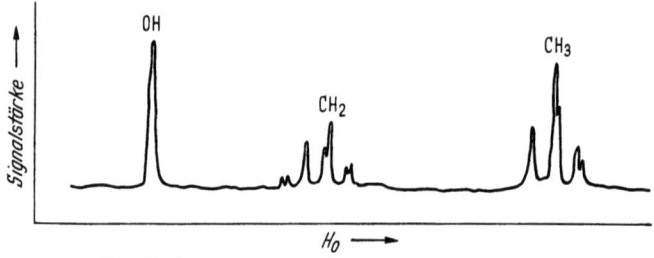

Abb. 39. Kernresonanzspektrum des Aethylalkohols

Art des Moleküls bzw. je nach der Stelle des Moleküls, an welcher der Kernspin eingebaut ist, erhält man Verschiebungen der Resonanzfrequenz, welche man „chemische Verschiebungen" (chemical shifts) benannt hat. In Abb. 39 ist das Kernresonanzspektrum des Äthylalkohols wiedergegeben. Es ist in drei Gruppen von Signalen aufgespalten, die den drei Gruppen CH_3, CH_2 und OH zuzuordnen sind. Sie rühren von den Kernmomenten der Protonen her, welche durch die verschiedene Abschirmung in den drei genannten Gruppen bei um maximal 40 Milligauss von einander verschiedenen magnetischen Feldstärken absorbieren. Die „chemischen Verschiebungen" sind feldabhängig, ihre Abstände können durch Erhöhung der Feldstärke H_0 vergrößert werden, da sie dieser proportional sind. Man gibt die chemical shifts zahlenmäßig durch die relative Verschiebung der magnetischen Feldstärke H_s gegenüber einer als Standardsubstanz H_0 gewählten Verbindung für das Resonanzsignal desselben Kernspins an, indem man definiert:

$$\delta \equiv \frac{H_0 - H_s}{H_s}. \tag{87}$$

Für den Protonspin wählt man Wasser als Vergleichssubstanz. Dann ist das dimensionslose δ von der Größenordnung von 10^{-5}, und es ist um so größer, je stärker die Abschirmung durch die Elektronenhülle, d. h. je größer die den Kernspin umgebende Elektronendichte ist.

Neben den chemischen Verschiebungen beobachtet man bei starker apparativer Auflösung eine Aufspaltung der Resonanzfrequenzen in eine Gruppe von Signalen. Die starke Dispersion der Aufnahme in Abb. 39 zeigt, daß die CH_3- bzw. CH_2-Resonanzstellen aus 3 bzw. 4 einzelnen Absorptionslinien bestehen. Die Aufspaltung rührt von der gegenseitigen Störung der Präzessionsfrequenzen durch die benachbarten Kernspins her. Man kann ihre Wirkung dadurch beschreiben, daß man einen Kernspin herausgreift und die Veränderung des Magnetfeldes H_0 durch die Nachbarschaft eines zweiten Kernspins bis zu einem Wert H_0' betrachtet. Je nach der parallelen oder antiparallelen Einstellung der Kernspins zueinander findet eine Addition oder Substraktion des Feldes H_0' zum äußeren Felde H_0 statt, so daß zwei neue Resonanzsignale bei $H_0 + H_0'$ und $H_0 - H_0'$ symmetrisch zu H_0 auftreten. Diese Erscheinung wird Spin-Spin-Wechselwirkung genannt. Die dadurch bewirkte Aufspaltung ist unabhängig von der Feldstärke und beträgt nur einige Milligauss.

Nur ein Teil, ca. $1/3$, der Elemente und deren Isotope besitzen ein Kernmoment. ^{12}C beispielsweise hat kein Kernmoment, weil im C-Kern die Neutronen und Protonen in gerader Zahl vorkommen,

§ 22 Magnetische Kernresonanz und chemische Konstitution

und damit ihre Spins sich gegenseitig kompensieren. Das Gleiche gilt für ^{16}O. Dagegen besitzen Kernmomente die in organischen Verbindungen oft vorkommenden Elemente

^{1}H, ^{14}N, ^{19}F, ^{31}P, ^{35}Cl, ^{37}Cl, ^{13}C, ^{29}Si .

Tabelle 30 enthält eine Reihe der wichtigsten Isotope der Elemente mit ihren Kernmomenten, ausgedrückt in Kernmagnetonen.

Tabelle 30. *Magnetische Kernmomente einiger Isotope*

Isotop	Prozentgehalt im natürlichen Isotopengemisch	Spin in $\frac{h}{2\pi}$	Magnet. Moment in Einheiten eines Kernmagnetons μ_K
H	99,98	1/2	2,79277
D	1,56 · 10^{-2}	1	0,85741
B^{11}	81,17	3/2	2,689
C^{12}	98,9	0	0
C^{13}	1,1	1/2	0,7023
N^{14}	99,62	1	0,4037
O^{16}	99,757	0	0
F^{19}	100	1/2	2,628
Na^{23}	100	3/2	2,217
Al^{27}	100	5/2	3,641
Si^{28}	92,28	0	0
P^{31}	100	1/2	1,131
S^{32}	95,06	0	0
S^{33}	0,74	3/2	0,6429
Cl^{35}	75,4	3/2	0,8210
K^{39}	93,3	3/2	0,3910
Br^{79}	50,5	3/2	2,106
J^{127}	100	5/2	2,809

Die apparative Anordnung, nach der von PURCELL vorgeschlagenen Methode, ist in sehr schematischer Weise in Abb. 37 dargestellt. Die Anforderungen, die an die Homogenität und zeitliche Konstanz des Magnetfeldes H_0 gestellt werden, sind außerordentlich hoch. Sie muß, um die genannten Aufspaltungen sicherzustellen, $^1/_{10}$ mOe bei einer Feldstärke von 10^4 Oe betragen. Die Verwendung von permanenten Magneten, deren Kraftlinien durch schwache elektrische Ströme zu einem möglichst parallelen Verlauf korrigiert werden, hat den einzigen Nachteil, daß man die Feldstärke nicht variieren und dadurch die feldabhängigen von den feldunabhängigen Effekten unterscheiden kann.

Die Anwendungen der Kernresonanzmethode sind sehr mannigfaltig. Es sei die Verfolgung des Schmelzvorganges in hochpolymeren Verbindungen durch Beobachtung der Linienbreite besprochen. Die natürliche Breite ΔE einer Emissionslinie steht nach der Heisenbergschen Ungenauigkeitsrelation im Zusammenhang mit der Lebensdauer $\Delta \tau$ der angeregten Zustände, da es gelten muß:

$$\Delta E \cdot \Delta \tau \geq h. \tag{32}$$

Diese Lebensdauer kann innerhalb eines Bereiches von 10^{-4} bis 2 sec schwanken und ist somit sehr viel länger als die Lebensdauer angeregter Elektronenzustände (10^{-8} sec). Entsprechend der obigen Korrelation ist die natürliche Linienbreite um das gleiche Maß geringer, sie fällt oft unter 1 Hertz.

Die magnetischen Resonanzlinien erfahren eine Verbreiterung durch eine Reihe von Faktoren, unter welchen der wichtigste die magnetische Dipol-Dipol-Wechselwirkung ist. Im festen Zustand reicht die dadurch verursachte Verbreiterung bis an einige KiloHertz. Durch Schmelzen und Zerstörung der festen räumlichen Beziehung der Kernmagnete zueinander, wird die genannte Dipol-Dipol-Wechselwirkung eliminiert, weil durch die Wärmebewegung alle möglichen Orientierungen sich einstellen, deren Wirkungen sich im Mittel aufheben. Letzteres kommt durch die raschere Wärmeagitation der Moleküle gegenüber der langen Dauer der Präzessionsbewegung zustande. So ist zu verstehen, daß die Resonanzlinien beim Schmelzen schärfer werden. Man hat diese Erscheinung benutzt, um den Ordnungsgrad von Hochpolymeren in verschiedenen Temperaturbereichen zu ermitteln[1].

Auch auf die Häufigkeit eines chemischen Austausches kann aus der Linienstruktur geschlossen werden. Die Aufspaltung durch elektronengekoppelte Spin-Spin-Wechselwirkung bleibt aus, wenn die Verweilzeit des Kernspins unter einem gewissen Mindestmaß liegt. So erklären sich die Erscheinungen, die bei der Kernmagnetischen Resonanz von H_2O/CH_3CH_2OH-Gemischen zu beobachten sind[2]. Die δ-Werte des Protonspins im H_2O bzw. in der OH-Gruppe des Alkohols liegen bei $0{,}34 \cdot 10^{-5}$ bzw. $0{,}42 \cdot 10^{-5}$ für Mischungen bis zu 20% Wasser. Für größere Mischungsverhältnisse beobachtet

---
[1] A. ODAJIMA, J. SOHMA u. M. KOIKE, J. chem. Phys. **23**, 1959 (1955).
[2] J. WEINBERG and I. R. ZIMMERMANN, J. chem. Phys. **21**, 1688 (1953); vgl. auch H. S. GUTOWSKY and A. SAIKA, J. chem. Phys. **21**, 1688 (1953).

man eine einzige Linie, deren δ-Wert $0{,}355 \cdot 10^{-5}$ entspricht. Der Grund für das Zusammenfallen beider δ-Werte ist im raschen Austausch der Protonen zwischen den Alkohol- und den Wassermolekülen zu erblicken, der sicherlich über die H-Brücken stattfindet.

Ähnliche Phänomene liegen der sog. *paramagnetischen Elektronenresonanz* zugrunde. Ein freies ungekoppeltes Elektron ist durch ein magnetisches Moment

$$\mu = g\sqrt{\tfrac{1}{2}(\tfrac{1}{2}+1)}\,\mu_B \quad (\text{g-Faktor } \mu_B = \text{Bohrschem Magneton})$$

und einen Spin $S = \dfrac{1}{2}$ gekennzeichnet. Bei Anlegung eines äußeren Feldes H_0 führt der Elektronspinvektor eine Präzessionsbewegung um die Achse des magnetischen Feldes H_0 aus. Ein senkrecht zu diesem Feld wirkendes hochfrequentes magnetisches Feld H_1 tritt mit der Präzession des Elektrons (Larmor-Präzession) in Resonanz, wenn beide Frequenzen (des H_1-Feldes und der Larmor-Präzession) übereinstimmen. In einem solchen Falle erfolgt Absorption von Energie aus dem Felde H_1, welche als Signal registriert wird (ZAVORSY 1945).

Elektronenresonanz-Messungen sind sehr aufschlußreich für die Erforschung der elektrischen Felder in Kristallen von paramagnetischen Salzen der Übergangselemente und der seltenen Erden gewesen[1]. Freie Radikale werden durch diese Methode in einer sehr spezifischen Weise erfaßt. Ihre Spektren sind jedoch bis heute noch nicht vollkommen gedeutet. Die Elektronenresonanz von p-Semichinon[2] besteht aus einem Signal, das in 5 Linien aufgespalten ist (Abb. 40).

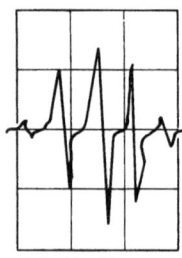

Abb. 40. Paramagnetische Elektronenresonanz des p-Semichinons

Sie werden durch die Koppelung des freien Elektrons mit den magnetischen Momenten der vier gleichwertigen Protonen erklärt. Denn es ergeben sich 5 Einstellungsmöglichkeiten dieser Momente zu der Richtung des magnetischen Momentes des freien Elektrons (Hyperfeinstruktur).

---

[1] D. BLEANEY u. K. W. H. STEVENS, Rep. progr. Phys. **16**, 108 (1953).
[2] J. E. WERTZ and J. L. VIVO, J. chem. Phys. **23**, 2441 (1955).

Für ein weiteres Studium zu empfehlen:

COULSON, C. A.: Valence. Oxford: Clarendon Press 1951.

DEWAR, M. J. S.: The Electronic Theory of Organic Chemistry. Oxford: Clarendon Press 1949.

GLASSTONE, S.: Theoretical Chemistry. 2nd Edition. New York: Van Nostrand 1945.

HARTMANN, H.: Die chemische Bindung. Berlin, Göttingen, Heidelberg: Springer 1955.

HARTMANN, H.: Theorie der chemischen Bindung auf quantentheoretischer Grundlage. Berlin, Göttingen, Heidelberg: Springer 1954.

HÜCKEL, E.: Grundzüge der Theorie ungesättigter und aromatischer Verbindungen. Berlin: Verlag Chemie, G.m.b.H., W. 35, 1938.

PAULING, L., and E. BRIGHT WILSON: Introduction to Quantum Mechanics. New York and London: McGraw-Hill 1935.

PULLMAN, B., and A. PULLMAN: Les Theories Electroniques de la Chimie Organique. Paris: Masson 1952.

WHELAND, G. W.: Resonance in Organic Chemistry. New York: John Wiley & Sons; London: Chapman & Hall 1955.

Namen- und Sachverzeichnis

Absorption des Lichtes 138
Acetylen, Elektronenverteilung im 76
Acrylsäure, Dissoziationskonstante der 127
Addition, abnormale von HCl 169
— peroxydkatalysierte 170
AGALLIDIS, E. 122
Aktivierter Komplex 166
Aktivierungsenergie 167
Alternierende Ladung 177
ANDERSON, H. C. 52
Anilin, Ladungsdichteverteilung 175
Anionide Reagenzien 160
Antiparallele Spins 32, 35, 57, 61, 151
Antisymmetrische Wellenfunktion 31, 32
Anthracen, Resonanzenergie des 65
ARNDT, F. 52
Aromatische Substitutionen 176
Aromatischer Charakter 62
ASCHNER, T. C. 172
Atommodell von Bohr 8
— von Rutherford 7
Atomic orbitals 59
Azimutale Quantenzahl 19
Azulen 144
Austauschenergie 32

BAEYER, C. VON 52
BAKER, J. W. 85, 86, 88
Basen, Definition nach Lowry-Bronsted 124
BAYLISS, N. S. 150
BECKER, F. 86
Beckmann-Umlagerung 180
BENNEWITZ, K. 16
Benzidinumlagerung 181
Benzol, Bindungsgrad im 80
— kanonische Strukturen 56
— Resonanzenergie 62
— Substitution im 176
BERLINER, E. 89
BIJVOET, J. M. 81
Bindungsgrad 80

Bindungsgradordnung 80
Biphenyl, Komplanasität 69
Bindung, elektrovalente 41
— π-Bindung 75
— semipolare Doppelbindung 47
— σ-Bindung 74
BJERRUM, N. 125
BLEANEY, D. 188
BLOCH, F. 181
BOLLAND, J. L. 89
BONDHUS, F. J. 89
BORN, M. 22, 44
BRAUDE, E. A. 148
BROCKWAY, L. O. 51, 81
BROGLIE, L. DE 12
Bromierung 163
BRØNDSTED, J. N. 124
BROOKER, L. C. S. 153
BROWN, W. G. 148
Brücken, Wasserstoff- 49
BUCKLES, R. E. 83
Butadien, Atomabstände in 83

CALVIN, M. 50, 83, 85
Carboniumion 172
Carboxylsäuren, Stärke der 127
CHIRGWIN, B. H. 164
Chlorierung 159
COHN, E. J. 101
CORSON, B. B. 148
CONDON, E. U. 150
Coulombsches Integral 32
COULSON, C. A. 62, 84, 164, 175
Cyclante 60
Cycloheptatrien 67
Cycloheptatrienylbromid 67
Cyclooktatetraen 68

DAVIES, M. M. 50
DAVISSON, C. J. 13
DEBYE, P. 91
Debye-Einheit 89
Deformierbarkeit 92, 105

Delokalisationsenergie s. Resonanzenergie
Desmotropie 52
Determinante, Säkular— des Benzols 60
Dewars-Strukturen des Benzols 56
Diamagnetismus 108
Dielektrizitätskonstante 91
Dipolmoment 89
— Bestimmung der Richtung 94, 95
— Einfluß der Resonanz 97
— Methoden zur Messung 92
— sterische Hinderung der Resonanz und Dipolmoment 98
Doppelbindung, Charakter der 75, 76
DÖRING, E. 67, 172
Drehbarkeit, freie 72

EDSALL, J. T. 101
Eigenfunktionen, Definition der 15
EISTERT, B. 52, 138
Elektrische Ladungsverteilung 89, 175
Elektrodonatoren 134, 176
Elektronegativität 89
Elektronenbeugung 13
Elektronendichte 25, 26
Elektronengas 150
Elektronen-Ununterscheidbarkeit 31
Elektrophile Reagenzien 160
Elektrostatisches Integral s. Coulombsches Integral
Elementares Wirkungsquantum 2
Entartung 31
EUCKEN, A. 126
EVANS, M. G. 165
EYRING, J. 165

NALCKAR, F. 122
Farbe und chemische Konstitution 136
FARKAS, L. 121
Feld, self-consistent 60
FERGUSON, L. N. 174

Fermat Prinzip 12
Fluoren, Säurecharakter des 127
FÖRSTER, TH. 138
FRANCK, J. 150
Frank-Condon-Prinzip 149
FRANKE, W. 120
FRANZEN, W. 172
Freie Radikale, Bi-Radikale 99, 119, 120, 121
Frequenzbedingung von Bohr 8
Fulven 143

GEIGER, M. B. 52
GERMER, H. C. 13
Geschwindigkeitskonstanten und Hammettsche Gleichung 138
GIBLING 48
Gleichverteilung der Energie 5
GORDY, W. 81
Graphit, Bindungsgrad des 80
Grenzstrukturen mesomerer Moleküle 57
Gruppengeschwindigkeit 12
GUTOWSKY, H. S. 187

Hamilton-Funktion 55
Hamilton-Operator 55
HAMMETT, L. P. 132
Hammettsche Gleichung 133
HANSEN, W. W. 181
HARTMANN, H. 57
HARTREE, D. R. 60
Hauptquantenzahl 18
HEDDEN, G. D. 148
HEISENBERG, W. 10, 21, 54
Heisenbergs Unschärfe-Prinzip 21
HEITLER, W. 30
Heitler-London, Behandlung des H_2-Moleküls 31
Heliummolekül, Unbeständigkeit des 35
HELLER, G. 13, 83
HENRI, V. 25
HERZBERG, G. 25, 81
Heteropolare Bindung 41
Hexaaryläthan, Dissotiation des 99
HIGGINSON, W. C. F. 174

HÜCKEL, E. 60, 99, 138, 163
HUGHES, E. D. 89
HUME-ROTHERY, W. 30
HUND, H. 56
Hunds Regel 72
Hybridisierung 71
HYGHES, E. D. 166
Hyperkonjugation 84
Hypsochrome Wirkung von Atomgruppen 140

Indigo 83
Induktiver Effekt 95
Infrarotspektrum als Indikator für H-Brücken 51
Integral, Austausch- 32
— Coulombsches 32
— Koppelungs- 60
Intensität von Spektren im Ultravioletten 148
Intramolekulare Wasserstoffbrücken 49, 50
Isoelektronische Reihen 106

JAFFÉ, H. H. 136, 175
JOHNSON, P. 179
Jonischer Charakter 100
JORDAN, P. 24
JULIUSBERGER, F. 166
JUNG, B. 99

KARAGOUNIS, G. 99, 100
KARLE, J. 51
KATZ, H. 120
Kekulésche Strukturen des Benzols 53
Kernspin 121, 181
Keto-Enoltautomerie 52
Ketone, sterische Hinderung der Resonanz bei 148
KIKUCHI 13
KIRKWOOD, J. B. 101, 132
KOIKE, M. 187
KOKLMEIJER, N. H. 81
Komplexsalze und Hybridisierung 79
Korrespondenzprinzip 9

KOSSEL, W. 43, 44
KOZUREY, B. M. 122
Kraftkonstanten 84
KRAUCH, H. 172
KRISHNAN, K. S. 116
Kristallgitterenergien der Alkalihalogenide 44
KUHN, H. 150, 157, 159
KUHN, R. 120, 140

LAAR, C. 52, 180
LANGEVIN, P. 117
LCAO-Näherung 59
LENNARD-JONES, J. E. 84, 113
LEWIS, G. N. 43, 44
Lichtelektrischer Effekt 6
Linearkombination von Wellenfunktionen 55, 59, 73
Lokalisierte Bindungen 74
LONDON, F. 30
LONGUET-HIGGINS, H. C. 175
LONSDALE, K. 116
LOWRY, T. M. 97, 124

MACGILLARY, C. H. 81
MADELUNG, E. 44
Magnetische Quantenzahl 19
Magnetische Suszeptibilität 103
MAIER, W. 81
MARKOWNIKOFF, W. 168
Markownikoffsche Regel 168
MARTELL, A. E. 50
MASTERMANN, S. 166
Maupertius-Prinzip 11
MECKE, R. 50
MEERWEIN, H. 159, 172
Mesomerie, Begriff der 53
Metall, Elektronengas in 150
Mikrowellen, Methode zur Bestimmung von Dipolmomenten 102
MOFFIT, W. E. 163
MOELWYN-HUGHES, E. A. 179
Molecular orbitals, Behandlung des Benzolproblems 59
Molekulare Umlagerung, Beckmann 180

— — Wagner-Meerwein 180
Momente, magnetische 111
— kernmagnetische 186
MORELAND, W. T. 135
MÜLLER, E. 118, 119, 120
MÜLLER-RODLOFF 118, 120
MULLIKEN, R. S. 59, 85, 89, 132, 138, 146, 148, 175
Multiplizität 34
MUMFORD 48

Naphthalin, Resonanzenergie des 65
NATHAN, W. S. 85, 88
NERNST, W. 16
Nichtbindende Zustände 35, 112
Nukleophile Reagenzien 160
— Substitutionen 161
Nullpunktsenergie 16

ODAJIMA, A. 187
Oktettregel 43, 44
ONSAGER, L. 93
Operator, Laplacescher 13
Orbitals, molecular 59
Orientierungswirkung von Substituenten 174
Orthogonalität 73
Orthopara-Wasserstoff-Umwandlung 121
Oscillator, Gleichung des 16

PACKARD, M. E. 181
Paramagnetismus 109
PARR, R. G. 175
Partialvalenzen 42
Pauli-Prinzip 34
PAULING, L. 15, 51, 89, 99, 116, 132
PELZER, H. 165
Periodisches System 36, 37
PHILIPS 48
π-Elektronen 75
PILOTY, O. 120
PLATT, I. R. 150
POLANYI, M. 165
Polarität von Molekülen 92

Potentialkurven von Wasserstoffmolekülen 33
POUND, R. V. 181
PURCELL, E. M. 181

Quantelung der Atomzustände 8, 15, 19
Quantentheorie der Strahlung 3
Quantenzahlen 19

Radiale Verteilungsfunktion 18
RAMAN, C. V. 116
Reaktionsgeschwindigkeitskonstanten und Hammettsche Gleichung 136
REED 48
Resonanz-Dipolmoment 97
Resonanzenergie und Bindungslänge 79
— chem. Gleichgewicht 136
— sterische Hinderung der 62
Resonanzintegral 60
RIECKE, C. A. 138, 146
ROBERTS, J. D. 135
ROBERTSON, P. W. 89
ROHDE, W. 99
RUARK, A. E. 37
Rydbergsche Konstante 9

s, p, d orbitals 27, 28, 29
SACHSSE, H. 121
SAIKA, A. 187
Säkulargleichung des Benzolmoleküls 56
Säure- und Basebegriff nach Lowry-Brønsted 124
SCHLENK, W. 121
SCHMIDT, OTTO 150
SCHRÖDINGER, E. 13
Schrödinger Gleichung f. ein einzelnes Elektron 14
— — f. d. Wasserstoffatom 17

SCHUBERT, W. M. 87
SCHWAB, G. M. 122
SCHWARTZMANN, L.H. 148
SEEL, F. 138
Self-consistent-field 60
SELWOOD, P. 111, 114
Serienspektren 9
SHERMAN, J. 44
SIDGWICK, N. W. 48, 52
q-Bindung 74
SIMON, L. 16
SIMPSON, L. H. 150
Singlett-Zustand 33
SKLAR, A. L. 138
SOHMA, J. 187
SOMMERFELD, A. 9
Spektren, Absorption 138
— Emission 9
— Mikrowellen 102
— im Ultravioletten 147
Spin, v. Elektronen 32, 35
— v. Atomkernen 181
Stabilisierungsenergie durch Resonanz 62, 64, 65
Stärke von Bindungen 42
Stationäre Zustände im Bohrschen Atommodell 8
Sterische Hinderung der Resonanz 68, 69
STEVENS, K. W. H. 188
Strahlung des schwarzen Körpers 3
Strukturen, kanonische v. Benzol 56
Substitutionsregeln beim Benzol 174
SUDGEN, S. 48
Suszeptibilität, magnetische 111
Sutherland, G. B. 50
SVENDSON, M. 87
SWEENY, W. A. 87
Symmetrieeigenschaften d. Wellenfunktion 32

TAFT, R. W. jr. 135
TAHER, N. A. 89
Tautomerie 52
TAYLOR, N. W. 118
TELLER, E. 122
Termsymbole 27

Tetraedrische Hybride 74
Tetragonale Hybride 79
THAL, A. 121
Theilacker, W. 99
Thielesche Theorie der Partialvalenzen 42
Toluol-Hyperkonjugation 84
TOPLEY, B. 166
TOSSEY, H. C. 181
Triarylmethylradikale 99
Trigonale Hybride 75
Triplettzustand 34
Tropolon 67
TURNER, R. B. 148

Ungesättigte Säuren, Konjugationseffekt bei 129
Unschärferelation von Heisenberg 21
UREY, H. C. 37

Valenzwinkel 74, 75, 76
Variationsrechnung 55
Vektoraddition, von Dipolmomenten 94
Verbrennungswärme, Resonanzenergien aus 65
Verfestigung der Elektronenhülle durch positive Ladung 106
Vinylamin 97
Vinylbromid 97
Vinylchlorid, Addition v. Halogenwasserstoff 169
VIVO, J. C. 188
VLECK, J. H. VAN 101, 114
VOGEL 48
VOITLE, D. W. 148

WALSH, A. D. 132
Wasserstoffbrücken 48
Wasserstoffmolekül, quantenmechanische Deutung des 30
WEENY, R. MC. 57
WEICKEL, T. 121
WEINBERG, J. 187
WEISS, J. 166

Wellenfunktion, physikalische Deutung der 25
Wellengleichung, Schrödinger 13
Wellenlänge eines beweglichen Teilchens 12
WERTZ, J. 188
WESSEL-EWALD, M. L. 99
WHELAND, J. W. 64, 81
WHIFFEN, D. H. 81
WIBERG, E. 106

WIGNER, E. 122, 165
WILKINS, E. B. 48
WILSON, E. B. 15
WOODING, N. S. 174

Zähligkeit d. koordinativen Bindung und Hybridisierung 79
ZIEGLER, K. 100
ZIMMERMANN, J. R. 187

MIX
Papier aus verantwortungsvollen Quellen
Paper from responsible sources
FSC® C105338

If you have any concerns about our products,
you can contact us on
ProductSafety@springernature.com

In case Publisher is established outside the EU,
the EU authorized representative is:
**Springer Nature Customer Service Center GmbH
Europaplatz 3, 69115 Heidelberg, Germany**

Printed by Libri Plureos GmbH
in Hamburg, Germany